高等学校电子信息类系列教材

集美大学本科教材资助项目

微机原理与接口技术

方怡冰　编著

U0379313

西安电子科技大学出版社

内 容 简 介

　　本书共 13 章，主要介绍 8 位哈佛架构的单片机的原理及接口技术，包括 PIC16F877A 单片机硬件系统概况、指令系统、输入/输出端口、14 个中断源等内容。书中的内容主要围绕 PIC16F877A 单片机，适当兼顾 PIC 系列其他型号，书中的程序基于 C 语言程序设计，注重应用开发能力的学习和实践。各章均提供有教学视频，读者扫码即可进行学习。

　　本书可以作为高等学校微机原理与接口技术、单片机原理与应用等课程的教材，也可以供相关专业工程技术人员学习参考。

图书在版编目(CIP)数据

微机原理与接口技术 / 方怡冰编著. --西安：西安电子科技大学出版社，2023.12
ISBN 978-7-5606-7034-8

Ⅰ. ①微…　Ⅱ. ①方…　Ⅲ. ①微型计算机—理论②微型计算机—接口技术　Ⅳ. ①TP36

中国国家版本馆 CIP 数据核字(2023)第 200388 号

策　　划　秦志峰
责任编辑　秦志峰
出版发行　西安电子科技大学出版社(西安市太白南路 2 号)
电　　话　(029)88202421　88201467　　　邮　编　710071
网　　址　www.xduph.com　　　　　　电子邮箱　xdupfxb001@163.com
经　　销　新华书店
印刷单位　陕西天意印务有限责任公司
版　　次　2023 年 12 月第 1 版　2023 年 12 月第 1 次印刷
开　　本　787 毫米×1092 毫米　1/16　印张 19.5
字　　数　461 千字
定　　价　55.00 元
ISBN 978-7-5606-7034-8 / TP
XDUP　7336001-1

＊＊＊ 如有印装问题可调换 ＊＊＊

前　言

以历史悠久的 Intel 8086 CPU 为教学对象的微机原理与接口技术课程，不论是 CPU 架构还是接口芯片，都与现代的单片机或嵌入式芯片结构相差甚远，越来越不适合作为电子信息类专业的专业基础课。

如何选择教学的基础平台，与本课程在专业人才培养方案中的地位与作用有关，目前有选择可编程片上系统(SOPC)的，也有选择单片机的。考虑到本课程是基础课，是衔接数字电路到 DSP、嵌入式系统的重要课程，学生的起点仅具有数字电路的有关知识，授课课时也很有限，故应选择架构合理，指令集精简，外围电路功能丰富，与主流 32 位单片机类似，且有完善的软硬件仿真设计软件支撑，易于入门的 8 位单片机作为教学平台。因此，本书选择了 PIC16F877A 单片机，从最基本的双总线哈佛结构的 CPU、精简指令集的汇编语言指令系统，到功能丰富的外围接口电路，讲解最基础的微机原理与应用方法；通过定时器/计数器 0 的电路结构分析，进行模拟 EDA 设计，介绍了用 EDA 技术模拟设计单片机外围模块电路的设计方法；详细叙述了单片机与单片机、FPGA、计算机、不同接口方式的 D/A 转换芯片、普通逻辑芯片、液晶显示模块、4×4 键盘等的接口技术。书中应用程序设计选用 PICC 语言，通过应用开发能力的学习和实践，为后续 DSP 和嵌入式系统学习打下基础。

从实施科教兴国战略、强化现代化建设人才支撑的角度，本书在编写方式上将传统的以理论教学为主变为以理论与实践相结合，以实践教学达成度为目的，最后通过基于大学生电子竞赛赛题的课程设计检验学生的能力。使用本书要求先修 C 语言程序设计、数字电路与逻辑设计(或数字电子技术)等课程，这也是绝大多数工科专业的必修课，因此本书适用于大多数工科专业。

本书主要内容：单片机内核(CPU、ROM、RAM) + 由 14 个中断源组成的外围模块。[①]

本书建议学时安排：理论课时(50～60 学时) + 实验课时(16 学时) + 课程设计(1 周)。

---

① 14 个中断源是 TMR0 溢出中断(T0IF)、外部中断(INTF)、端口 B 变化中断(RBIF)、并行从动端口中断(PSPIF)、A/D 变换中断(ADIF)、USART 异步接收中断(RCIF)和异步发送中断(TXIF)、同步串行端口中断(SSPIF)、CCP1 中断(CCP1IF)、TMR2 中断(TMR2IF)、TMR1 中断(TMR1IF)、CCP2 中断(CCP2IF)、EEPROM 写中断(EEIF)和总线碰撞中断(BCLIF)。

虽然本书选择 PICC 语言进行程序设计，但不涉及太多的语法，只要掌握 if、for、while 语句及共用体的概念，即可学习所有的例子。

本书所有例子都经过软件仿真、下载硬件系统调试，实验和课程设计要求都是开放性的，已经过本校通信工程专业多届学生实践。附录 B 课程设计整理自历届学生的设计报告，其中 B.2 坡道循迹小车、B.4 红外光通信装置、B.5 智能送药小车分别是 2020 年、2013 年、2021 年大学生电子设计竞赛赛题，由通信工程 2018 年级、2019 年级、2020 年级学生在"课程设计"环节完成，设计功能达到赛题的所有要求。

本书各章均提供有教学视频，读者扫码即可进入视频学习。视频不是书中文字的配音，视频中还包含有程序设计、仿真分析等知识。由于篇幅所限，有关芯片间总线(I^2C)、课程设计、PICC 中各寄存器及位的表示方法等内容，读者可通过附录中给出的二维码扫码阅读。

本书适合进行线上、线下混合式教学，同时提供教学课件及配套的课程网站，通过搜索课程名称和作者名能查找到本课程网站，选课老师可通过手机"学习通"APP 查找本课程的"示范教学包"克隆建课。克隆的课程网站已经包含完整的章节教学视频和练习、测验以及课程实验、课程设计等，建课老师可以自行增添、删减内容，改造成自己的课程网站。

各位读者，我们要坚持对马克思主义的坚定信仰和对中国特色社会主义的坚定信念，坚定道路自信、理论自信、制度自信、文化自信，以更加积极的历史担当和创造精神为发展马克思主义作出新的贡献。我们必须坚持人民至上，坚持自信自立，坚持守正创新，坚持问题导向，坚持系统观念，坚持胸怀天下。青年强，则国家强，广大青年要坚定不移听党话、跟党走，怀抱梦想又脚踏实地，敢想敢为又善作善成，立志做有理想、敢担当、能吃苦、肯奋斗的新时代好青年，让青春在全面建设社会主义现代化国家的火热实践中绽放绚丽之花。

集美大学

方怡冰

2023 年 8 月

目　录

第1章　从数字电路到单片机 1

1.1　PIC单片机简介 1

1.2　与单片机有关的数字电路基础知识 2

　1.2.1　CPU内部的主要部件 2

　1.2.2　CPU与程序代码存储器ROM的
　　　　关系 3

　1.2.3　CPU与数据寄存器RAM的关系 4

　1.2.4　CPU与功能/接口电路的关系 5

1.3　ALU电路与算术运算 5

　1.3.1　数字电路实现二进制数减法运算 5

　1.3.2　中规模集成ALU 8

　1.3.3　利用EDA技术模拟8位ALU 12

1.4　单片机简单工作原理 14

　思考练习题 19

第2章　PIC16F877A单片机硬件系统概况 20

2.1　PIC单片机概述 20

2.2　PIC16F877A单片机内部结构简介 21

2.3　文件寄存器RAM 24

　2.3.1　通用寄存器 25

　2.3.2　特殊功能寄存器 26

　2.3.3　寻址方式 30

2.4　堆栈和程序存储器 31

　2.4.1　堆栈 31

　2.4.2　程序存储器ROM 31

　2.4.3　与ROM寻址有关的指令 33

2.5　单片机的复位 33

　2.5.1　几种不同的复位方式 33

　2.5.2　复位电路 36

2.6　晶体振荡电路 37

2.7　PIC16F87X单片机硬件概况总结 38

思考练习题 39

第3章　指令系统 40

3.1　指令时序 40

3.2　指令系统概览 41

　3.2.1　面向字节操作类 42

　3.2.2　面向位操作类 42

　3.2.3　常数操作和控制操作类 42

3.3　面向字节操作类指令 43

3.4　面向位操作类指令 44

3.5　面向常数操作和控制操作类指令 44

3.6　指令功能分类 45

3.7　指令在单片机内部的执行过程
　　　.............................45

　3.7.1　从寻址方式说明 46

　3.7.2　从运算类指令说明 47

3.8　汇编语言程序设计 49

3.9　程序在MPLAB软件中的调试 50

　3.9.1　建立工程 50

　3.9.2　编译工程 51

　3.9.3　调试 51

思考练习题 52

第4章　输入/输出端口 53

4.1　RA端口 53

　4.1.1　RA0～RA3、RA5端口输入/
　　　　输出功能 54

　4.1.2　RA4端口输入/输出功能 56

4.2　RB端口 56

　4.2.1　RB0～RB3端口电路 57

　4.2.2　RB4～RB7端口电路 58

4.3　RC端口 58

4.3.1 RC0～RC2、RC5～RC7
　　　端口电路 58
4.3.2 RC3、RC4 端口电路 60
4.4 RD 端口 60
4.5 RE 端口 61
4.6 输入/输出端口的应用 62
4.6.1 字符型液晶模块 1602LCD 简介 ...62
4.6.2 PIC16F877A 驱动 1602LCD
　　　应用举例 65
思考练习题 76

第5章 中断系统 77
5.1 中断逻辑 77
5.2 与中断逻辑有关的寄存器 78
5.2.1 中断控制寄存器 INTCON 78
5.2.2 选项寄存器 OPTION_REG ...79
5.3 端口 RB 做中断信号输入时的
　　工作原理 79
5.3.1 外部中断输入端 RB0/INT ...79
5.3.2 电平变化中断输入端 RB4～RB7 ...85
5.4 外部中断与电平变化中断的区别 ...87
5.5 中断应用设计 87
5.6 单片机的睡眠及中断唤醒 95
思考练习题 100

第6章 定时器/计数器 TMR0 101
6.1 从数字电路中的定时器/计数器
　　学习单片机 101
6.2 TMR0 模块电路结构和工作原理 ...104
6.2.1 电路结构 104
6.2.2 TMR0 模块的工作原理 105
6.2.3 "与内部时钟同步"电路的作用 ...107
6.2.4 TMR0 模块的特点 107
6.3 TMR0 模块设计举例——
　　车辆里程表 108
6.3.1 TMR0 模块初始化为模 740 的
　　　加 1 计数器 108

6.3.2 里程变量 count 与 EEPROM 之间的
　　　关系 112
6.3.3 车辆里程表电路图 112
6.3.4 车辆里程表的 PICC 程序 113
6.4 利用外部中断设计车辆里程表 115
6.5 具有车辆里程及速度测量功能的
　　里程表设计 118
6.6 给车辆里程表增加一个频率可调的
　　信号源 123
6.7 工作在中断唤醒、看门狗开启时的
　　TMR0 模块 124
6.7.1 PIC16F87X 配置位 125
6.7.2 清看门狗指令应用 126
6.8 利用 EDA 技术模拟 TMR0 电路 ...126
思考练习题 131

第7章 定时器/计数器 TMR1 133
7.1 与 TMR1 模块相关的寄存器 133
7.2 TMR1 模块的电路结构 134
7.3 TMR1 模块的工作原理 135
7.3.1 定时器工作模式 136
7.3.2 计数器工作模式 137
7.3.3 TMR1 模块应用设计注意事项 ...140
7.4 TMR1、TMR0 和外部中断模块的
　　综合应用设计 141
思考练习题 146

第8章 定时器 TMR2 147
8.1 与 TMR2 模块相关的寄存器 147
8.2 TMR2 模块的电路结构 148
8.3 TMR2 模块的工作原理 149
8.4 TMR2 模块的应用设计 152
思考练习题 157

第9章 CCP 模块 158
9.1 与 CCP 模块相关的寄存器 158
9.2 CCP 模块的输入捕捉工作模式 160
9.2.1 输入捕捉模式的电路结构 160

9.2.2 输入捕捉模式的工作原理 161

9.2.3 输入捕捉模式的应用设计 161

9.3 CCP 模块输出比较工作模式 175

9.3.1 输出比较模式的电路结构 175

9.3.2 输出比较模式的工作原理 176

9.3.3 CCP 模块输出比较应用 178

9.3.4 利用输入捕捉和输出比较模块设计
红外基带信号发收系统 180

9.4 CCP 模块的脉宽调制 PWM 182

9.4.1 脉宽调制输出模式的电路结构 182

9.4.2 脉宽调制输出模式的工作原理 183

9.5 CCP 模块的综合应用 186

思考练习题 193

第 10 章 模/数转换器 ADC 195

10.1 A/D 转换的基本概念 195

10.1.1 A/D 转换过程 196

10.1.2 A/D 转换器的分类 198

10.2 ADC 模块结构 199

10.2.1 ADC 模块的两个重要指标 200

10.2.2 ADC 模块的电路 201

10.2.3 与 ADC 模块相关的寄存器 202

10.2.4 ADC 模块应用时寄存器的定义 204

10.2.5 ADC 模块转换过程 205

10.3 ADC 模块的应用 215

思考练习题 220

第 11 章 通用同步/异步收发器 USART 223

11.1 与 USART 模块相关的寄存器 223

11.2 UART 异步工作模式 225

11.2.1 异步发送电路 227

11.2.2 异步接收电路 230

11.3 同步通信模块 USRT 234

11.4 USART 模块的应用 237

思考练习题 250

第 12 章 SPI 252

12.1 与 SPI 相关的寄存器 254

12.2 SPI 模式的工作原理 257

12.3 SPI 模块的应用 264

思考练习题 287

第 13 章 实验 288

13.1 实验用到的软件与电路 288

13.1.1 MPLAB 软件使用方法 288

13.1.2 Proteus 软件的使用方法 292

13.1.3 实验电路板的内部连接图 294

13.2 实验一：MPLAB 软件应用 296

13.3 实验二：LCD1602 及 4×4 键盘
应用 296

13.4 实验三：四路抢答器 297

13.5 实验四：车辆里程表 298

13.6 实验五：方波信号周期测量系统 299

13.7 实验六：模拟信号测量系统 299

13.8 实验七：两片单片机间的
USART 通信 300

13.9 实验八：单片机与计算机间的
USART 通信 300

思考练习题 301

附录 302

参考文献 303

第1章　从数字电路到单片机

单片机(Microcontrollers)诞生于 1971 年，经历了 SCM(Single Chip Microcomputer，单片微型计算机)、MCU(Micro Controller Unit，微控制器)和 SoC(System on Chip，嵌入式系统)三大阶段。

早期的单片机都是 8 位或 4 位的，随着工业控制领域要求的提高，开始出现了 16 位单片机，但因为性价比不理想并未得到广泛的应用。20 世纪 90 年代后随着消费电子产品大发展，单片机技术得到了巨大提高，32 位单片机进入主流市场。

当代单片机系统已经不只是在裸机环境下开发和使用，大量专用的嵌入式操作系统被广泛应用在全系列的单片机上。单片机已渗透到人们生活的各个领域，几乎很难找到哪个领域没有单片机的踪迹。

如果把学习 32 位单片机比作上大学，学习 8 位单片机就是上中学，只有数字电路基础则相当于小学毕业生，让小学生直接上大学很不现实。32 位单片机的指令系统和寄存器很复杂，零基础的学生很难在有限的课时学会，而哈佛架构、精简指令集的 8 位单片机 PIC16F877A，除了 CPU 是 8 位以外，它的外围模块丰富，和主流 32 位单片机类似，以它为基础学习微机原理，可以为我们后续学习嵌入式系统打下较好的基础。另外，目前 8 位单片机仍然有广泛的应用，值得我们学习。基于这样的考虑，本书选择 PIC16F877A 作为教学对象。

另外，学习单片机需要的基础理论知识包括一些模拟电路和一些 C 语言基础知识，最重要的是数字电路知识。单片机属于数字电路，其概念、术语、硬件结构和原理都源自数字电路，如果数字电路基础扎实，复杂的单片机硬件结构和原理就容易理解，能轻松地迈开学习的第一步。因此，搞清楚触发器、寄存器、门电路、CMOS(Complementary Metal Oxide Semiconductor，互补金属氧化物半导体)电路、时序逻辑和时序图、进制转换等理论知识，就是学习单片机的前提。

1.1　PIC 单片机简介

PIC 单片机是美国微芯(Microchip)公司的产品，其 CPU 采用 RISC(Reduced Instruction Set Computing)结构，属精简指令集。PIC 单片机采用哈佛(Harvard)双总线架构，运行速度快，它能使程序存储器的访问和数据存储器的访问并行处理。这种指令流水线结构在一个周期内完成两部分工作，一是执行指令，二是从程序存储器取出下一条指令，这样总的看来每条指令只需一个周期(个别除外)，这也是其高效率运行的原因之一。此外，它还具有工作电压低、功耗低、驱动能力强等特点。

微型计算机种类繁多，从指令集方面分为复杂指令集 CISC(Complex Instruction Set Computing)和精简指令集 RISC，从硬件架构方面分为哈佛结构和冯·诺依曼结构，读者可自行查找资料了解这些概念。作为入门学习的单片机，本书选择精简指令集 RISC、哈佛结构、外围功能接口模块比较丰富的 8 位机 PICl6F877A，希望通过对它的学习，使读者掌握单片机的原理以及应用方法，并以它为基础通过自学来学习其他单片机。

1.2　　与单片机有关的数字电路基础知识

在数字电路中我们学习了与门、或门、非门、加法器、计数器、移位寄存器、记忆单元(触发器、锁存器)、译码器、数据选择器等基本电路。利用这些简单的数字电路，可以组成中央处理器(CPU)、寄存器/存储器和接口电路，进而形成一个微型计算机系统。

单片机是采用超大规模集成电路技术把 CPU、寄存器/存储器和若干外围功能/接口电路等集成在一块芯片上构成的微型计算机系统，如图 1-1 所示。

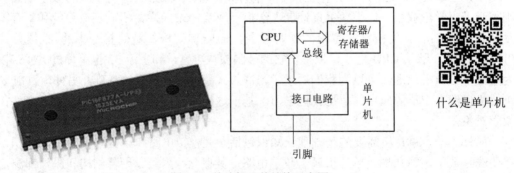

图 1-1　单片机及其结构示意图

CPU 是单片机的核心部件，负责完成算术逻辑运算等工作；寄存器/存储器分别对应单片机内部的数据存储器 RAM 和程序存储器 ROM，RAM 用来存储运算过程的数据，ROM用来存储程序代码；接口电路是 CPU 与外界进行信息交互的中转站，学习单片机的一个重要内容就是学习外围功能/接口电路的工作原理，通过编程控制这些接口电路按照要求工作；总线是图中各模块电路之间的信号通道；从接口电路引出单片机的引脚，引脚多数是多功能复用的，这样的设计虽然可以减少引脚数量，但是会给学习带来一定的难度。

1.2.1　CPU 内部的主要部件

CPU 内部的主要部件如图 1-2 所示，其中：程序计数器 PC(Program Counter，又称为指令计数器或地址指针)中存储的是程序代码存储器 ROM 的地址，能自动加 1，如同加 1

计数器的功能；指令译码器用来解释通过 PC 指针取出的程序代码的动作，如同译码器的功能，但是译码器是组合电路，单片机是时序电路，要求指令的译码功能在一个时钟周期内完成，所以指令译码器在电路结构上应该是先有指令寄存器，再有译码电路，在一个时钟周期内指令寄存器存储当前指令代码，指令译码器同时把指令代码做译码，并保持输出的译码结果不变；算术逻辑单元 ALU 根据译码器解释的动作结果做相应的处理，如进行与、或、非或加法运算或实现计数器、移位寄存器等功能。

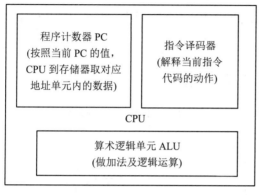

CPU 内部的
主要部件

图 1-2　CPU 内部的主要部件

1.2.2　CPU 与程序代码存储器 ROM 的关系

CPU 要做什么样的动作，由 PC 指针所指的 ROM 中的程序代码决定，取哪个单元的代码由 CPU 作主。如图 1-3 所示，CPU 通过地址总线寻找 ROM 单元，通过程序总线把指定单元的程序代码读入 CPU 内部的指令译码器中。地址总线是单向的，因为只有 CPU 才能主动寻找 ROM，图中总线上标的 3 代表总线宽度，可以寻找 $2^3 = 8$ 个 ROM 单元。程序总线也是单向的，程序代码只能读入 CPU，总线上标的 8 代表 ROM 的一个存储单元存储 8 位二进制程序代码。不同的单片机，其 ROM 的地址总线和程序总线的宽度都不一样。

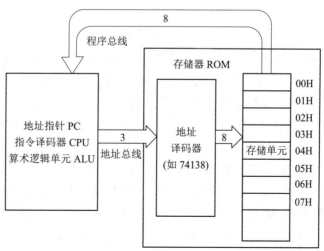

图 1-3　CPU 与程序代码存储器 ROM 的关系

为了用较少的地址总线数量寻找更多的 ROM 单元,图 1-3 中加入地址译码器如 74138,设当前 CPU 欲寻址 04H 单元的程序代码,地址指针 PC 为 100B,CPU 从地址总线送出 100B 的三位二进制,经过 74138 译码选择编号 04H 的单元,通过程序总线把该单元的代码送给 CPU；PC 自加 1,地址总线送出 101B,经过 74138 译码选择编号 05H 的单元。可见地址译码器的作用不但可以实现用较少的地址总线数量寻找更多的 ROM 单元,也为地址指针 PC 通过自加 1 功能寻址 ROM 的相邻地址单元提供了可能性。

CPU 与 ROM 的关系是：通过 CPU 内部的地址指针 PC,寻找 ROM 单元地址,把其中的内容读入 CPU 的指令译码器。

1.2.3　CPU 与数据寄存器 RAM 的关系

RAM 用来存储 CPU 运算过程中的数据,如图 1-4 所示。与图 1-3 对比,其区别仅在数据总线及其方向的双向上,但其实二者的区别很大。

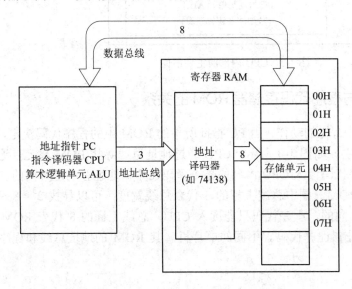

图 1-4　CPU 与数据寄存器 RAM 的关系

(1) 寄存器与存储器的区别：在早期单片机如 8051 内部集成少量的 RAM 单元,实际应用时这些单元数量不足,需要在电路上扩展 RAM 芯片电路。这两种 RAM 的电路与 CPU 之间连接的区别是：内部 RAM 通过内部总线与 CPU 交换数据,速度快,数据交换安全性高,称为寄存器；外部 RAM 通过单片机引脚及电路连线与 CPU 交换数据,各方面性能明显不如内部 RAM,称为存储器。

随着现代集成电路技术的发展,单片机的 RAM 和 ROM 已经和 CPU 集成在一块芯片上了,但是 RAM 和 ROM 的电路构造不同,ROM 仍称为程序存储器,如本书介绍的 PIC16F877A 单片机的 ROM 是 Flash 结构,程序代码可以用计算机 USB 通过下载器直接下载,断电后代码不丢失,而 RAM 可以利用指令直接读、写,断电后数据丢失。这是 ROM 和 RAM 的重要差别。

(2) 寻址方式不同：ROM 由 CPU 内部的地址指针 PC 来寻址，RAM 由 CPU 当前执行的指令代码决定采用何种寻址方式，详细的寻址方式见 2.3.3 节。

(3) 数据读写功能不同：CPU 对 ROM 只读，对 RAM 可读、写。所以图 1-3 中的程序总线是单向的，图 1-4 中的数据总线是双向的。

(4) 寻址结果不同：CPU 对 ROM 的寻址结果是指令代码，通过指令译码器解释这个代码的动作，控制算术逻辑单元 ALU 做相应的操作，如果这个操作是对 RAM 的读、写动作，就会控制 RAM 做相应的动作。所以 ROM 的寻址结果决定了 RAM 的寻址结果。

CPU 和 ROM、
RAM 的关系

同理，不同的单片机，RAM 的地址总线和数据总线的宽度都不一样。

CPU 与 RAM 的关系是：通过 CPU 当前执行的指令代码对应的寻址方式，对 RAM 进行寻址和读、写数据。

1.2.4　CPU 与功能/接口电路的关系

由于单片机的功能/接口电路众多，因此从本书第 4 章开始分别介绍这些电路的内部结构、工作原理以及与 CPU 的关系，此处不再赘述。

1.3　ALU 电路与算术运算

数字系统中通常把执行数值比较、加法和减法等算术运算，与、与非、或、或非、异或、移位等逻辑运算，以及逻辑运算和算术运算的混合运算的各种电路组成一个电路，称为算术逻辑单元 ALU。

下面结合用数字电路设计加法和减法电路的过程，说明用加法器进行加法和减法等算术运算的原理及进/借位结果的处理方法，同时，还与 PIC16F877A 单片机的汇编指令中加法 ADDLW、ADDWF，减法 SUBLW、SUBWF 指令执行结果进行了对比。关于指令助记符号的具体含义见第 3 章。

1.3.1　数字电路实现二进制数减法运算

数字芯片 74283/7483 可以完成两个 4 位二进制数的加法运算，按图 1-5 中的电路利用两片 74283 和若干门电路则可实现减法运算，其中芯片 U1、U2 进行 5 − 10 运算，即完成 0101 − 1010 = 0101 + (1010)$_{补}$ = 0101 + 0101 + 1 = 1011 的补码加法，U4、U3 进行补码和(1011)$_{补}$ = 0100 + 1 的再次求补，得到结果 0101。芯片 U5、U6:A 对控制信号再次求补，芯片 U1 的 C4 引脚是进/借位输出，按照图 1-5 中左上角的逻辑要求设计，进行减法运算时，当被减数小于减数时，即第一次补码加的进位输出为 0，表示本次加法和是补码，还必须对结果再次求补才是正确的差。

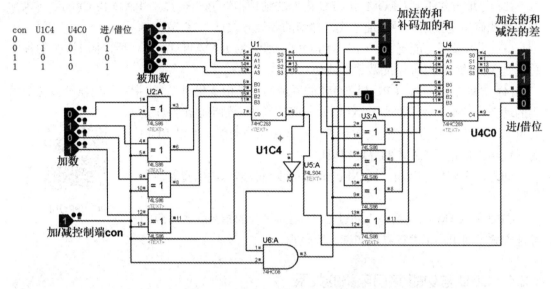

图 1-5　利用两片 74283 和若干门电路实现减法运算

当两数(0101 和 1010)相加时，电路各节点输出如图 1-6 所示，相加和没有进位，因此芯片 U1 的 C4 引脚输出为 0。因为是加法运算，和不可能是补码，所以 U1 的运算结果就是本次相加运算的和。

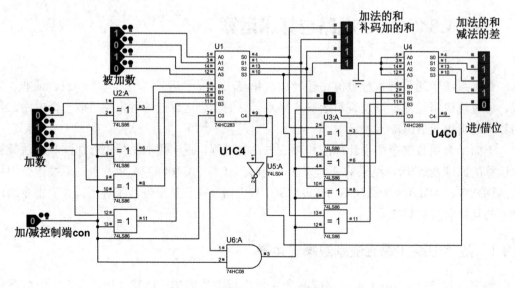

图 1-6　两数(0101 和 1010)相加时电路各节点的输出

对比图 1-5 和 1-6 可知，尽管 U1 的 C4 引脚都是 0，但是此时的减法运算还没有得到最终结果，而本次加法运算已经得到了正确结果。

当两数(1010 和 0101)相减时差为正数，电路各节点输出如图 1-7 所示，芯片 U1 的 C4 引脚输出为 1。说明当被减数大于减数时，即第一次补码的进位输出为 1，表示本次减法运算已经得到运算结果。

因此，进行减法运算时，通过判断第一次的补码和是否发生进位，可以判断本次运算结果是不是正确的差。

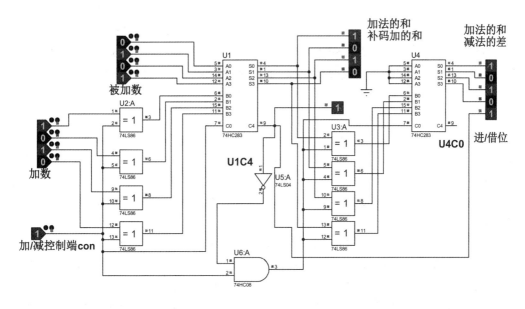

图 1-7　两数(1010 和 0101)相减时电路各节点输出

当两数(1101 和 1010)相加时，电路各节点输出如图 1-8 所示，相加和有进位，芯片 U1 的 C4 引脚输出为 1。因为加法运算的结果就是和，不可能是补码，所以这里的 C4 是和的 bit4。

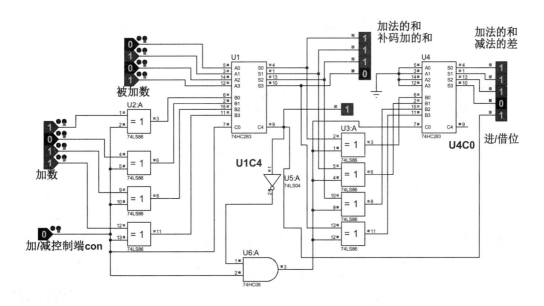

图 1-8　两数(1101 和 1010)相加时电路各节点输出

通过上述 4 个电路图，分析了 4 位加法器进行 4 种不同情况下的加法运算。从中可以看出进行以上运算时进/借位的输出规律，这个规律和汇编指令中加、减结果一致。

上面用数字芯片设计运算电路，使用 U1 和 U4 两个加法器，完成一次完整的减法运算。先通过 U1 进行两个数据相减，若被减数大于减数，则 U1 的输出端 S3~S0 就是相减的差，若被减数小于减数，则通过 U2 对 U1 的输出信号再次求补，才能得到正确的差。

在 ALU 中只有一个加法器，若要完成一次减法运算，则要通过执行减法指令 SUBLW 或 SUBWF 来实现，其中 SUB 是 subtraction 的缩略词。L 或 F 代表被减数的两种数据形式，其中 L 代表立即数，即参与运算的被减数，F 代表被减数在 RAM 中的存储地址，指令执行时会先寻址取出数据后再进行运算。W 代表减数存储的地址，指令执行时也是先取出数据再进行运算。

如图 1-5 中的 U1 所示，当加/减控制端为 1 时做减法，相当于执行减法指令。仍以 0101−1010 为例，结果是 1011，这是差的补码。但是 ALU 内只有一个加法器，没有 U4 对它再次求补。因此，执行减法指令后，必须判断本次运算的进/借位输出，若为 1，则结果正确，若为 0，则说明被减数小于减数，还要执行一次减法运算，这次运算相当于图 1-5 中 U4 的作用。

单片机是通过 RAM 把差的补码暂时寄存，然后再执行一条减法指令，把差的补码 1011 再次送到 U2 的输入端，置加/减控制端为 1，代表减法运算，置 U1 的 A3~A0 输入 0000，得到差 0101，同时从 U1 的 C4 输出进/借位信号 0，代表结果为负。

如图 1-6 和图 1-8 所示的加法运算，是通过执行一次加法指令 ADDLW 或 ADDWF(加/减控制端为 0)实现的，其中 ADD 是 addition 的缩略词，L、W、F 的含义和减法指令一致。

如图 1-7 进行被减数大于减数的减法运算，由于相减后进/借位结果为 1，结果正确，也是执行一次减法指令即可。

因此，在 ALU 中通过执行一次加法指令即可得到正确和。而执行减法指令后还必须判断进/借位结果是否为 1，决定要不要再执行一次减法运算。说明编写减法运算程序时，至少需要 3 条指令，先减、再判断、再减。CPU 通过重复利用 ALU 中的电路完成所需要的运算，这里的"重复"就是我们需要编写的程序。

汇编语言(Assembly Language)是一种用于电子计算机、微处理器、微控制器或其他可编程器件的低级语言，亦称为符号语言。在汇编语言中，用助记符(Mnemonics)代替机器指令的操作码，用地址符号(Symbol)或标号(Label)代替指令或操作数的地址。

如本小节介绍的减法指令 SUBLW 或 SUBWF、加法指令 ADDLW 或 ADDWF，就是助记符号，它们还不是一条完整的汇编语句。将在 1.4 节进一步介绍一条完整语句的结构。

PIC16F877A 单片机的指令系统有 35 条汇编语言指令，从本小节开始将逐步展开介绍。从第 4 章开始将在汇编语言基础上，逐步介绍 PIC 单片机的 C 语言程序设计(简称 PICC)。它和基于计算机的 C 语言程序设计基本一致，但是有一些不同，这是学习时特别需要注意的地方。只有把单片机硬件结构和程序设计互相融合，融会贯通，才能理解和学习单片机这种基于硬件电路的程序设计特点。

1.3.2　中规模集成 ALU

除了加、减法指令外，ALU 中还有逻辑运算、移位等指令。下面以 74181 为例，介绍常见的其他指令功能。

ALU 电路分析

74181 是 4 位的算术逻辑单元(ALU)，其内部电路如图 1-9 所示，由门电路构成算术与逻辑运算单元。

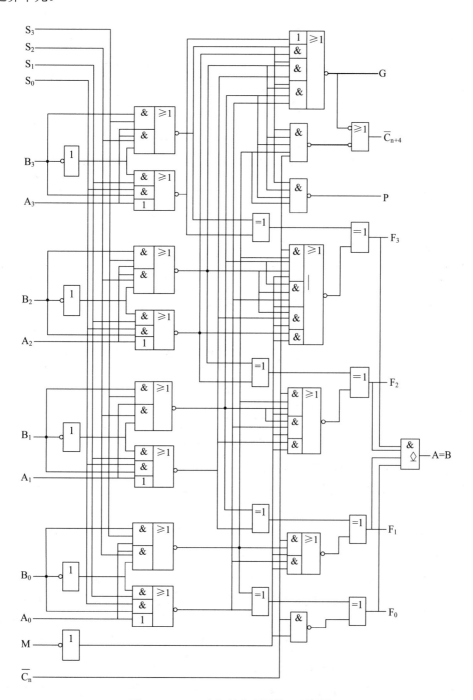

图 1-9 74181 内部算术逻辑单元逻辑图

74181 功能表如表 1-1 所示，通过功能选择端 $S_3 \sim S_0$ 和 M，选择表 1-1 中所列的逻辑、算术运算功能。

表 1-1　74181 功能表

功 能 选 择				M = 1 逻辑运算	M = 0 算术运算	
S_3	S_2	S_1	S_n		$\overline{C_n} = 1$(无进位)	$\overline{C_n} = 0$(有进位)
0	0	0	0	$F = \overline{A}$	$F = A$	$F = A$ 加 1
0	0	0	1	$F = \overline{A + B}$	$F = A + B$	$F = (A + B)$加 1
0	0	1	0	$F = \overline{A}B$	$F = A + \overline{B}$	$F = (A + \overline{B})$加 1
0	0	1	1	$F = 0$	F=减 1(2 补表示)	$F = 0$
0	1	0	0	$F = \overline{AB}$	$F = A$ 加 $A\overline{B}$	$F = A$ 加 $A\overline{B}$ 加 1
0	1	0	1	$F = \overline{B}$	$F = (A + B)$加 $A\overline{B}$	$F = (A + B)$加 $A\overline{B}$ 加 1
0	1	1	0	$F = A \oplus B$	F=A 减 B 减 1	F=A 减 B
0	1	1	1	$F = A\overline{B}$	$F = A\overline{B}$ 减 1	$F = A\overline{B}$
1	0	0	0	$F = \overline{A} + B$	$F = A$ 加 AB	$F = A$ 加 AB 加 1
1	0	0	1	$F = \overline{A \oplus B}$	$F = A$ 加 B	$F = A$ 加 B 加 1
1	0	1	0	$F = B$	$F = (A + \overline{B})$加 AB	$F = (A + \overline{B})$加 AB 加 1
1	0	1	1	$F = AB$	$F = AB$ 减 1	$F = AB$
1	1	0	0	$F = 1$	$F = A$ 加 A	$F = A$ 加 A 加 1
1	1	0	1	$F = A + \overline{B}$	$F = (A + B)$加 A	$F = (A + B)$加 A 加 1
1	1	1	0	$F = A + B$	$F = (A + \overline{B})$加 A	$F = (A + \overline{B})$加 A 加 1
1	1	1	1	$F = A$	$F = A$ 减 1	$F = A$

(1) 加 1 和减 1 都是在最低位进行。

(2) 减 1 意味着加"1111"。

(3) A 加 A 相当于左移 1 位：F3=A2，F2=A1，F1=A0，F0=0。

(4) 当 M=S0=S3=0，$S_1 = S_2 = \overline{C_n} = 1$ 时，若 A=B，则输出端(A=B)=1。

(5) 用"+"表示逻辑"或"的运算，用"加"表示加法运算，以示区别。

下面通过图 1-10、图 1-11 结合表 1-1，说明 ALU 执行加法运算的工作原理，其中表 1-1 中的 $\overline{C_n}$ 在图 1-10、图 1-11 的 74HC181 芯片中用 CN 表示，CN + 4 是相加和的进位输出。

仍以减法运算 5-10 为例，查表得知当 S=0110B、CN=0 时执行 A - B，而在图 1-10 的电路中，被加数输入端 A 设置为 0101B 即 5，加数输入端 B 设置为 1010B 即 10，结果 F 即为 1011，即执行了 0101 + (1010)ᵢₙ=0101 + 0101 + 1 = 1011 的补码加法。上述过程从微机的角度可以理解为：执行了一条减法指令，该指令的代码是由 S=0110B、CN=0、M=0 及 A 为 0101、B 为 1010B 共同决定的。由于要重复利用 ALU 中的加法器，因此本次电路运算结果 F 端的 1011B 必须暂时存储到 RAM 中作为中间结果，这是编写程序时要特别注意的地方。中间结果存在哪里，需要这个结果作为输入的指令执行前，要先把这个结果取到电路对应的输入端，而找到存储中间结果的 RAM 的地址(位置)就是 RAM 的寻址。寻址是微机原理中的一个重要概念。

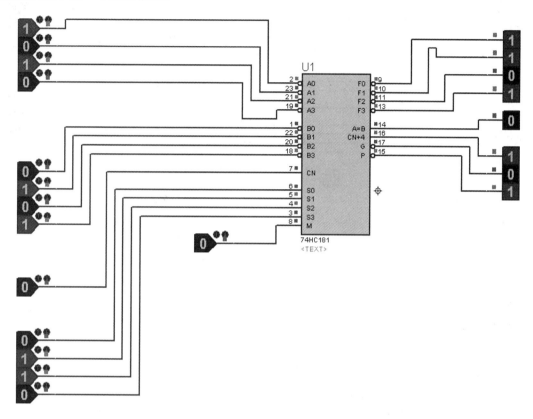

图 1-10　用 ALU 执行 0101 + (1010)_补 = 0101 + 0101 + 1 = 1011 的补码加法

　　从表 1-1 中可知，CN、CN + 4 引脚是负逻辑的，因此本次减法运算结果 CN + 4 引脚为 1(和图 1-5 的 U1 芯片正逻辑的 C4 引脚为 0 一致)，说明 F 端的 1011B 是补码表示的，得到原值还需要再次求补。因此，在编写程序时，应该先判断上次运算结果的进/借位，再决定要不要再次求补，假设是正逻辑的 CPU 如 PIC16F877A 单片机，则当第一次减法后若进/借位为 0 时，需要再次求补。

　　查表 1-1 可知，能一次性完成求补的功能是 F = (A + $\overline{B}$) 加 1，其对应 S = 0010B、CN = 0、M = 0；输入 A = 0000B，置 B 为中间结果 1011B，则结果 F = 0101B，CN + 4 引脚为 0，如图 1-11 所示，得到的是 5 − 10 = −5 的最终结果。上述动作从微机的角度可以理解为：执行了一条减法指令，指令代码由 S = 0010B、CN = 0、M = 0 及 A 设置为 0000、B 设置为 1011B 共同决定。本次电路运算结果 F 端的 0101B，仍然要根据需要暂时存储到 RAM 中，或者输出到外围设备中。

　　图 1-11 中引脚 P、G 用来扩展 74181 的运算位数，配合 74182 进行。通过扩展来实现同时进行两个 4 位以上的二进制数的加法运算。这个设计思想同样也应用在单片机的编程设计中，将在第 2 章举例说明。

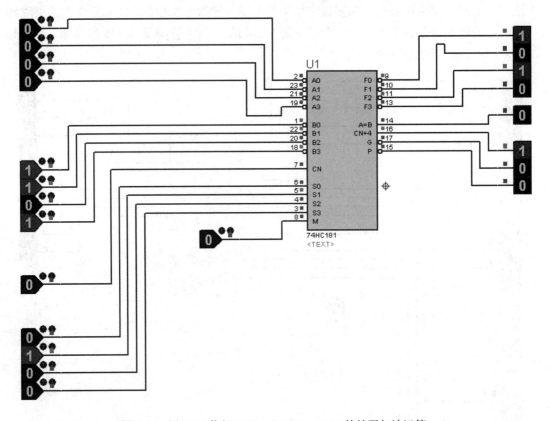

图 1-11　用 ALU 执行 0000 + (1010)$_{补}$ = 0101 的补码加法运算

　　本小节通过对比数字电路和 ALU 完成 5 - 10 运算的不同方法，引入微机原理做程序编写的概念。查表 1-1 可见，通过 S 和 M 的不同取值，对应了指令系统里的不同指令，其中 A 和 B 是输入信号，F 就是对应运算结果的输出信号。由 S 的 16 种排列组合，能构成 16 条不同功能的汇编语句，再配合 M 的选择，最多能对应 32 条汇编语句。

　　PIC16F 单片机的 ALU 没有这么多的逻辑、算术运算功能，但是它也有一些表 1-1 中没有的功能。因此，不同的单片机 ALU 的运算功能不太一样，对应它们的指令功能也不尽相同。可以进一步搜索有关精简指令集和复杂指令集的资料，以进一步了解指令集的概念。

1.3.3　利用 EDA 技术模拟 8 位 ALU

　　表 1-1 所列的 74181 具有 16 种算术、逻辑运算，与表 3-3 的 PIC16F 单片机的 ALU 运算种类不同，我们可以间接通过汇编指令了解到 PIC16F 单片机的 ALU 运算种类，除了必备的加法、减法、取非、与、或、异或、自加 1、自减 1 运算外，还有移位、高低半字节交换等。下面的 VHDL 代码模拟了上述运算，描述了一个 8 位 ALU 的功能，其中 A、B 是被加数和加数输入端口，sel 是运算功能选择输入端口，RIN 和 LIN 是寄存器右移和左移功能的输入端口，F 是运算结果输出端口。

```
LIBRARY ieee;
USE ieee.std_logic_1164.ALL;
```

```
USE ieee.std_logic_UNSIGNED.ALL;
entity vhdlalu8 is
Port (   A, B: in STD_LOGIC_VECTOR (7 downto 0);
         RIN, LIN: in STD_LOGIC;
          sel : in STD_LOGIC_VECTOR (3 downto 0);
          F : out STD_LOGIC_VECTOR (7 downto 0)
     );
end vhdlalu8;
architecture Behavioral of vhdlalu8 is
SIGNAL FTEMP: STD_LOGIC_VECTOR (7 downto 0);
begin
process (A, B, sel, RIN, LIN, FTEMP)
variable i: integer ;
variable c : std_logic_vector(7 downto 0) := "00000000";
begin
CASE SEL IS
    WHEN "0000" =>                    --计算 A + B
        FTEMP(0) <= a(0)xor b(0);
        c(0) := a(0)and b(0);
        for i in 1 to 7 loop
            FTEMP(i) <= a(i) xor b(i) xor c(i-1);
            c(i) := (a(i)and b(i))or(a(i)and c(i-1))or(b(i)and c(i-1));

        end loop;
    WHEN "0001" =>                    --计算 A－B，如果是 A 小于 B，则计算的是 A－B 的补码
        FTEMP(0) <= a(0) xor b(0);
        c(0) := not a(0) and b(0);
        for i in 1 to 7 loop
            FTEMP(i) <= a(i) xor b(i) xor c(i-1);
            c(i) := (b(i) and c(i-1)) or ((b(i) xor c(i-1)) and (not a(i)));
        end loop;
    WHEN "0010" => FTEMP <= A(6 DOWNTO 0) & '0';      -- A 算术左移 1 位
    WHEN "0011" => FTEMP <= A(7) & A(7 DOWNTO 1) ;    -- A 算术右移 1 位
    WHEN "0100" => FTEMP <= A (6 DOWNTO 0) & lin;     -- 左移
    WHEN "0101" => FTEMP <= rin & A(7 DOWNTO 1);      -- 右移
    WHEN "0110" => FTEMP <= A(6 DOWNTO 0) & A (7);    -- 循环左移
    WHEN "0111" => FTEMP <= A(0) & A (7 DOWNTO 1);    -- 循环右移
    WHEN "1000" => FTEMP <= A AND B;                  --A 与 B
    WHEN "1001" => FTEMP <= A OR B;                   --A 或 B
```

```
WHEN "1010" => FTEMP <= A XOR B;          --A 异或 B
WHEN "1011" => FTEMP <= NOT A ;           --A 取非
WHEN "1100" => FTEMP <= A (3 DOWNTO 0) & A (7 DOWNTO 4) ;
                                          -- 高低半字节交换
WHEN "1101" => FTEMP <= "00000000" ;      --A 清 0
WHEN "1110" => FTEMP <= A+1;              --A 自加 1
WHEN "1111" => FTEMP <= A-1;              --A 自减 1
WHEN OTHERS => NULL;
END CASE;
F <= FTEMP;
end process;
end Behavioral;
```

通过阅读上述代码，可以了解从数字电路到 ALU 结构的演变过程，帮助我们理解汇编指令的功能。

1.4　单片机简单工作原理

图 1-3、图 1-4 的 CPU 与 ROM、RAM 关系示意图，可以说明程序代码下载 ROM 中、单片机复位、运行的全过程，考虑到语句完整性及语法正确性，用灰底文字表示汇编语言语句。通过本节的学习，帮助读者领会单片机的简单工作原理及常用的术语。

(1) 编写程序代码，通过编译软件转换成机器代码，存储到存储器中，如图 1-3 所示，设从 00H 地址开始按顺序存储。

(2) 复位该单片机系统，设复位后 PC 指针为 00H，说明 CPU 第一次寻址就是 ROM 的第一个单元。这个操作和程序下载时代码存储的第一个单元地址相呼应，确保程序在 PC 指针指引下从第一个指令代码开始按顺序完成动作。如果单片机复位时 PC 指针不是 00H，则代码下载时第一个单元地址相应改为复位时指针所指的地址。

(3) 单片机本质上是一个时序电路，其控制时钟以指令周期命名，在一个指令周期内，CPU 主动通过地址总线到存储器的 00H 单元读取程序代码，送到指令译码器保存并译码，同时 PC 内容自加一，指向下一个地址 01H，以方便读取下条指令。

(4) 紧接着的第二个指令周期，CPU 又根据当前 PC 地址 01H 读取存储单元的内容，同理 PC 内容自加一，指向下一个地址 02H。此时，在 CPU 的三大部件电路中，PC 指针寄存器已经指向 02H，指令译码器存储 01H 单元的指令代码并译码，ALU 正在根据上一个指令周期的译码结果执行 00H 单元所指的动作。

(5) 如果 ALU 接受的动作指令是对 RAM 的读、写，则 CPU 会根据指令译码结果中 RAM 的寻址方式在图 1-4 中对相应 RAM 单元进行读、写。

(6) 上述第(4)、(5)步的动作分别在 CPU 的指令译码器和 ALU 中完成，因此这两个动作可以同时进行，即取下条指令代码和执行当前的指令代码可以并行动作，称为流水线操作，可以提高 CPU 的运算速度。

(7) 重复第(4)、(5)步的动作，CPU 逐个取出 ROM 单元的代码解释、动作，完成在第(1)步下载到 ROM 中的所有单元的内容。

在说明 CPU 执行加法运算过程前，先介绍图 1-12 中的 3 条汇编语句是如何实现 10+7 的运算的。程序执行时先把加数 7 传递到寄存器 W 中，应用 MOVLW 7 指令，其中 MOV 是 move 的缩略词，表示传送，LW 表示把 7 送到 W 中。指令 ADDLW 10 包含 3 个动作，第一个动作是把被加数 10 传送到加法器的被加数输入端，第二个动作是把上一条语句执行结果从 W 中取出送到加法器的加数输入端，第三个动作是把加法器的输出和传送到 W 中。

从图 1-12 中可以看出，3 条指令的助记符号都含有 W，因此 W 寄存器相当于排球队的二传手，运算和当然不能只存储在 W 中。指令 MOVWF 20H 也是一条传送指令，其中 WF 表示把 W 中的数据传送到 RAM 中，20H 表示 RAM 的地址。

3 条指令助记符号中包含了 L、W、F，分别表示数据、W 寄存器、RAM 地址，所以 7、10 称为立即数，即参与运算的数据，20H 是 RAM 的地址。

通过 3 条指令的顺序执行，把被加数、加数送到加法器输入端口，把加法结果送到 RAM 的 20H 存储单元中。可见，执行一次加法运算前，先把参与运算的数据找到，运算执行后再把结果送到指定位置。CPU 通过寻址、运算、再寻址，重复利用 ALU。

【例 1-1】　以 PIC16F877A 单片机为例，说明 CPU 执行加法运算的过程。

(1) 编写程序代码，如图 1-12 所示，在单片机指定软件进行语法检查并转变为机器代码 ■。左半部 D:\fyb\test\ccp.c 是 PICC 嵌入式汇编语言程序代码窗口，右上部 File Registers 文件寄存器是 RAM 窗口，右下部 Program Memory 程序存储器是 ROM 窗口，经过图 1-12 中所示的 1、2、3 这 3 个步骤，最终以下载/烧写的方式把这些机器代码存入图 1-3 的 ROM 中，在图 1-12 的 ROM 中也可以看到这些机器代码。

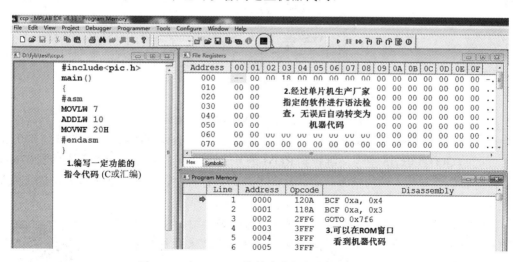

图 1-12　在 MPLAB 软件中进行程序编写和编译

(2) ROM 的第一个单元 0000　　120A　BCF 0xa, 0x4，其地址是 0000H，与单片机复位时指针地址 PC 对应，内容是第一条指令的机器代码 120AH，对应的汇编语言指令是 BCF 0XA, 0X4，显然和代码窗口的第一条指令 MOVLW　7 不同，这是因为编译软件在 ROM 的复位地址后添加了跳转指令 0002　　2FF6　GOTO 0x7f6，所以第一条指令 MOVLW　7 应该被安排在 ROM 地址为 07F6H 的单元。这是编译软件的通常做法，目的是躲开 ROM 的 0004H 单元，因为该单元中存放的是中断入口地址。

(3) 单击复位按钮 ▣，ROM 窗口地址指针 PC 指向 ➡0000H，双击程序代码第一条指令 MOVLW 0x7 处，出现断点图标 ⊕，表示 CPU 执行到这条指令处会停止，以便观察此刻的现象。单击全速运行按钮 ▷，表示 CPU 从 0000H 开始按照程序代码一直执行到断点指令处停止。

(4) 这时可以看到图 1-13 所示的断点处的运行结果。图 1-13 中两处 ⊕ 的位置分别是第一条指令 MOVLW 0x7 和该指令在 ROM 中存储的位置，地址也不是 07F6H，而是 07FAH，接下来按顺序第二、三条指令分别存储在 07FBH 和 07FCH，这表明每个 ROM 单元存储一条汇编语言指令，这是 PIC16F877A 单片机 ROM 的特点。这 3 条指令的前后编译软件分别插入 4 条和 3 条其他指令，因此程序代码和经过编译后存储到 ROM 中的真实代码不同，这与单片机有关，后续章节将说明这个问题。

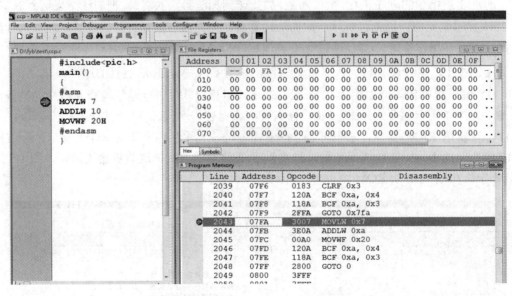

图 1-13　第一条指令 MOVLW　0x7 断点处运行结果

到此为止，我们知道在 ROM 中，程序的机器代码是从地址 0000H 开始安排到 0002H，通过此处的 GOTO 0x7f6 指令又跳转到 ROM 的 07F6H 单元，从该单元顺序执行到 07FAH 时，才是我们编写的本例的指令代码，从此处开始执行程序，才是本例将要介绍的加法运算程序。

(5) 在介绍加法运算前先对 3 条程序代码做简单介绍。在 ALU 中做加法运算时一次只能做两个数据的相加，对 PIC16F877A 单片机来说，还必须先把其中一个数暂时存储在 ALU 的工作寄存器 W 中，因此第一条指令 MOVLW 0x7 就是把数据 7 传送到 W 的意思，其中的 L 表示指令自带的数据是个立即数，而不是地址。第二条指令 ADDLW 10，把已经在 W 中的数据 7 和本条指令自带的数据 10 相加，所得的和 17(11H)

单片机简单工作
原理 A

又放回 W 中。第三条指令 MOVWF 20H 表示把当前 W 的值送 RAM 的 20H 单元保存，F 代表 RAM 的单元的意思，因此指令自带的数据 20H 应该是 RAM 的地址。

(6) 先观察 RAM 窗口地址为 20H 单元现在的值，如图 1-13 的 RAM 窗口画线处，说明现在的内容是 00H。在图 1-13 基础上单击单步运行按钮 🕐，每单击一次，执行一条指令，在 ROM 窗口，光标 ➡ 会向下一个 ROM 地址移动，指向了下一条指令。光标通过第三条指令后，说明 3 条指令都执行过，如图 1-14 所示，这时 RAM 窗口的 20H 单元内容已经改为 11H，即加法运算的和。

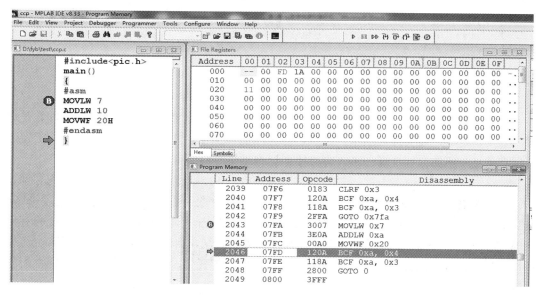

图 1-14 加法运算结果

RAM 窗口中的指令 07FC　　00A0　MOVWF 0x20 中，0X20(20H) 是 RAM 的地址，CPU 执行该指令时首先根据本指令的机器代码 00A0H 译码得知要对 RAM 进行直接寻址，即通过图 1-4 的地址总线输出 20H 对应的地址码，然后根据指令要求把 ALU 的工作寄存器 W 的值通过数据总线写入 20H 单元。

单片机简单
工作原理 B

此处通过 "1.4 单片机简单工作原理" 来说明 CPU 与 ROM 和 RAM 的关系以及简单的运行原理，其中涉及许多概念，需要在后续章节介绍，在此希望读者能有一个框架性的理解，知道 CPU 是如何逐条运行程序代码的，才能 "为 CPU 编写代码"，这将为后续的学习带来益处。

图 1-15 所示的是在 MPLAB 中设计的 5-10 运算程序，其执行过程产生的中间数据、进/借位标志、运算结果和 1.2.2 小节的分析结果一致。

8 位 CPU 执行 5 - 10 的运算，是 00000101 + (00001010)$_\nmid$=11111011，进/借位标志为 0；而再次求补执行 (11111011)$_\nmid$=00000101，表示结果是 -5。

指令 BTFSS 0x3, 0 中的 03H 是状态寄存器 STATUS(见第 2 章表 2-2)，它的 bit0 就是运算结果的进/借位标志，该指令功能是判断某位是否为 1，若是 1，则执行下下条指令，若是 0，则顺序执行下一条指令。由于它的上一条指令 SUBLW 0x5，是做 00000101 + (00001010)$_\nmid$=11111011 运算，进/借位标志为 0，因此，接下来顺序执行 SUBLW 0，接着执行 MOVWF 0x20，结果放 RAM 020H 中；若判断结果是 1，则直接跳过 SUBLW 0，执行 MOVWF 0x20，即无须再次求补，把 SUBLW 0x5 的执行结果放 RAM 的 020H 中。

Line	Address	Opcode	Disassembly	
1	0000	120A	BCF 0xa, 0x4	
2	0001	118A	BCF 0xa, 0x3	
3	0002	2803	GOTO 0x3	
4	0003	1283	BCF 0x3, 0x5	
5	0004	1303	BCF 0x3, 0x6	
6	0005	300A	MOVLW 0xa	//把减数10提前存入W中
7	0006	3C05	SUBLW 0x5	//进行5-10运算，结果（FBH）存入W中，进/借位标志位=0
8	0007	1C03	BTFSS 0x3, 0	//判断进/借位标志位是否为1（够减），是1执行下下条指令
9	0008	3C00	SUBLW 0	//是0（不够减）顺序执行，再次执行补码加运算，求出差值（05H）
10	0009	00A0	MOVWF 0x20	//差值结果存RAM的020H单元
11	000A	280A	GOTO 0xa	
12	000B	120A	BCF 0xa, 0x4	
13	000C	118A	BCF 0xa, 0x3	
14	000D	2800	GOTO 0	

图 1-15　在 MPLAB 中设计的 5 - 10 运算程序

不论是图 1-12 所示的 7 + 10 或图 1-15 所示的 5 - 10 运算程序，其被加数、加数是由程序直接指定的，在实际应用中，微机运算程序的被加数、加数不应该由程序直接指定，这没有意义，不如自行计算一下，再直接把运算结果存储到 RAM 的 020H 即可。

观察图 1-16 所示的程序，虽然执行的运算和图 1-15 一样，但是其被加数事先存储在 RAM 的 031H、加数在 RAM 的 030H，通过 movf 0x30, w 取加数 10 到 W 寄存器，通过 subwf 0x31, w 指令再把事先存储在 RAM 的 031H 的 5 取出减去 W 中的 10，得结果 FBH 再存储到 W 中，程序只计算 RAM 的 031H 和 030H 的数据减法，再通过 loop：和 goto loop：循环语句，这样程序运行时可以随时根据输入数据信号的变化，执行不同的加法运算并得到正确的输出结果。

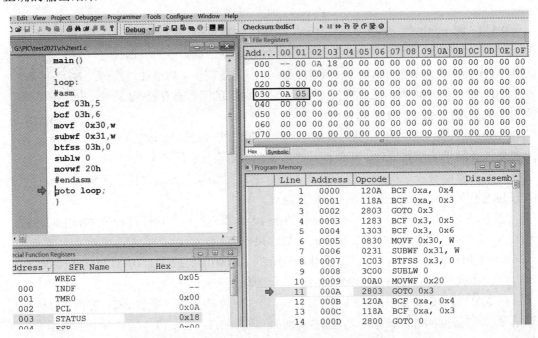

图 1-16　被加数、加数在寄存器做的减法程序

当把 RAM 的 031H 和 030H 的数据修改为 10 和 5 时，运行结果如图 1-17 所示，程序

不变，020H 的差还是 5，怎么知道这个差是正数？查看图 1-17 左下图的 STATUS=0X1B，bit0＝1，说明运算结果进/借位＝1，结果是正数，而图 1-16 此处是 0X18，bit0＝0，结果是负数。

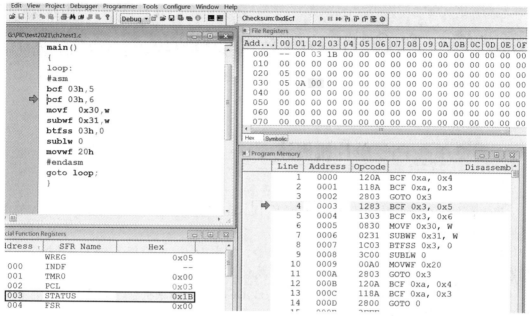

图 1-17　把 RAM 的 031H 和 030H 的数据修改为 10 和 5 时的减法运算

因此，实际的程序设计中参与运算的数据通常来自寄存器或接口设备(也是寄存器)，运行结果送回寄存器或接口。所以在运算前首先要确立参与运算的数据的位置，这就是寄存器的寻址，寻址会占据一段应用程序中相当大的分量，而这将是第 2 章和第 3 章学习的重点。

思考练习题

1. 已知 PICl6F877A 单片机的 ROM 是 8K＝8×2^{10} 个单元，RAM 是 368 个单元，如果图 1-3 和图 1-4 是该单片机的 CPU 与 ROM、RAM 关系图，则图中的地址总线分别是多少位？

2. MPLAB IDE 是美国微芯公司的免费开发软件，自行下载安装该软件，参考本书"3.9 程序在 MPLAB 软件中的调试"，学习建立工程的方法，模仿例 1-1 步骤操作，学习软件使用方法和 ROM、RAM 窗口的观察方法。

3. 说明复杂指令集 CISC 和精简指令集 RISC、哈佛结构和冯·诺依曼结构的区别。

4. CPU 内部核心部件有几个？作用各是什么？

5. 模仿"1.4 单片机简单工作原理"，设计 10-5 的运算程序并在 MPLAB 中运行，查看运行过程和结果。

第2章　PIC16F877A 单片机硬件系统概况

2.1　PIC 单片机概述

PIC 单片机采用精简指令集 RISC 和哈佛 Harvard 双总线结构，其中 PIC16F877A 的主要性能参数如下：

(1) 高性能 8 位 RISC CPU，35 条单字指令，每字 14 位二进制数，绝大多数指令是单周期指令。

(2) 振荡器的频率范围是从 DC 到 20 MHz，DC 时处于睡眠状态，20 MHz 时对应指令周期是 0.2 μs，说明每条指令执行时间是 0.2 μs。

(3) 8 K × 14 个 Flash 程序存储器，368 × 8 个数据存储器，256 × 8 个 EEPROM(E^2PROM) 存储器。

(4) 提供 14 个中断源，所有中断源将在后续章节分别介绍。

(5) 功耗低，某些型号在 4 MHz 时钟下工作时耗电电流不超过 2 mA，睡眠模式下低于 1 μA。

(6) 支持在线串行编程(ICSP)。

(7) 运行电压范围广，通常为 3.0～5.5 V。

(8) 输入及输出电流分别可达 25 mA 和 20 mA。

(9) 程序保密性好。

根据以上性能，在学习 PIC16F877A 单片机硬件概况前先了解它的哈佛结构。在 1.4 节中提到过微型计算机的硬件架构分为哈佛结构和冯·诺依曼结构。它们最大的区别是：前者的 RAM 和 ROM 是分开为不同的电路结构，分别编址；后者统一用 RAM，统一编址。

图 2-1 是 8 位哈佛结构的单片机内部结构图，图中数据总线的宽度是 8 位，与总线相连的 RAM 单元也是 8 位宽，RAM 和 ROM 是分开的。但是图 2-1(b) 的 RAM 和 ROM 通过 8 bit 的数据总线与 CPU 交换数据，同一个瞬间 CPU 只能与其中一个进行数据交换，而且 ROM 的每个单元由于要和数据总线宽度一致，限制为 8 bit。因此如果单片机的指令系统对应的每条指令代码都超过 8 bit，则可能的存储单元就会超过一个 ROM 单元，CPU 取指令代码时就要用超过一个指令周期的时间，才能把一条指令对应的代码完整取到指令译码器中。

PIC 16F 单片机
硬件结构概述

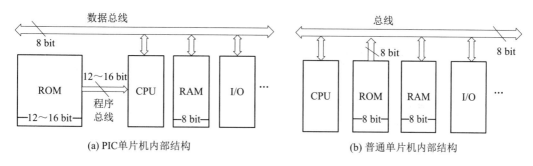

图 2-1   8 位 PIC 单片机和普通单片机的内部结构对比

同样是哈佛结构，图 2-1(a)的 RAM 和 ROM 分开用不同的总线与 CPU 连接，RAM 通过数据总线，ROM 通过程序总线，CPU 可以同时与 RAM 和 ROM 交换数据，而且程序总线和数据总线宽度不一样，如果它的宽度就是指令代码的宽度，则 CPU 读一次 ROM 就可以取出一条完整的指令代码到译码器，在运行效率上，这样的硬件结构显然比图 2-1(b)的好多了。

学习硬件结构离不开汇编语言指令的配合，尽管指令系统在第 3 章才会详细介绍，但是本章会提前介绍一些，为方便阅读，后文中凡是指令均用灰底文字表示，注意指令之后可以加英文的"；"，也可以不加，但是一定不能加中文的"；"或"，"。

由于 PIC16F877A 单片机的指令系统有 35 条指令，如第 1 章学习的指令 MOVLW 7; 把数据 7 存入工作寄存器 W 中，指令代码是 3007H，其中 07H 对应立即数7，因为是 8 位机，所以允许这个立即数最大到 FFH(255)，如指令 MOVLW 0FFH; 指令代码是 30FFH，对应的是 MOVLW 指令。不同的指令对应一个唯一的二进制编码，35 条指令至少需要 6 位二进制来编码，如 30H 有效编码是 110000B。因此，MOVLW 7; 这样的指令需要 6 位指令编码和 8 位数据编码组成，形成 14 位的指令代码，它的程序总线宽度至少是 14 位。其他指令的代码组成待后续章节介绍。

机器代码是
14 位二进制数

对比图 1-3 和图 1-4，可以发现图 2-1 中没有表示 RAM 和 ROM 的地址总线，实际上不同的单片机配置的 RAM 和 ROM 容量不同，因此地址总线也会不同。PIC16F877A 单片机具有 8 KB × 14 个 Flash 程序存储器，所以它的 ROM 地址总线宽度应该是 8 KB = $8 × 2^{10} = 2^{13}$，即 13 位。具有 368 × 8 个数据存储器，368 处在 256 和 512 之间，所以它的 RAM 地址总线宽度应该是 512 = 2^9，即 9 位。

2.2   PIC16F877A 单片机内部结构简介

PIC16F877A 单片机的内部结构如图 2-2 所示，下面结合图 1-2～图 1-4 来分析。

参照图 1-2 的 CPU 内部主要部件，地址指针 PC 对应图 2-2 中的"程序计数器"框，因为 ROM 容量是 8 KB，所以地址总线宽度是 13 bit，复位时 PC 内容是 0000H，可以通过数据总线修改 PC 的内容，意味着指令的运行顺序可以人为修改，而不是一味地按照 PC 指

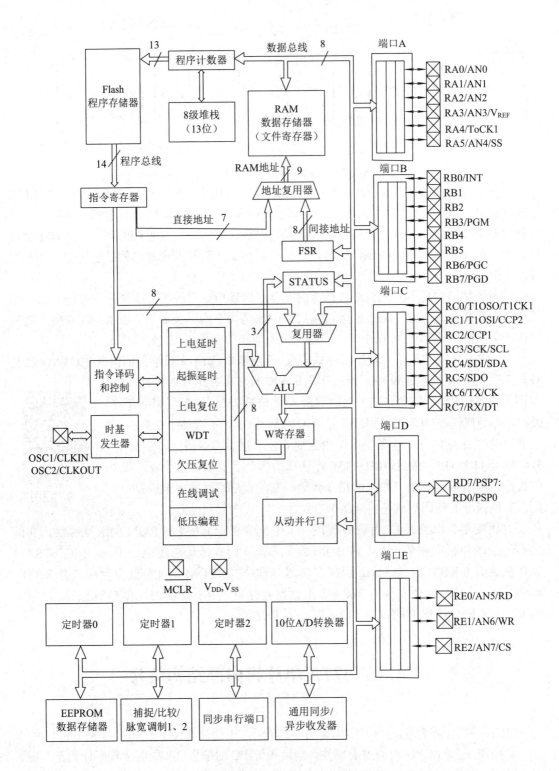

图 2-2　PIC16F877A 单片机的内部结构图

针自加 1 的顺序执行；指令译码器对应图 2-2 中的"指令寄存器"和"指令译码和控制"框；算术逻辑单元 ALU 对应图 2-2 中的"ALU"框。"W寄存器"与"ALU"框配合完成各种指令的操作，虽然 W 称为寄存器，但是它不属于 RAM 的单元，没有分配 RAM 的地址，因此用 PIC 的 C语言编程时，是不可能有 W 寄存器这个变量的。"STATUS"和"FSR"框是两个 RAM 的单元，前者是 PIC 的状态寄存器，如 ALU 做两个 8 bit

内部结构简介

数据加法运算时，进位信号会存储在 STATUS 寄存器中；后者是 ALU 对 RAM 做间接寻址时 RAM 的间接地址存储单元，是重要的特殊功能寄存器。W、STATUS、FSR 三个寄存器是学习 PIC16F877A 单片机内部结构的重要内容。

参照图 1-3，存储器 ROM 对应"Flash 程序存储器"框，地址总线 13 bit，程序总线14 bit，两者都是单向的。从 ROM 中取出的指令代码先在"指令寄存器"框中暂存，设置指令寄存器的目的是因为单片机是时序电路，每一个动作都按照指令周期这个节拍进行，CPU 从 ROM 取指令代码，这个动作在一个指令周期完成，结果存指令寄存器，同时"指令译码和控制"把当前指令寄存器的代码做译码，下个指令周期 ALU 就可以执行了。与"程序计数器"框相连的"8 级堆栈"框与中断系统有关，此处先略过。

参照图 1-4，寄存器 RAM 对应"文件寄存器"框，因为 PIC 单片机的 RAM 不但是寄存器，而且还可以位寻址，所以取"文件"命名以便和普通寄存器作区别，简称 F。如例1-1 的汇编语句 MOVWF 20H; ，其中的 F 表示文件寄存器，地址是 20H，其实 20H 单元内的 8 个位也可以用位操作指令分别读写。

RAM 的地址总线 9 bit，单向，通过"地址复用器"框与"指令寄存器""FSR"框相连，这与 RAM 的寻址方式有关，是本章学习的重要内容。

RAM 的数据总线 8 bit，双向，与单片机内部数据总线相连。从图 2-2 中可见，"端口"电路以及图下部分的功能接口电路都是通过数据总线相连的，因此RAM 和功能接口电路一样都由 ALU 控制，在本章可以把功能接口电路当作 RAM 单元对待。

由于图 2-2 中是双总线结构，因此该 CPU 的取指令和执行指令能同时进行。

指令执行时的
两级流水线操作

每个端口电路右边是单片机的引脚，如 RA0/AN0，表示第一功能时该引脚是端口 A 的 bit0，表示第二功能时该引脚是模拟输入通道 0，可以看出大部分引脚都有两个以上的功能，其中的第一功能就是端口的电平输入/输出功能，第二或第三功能是功能接口电路借用这些引脚做输入/输出通道，如上述的模拟通道是"10 位 A/D 转换器"电路的输入通道。

除了上述介绍的电路外，图 2-2 中还有"时基发生器"框，是单片机的晶体振荡电路，输出的振荡信号四分频后就是指令周期，通过 OSC1 和 OSC2 引脚外接振荡晶体，如外接4 MHz 的晶体，四分频后的指令周期就是 1 μs。"上电延时"等框待后续章节介绍。外接引脚 $\overline{\text{MCLR}}$ 是复位引脚，低电平有效，复位时 PC 指针指向 ROM 的 0000H 单元。V_{DD} 和 V_{SS}是单片机的电源和地引脚。

图 2-3 是 PIC16F877A 单片机的引脚图，共 40 只引脚。除了两对 V_{DD} 和 V_{SS} 引脚，晶

体振荡器电路输入/输出引脚 OSC1、OSC2 和复位引脚 $\overline{\text{MCLR}}$ 外，剩下的 33 只引脚分属五个端口，如图 2-2 的最右边。所有引脚从端口电路引出，其他单片机功能电路需要输入/输出信号时借用端口引脚。这五个端口分别是端口 A 6 只，端口 B 8 只，端口 C 8 只，端口 D 8 只，端口 E 3 只。除了端口 B 的 4 只引脚外，其余 29 只引脚都具有第二或第三功能，这些功能与图 2-2 借用引脚的功能电路有关。

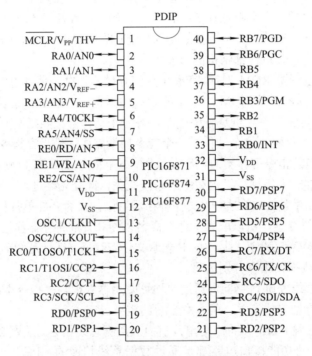

图 2-3　PIC16F877A 单片机的引脚图

2.3　文件寄存器 RAM

PIC16F877A 单片机的文件寄存器共 368 个单元，地址总线 9 位，按照 $2^9 = 2^{2+7} = 4 \times 128$，分成四个体(bank)，如图 2-4 所示。

除通用寄存器区，每个体都有个数不等的特殊功能寄存器区，如图 2-2 中参与 ALU 运算的状态寄存器 STATUS(地址 03H、83H、103H、183H)和间接寻址 RAM 的寄存器 FSR(地址 04H、84H、104H、184H)。

什么是通用寄存器？什么是特殊功能寄存器？

一个 RAM 单元分配四个地址，是否意味着有四个 STATUS 单元或四个 FSR 单元？

例 1-1 的汇编指令 MOVWF　20H; 中的 20H 是个 RAM 地址，作为 8 位机的 PIC16F877A 单片机，汇编指令中的立即数和直接地址最多只能表示 8 位，此处的 20H 才 8 位，如何寻址 9 位的 RAM 空间？

	地址		地址		地址		地址
间接地址	00H	间接地址	80H	间接地址	100H	间接地址	180H
TMR0	01H	OPTION_REG	81H	TMR0	101H	OPTION_REG	181H
PCL	02H	PCL	82H	PCL	102H	PCL	182H
STATUS	03H	STATUS	83H	STATUS	103H	STATUS	183H
FSR	04H	FSR	84H	FSR	104H	FSR	184H
PORTA	05H	TRISA	85H		105H		185H
PORTB	06H	TRISB	86H	PORTB	106H	TRISB	186H
PORTC	07H	TRISC	87H		107H		187H
PORTD	08H	TRISD	88H		108H		188H
PORTE	09H	TRISE	89H		109H		189H
PCLATH	0AH	PCLATH	8AH	PCLATH	10AH	PCLATH	18AH
INTCON	0BH	INTCON	8NH	INTCON	10BH	INTCON	18BH
PIR1	0CH	PIE1	8CH	EEDATA	10CH	EECON1	18CH
PIR2	0DH	PIE2	8DH	EEADR	10DH	EECON2	18DH
TMRIL	0EH	PCON	8EH	EEDATH	10EH	保留	18EH
TMRIH	0FH		8FH	EEADRH	10FH	保留	18FH
T1CON	10H		90H		110H		190H
TMR2	11H	SSPCON2	91H		111H		191H
T2CON	12H	PR2	92H		112H		192H
SSPBUF	13H	SSPADD	93H		113H		193H
SSPCON	14H	SSPSTAT	94H		114H		194H
CCPR1L	15H		95H		115H		195H
CCPR1H	16H		96H		116H		196H
CCP1CON	17H		97H	通用寄存器 16 B	117H	通用寄存器 16 B	197H
RCSTA	18H	TXSTA	98H		118H		198H
TXREG	19H	SPBRG	99H		119H		199H
RCREG	1AH		9AH		11AH		19AH
CCPR2L	1BH		9BH		11BH		19BH
CCPR2H	1CH		9CH		11CH		19CH
CCP2CON	1DH		9DH		11DH		19DH
ADRESH	1EH	ADRESL	9EH		11EH		19EH
ADCON0	1FH	ADCON1	9FH		11FH		19FH
	20H		A0H		120H		1A0H
通用寄存器 96 B		通用寄存器 80 B		通用寄存器 80B		通用寄存器 80 B	
	70H		EFH		16FH		1EFH
	7FH	映射到 70H~7FH	F0H	映射到 70H~7FH	170H	映射到 70H~7FH	1F0H
			FFH		17FH		1FFH
体0		体1		体2		体3	

图 2-4　文件寄存器 RAM 布局图

2.3.1　通用寄存器

通用寄存器用于通用目的，可以自由安排和存放随机数据，单片机上电复位后其内容是不确定的。体 0 中有 96 个单元，地址为 20H~7FH，体

通用寄存器

1 中有 80 个单元，地址为 A0H～EFH，体 2 中有 96 个单元，地址为 110H～16FH，体 3 中有 96 个单元，地址为 190H～1EFH。

由图 2-4 可见，体 1、2、3 的后 16 个通用寄存器被映射到体 0 的 70H～7FH，访问它们如同访问体 0 的对应单元，如访问体 2 的 170H 单元，就是在访问体 0 的 70H 单元。所以三组映射单元实际是不存在的，在计算该体的通用寄存器个数时没有被计算在内。

给不存在的单元分配地址，是为了寻址方便。如表 2-1 中写出了四个体的地址范围，转换为二进制数，分别写出地址的 bit8、bit7 以及 bit6～bit0，可以看出，除了地址高两位与体的编号一致，其他地址位会随着体的不同而不同，地址的低 7 位范围是一致的。具体到体 2 的 170H 和体 0 的 70H，它们的区别仅在高两位，前者是 10B，后者是 00B，地址的低 7 位都是 1110000B。

表 2-1　4 个体的文件寄存器 RAM 的地址范围

体	地址范围	体内地址的 bit8、bit7	体内地址的 bit6～bit0
体 0	00H～7FH	00B	0000000B～1111111B
体 1	80H～FFH	01B	0000000B～1111111B
体 2	100H～17FH	10B	0000000B～1111111B
体 3	180H～1FFH	11B	0000000B～1111111B

如果某些 RAM 单元的地址总线只要 bit6～bit0 即可寻址，那么 8 位单片机用一条汇编指令就可以正确找到 RAM 单元，从而提高单片机寻址 RAM 的速度，同时也便于数据在不同体之间传送。例如，要将体 2 的 120H 单元数据传送到体 0 的 20H 单元，可以先把体 2 的 120H 单元数据传送到体 2 的映射单元，如 170H，再到体 0 的 70H 单元把数据取出送到体 0 的 20H 单元。

因为 STATUS 和 FSR 参与 ALU 的运算和寻址，需要被频繁寻址，所以它们在四个体中都有地址，其实也就是上述的映射关系。这样，寻址 STATUS 只要用 0000011B(03H)，寻址 FSR 只要用 0000100B(04H)。

2.3.2　特殊功能寄存器

特殊功能寄存器是用于专用目的的寄存器，每个寄存器单元，甚至其中的每一位都有自己固定的名称和用途，也称专用寄存器。

对应 PIC16F87X 系列单片机(X 从 0 到 7，5 除外)，不同型号单片机的特殊功能寄存器高度兼容，便于该系列单片机之间的调换升级。

特殊功能寄存器

在图 2-4 中，四个体低地址都有数量不等的特殊功能寄存器，分为两大类：一类与 CPU 内核有关，如 STATUS；另一类与外围功能模块有关，如 PORTA 端口寄存器、方向寄存器 TRISA 等。在此仅介绍前者，后者待外围功能模块章节中介绍。

1. 状态寄存器 STATUS

状态寄存器的内容用来记录 ALU 的运算状态和算术特征、CPU 的特殊运行状态及 RAM 的体间选择信息。表 2-2 所示是 STATUS 内部位的名称及其位置。与通用寄存器不同，特殊功能寄存器的每个位对应不同的电路含义，而且某些位只能读出不能写入，如 bit4 和

bit3 便不能写入。

表 2-2　状态寄存器 STATUS

R/W	R/W	R/W	R	R	R/W	R/W	R/W
bit7	bit6	bit5	bit4	bit3	bit2	bit1	bit0
IRP	RP1	RP0	$\overline{\text{TO}}$	$\overline{\text{PD}}$	Z	DC	C

STATUS 各位的含义如下：

(1) bit2～bit0 用来记录 ALU 的运算状态和算术特征。

Z：零标志位，用来记录 ALU 的运算结果。

1 = 算术或逻辑运算结果为 0。

0 = 算术或逻辑运算结果不为 0。

DC：辅助进位/借位标志位。

执行加法指令时：1 = bit3 向 bit4 发生进位，0 = bit3 向 bit4 不发生进位。

执行减法指令时：1 = bit3 向 bit4 不发生借位，0 = bit3 向 bit4 发生借位。

C：进位/借位标志位。

执行加法指令时：1 = bit7 发生进位，0 = bit7 不发生进位。

执行减法指令时：1 = bit7 不发生借位，0 = bit7 发生借位。

【例 2-1】　设 PIC16F877A 单片机的 ALU 欲完成两个 16 位二进制数 0111101010001101B 和 1100001011011100B 相加的运算，运算完成后和 = ?Z = ?DC = ?C = ?

作为 8 位单片机，一次加法运算只能做 8 位，超过 8 位的数据运算，按字节为单位从最低字节开始相加，类似人工运算的思路。

先做低 8 位相加：

$$
\begin{array}{r}
10001101B \\
+\ 11011100B \\
\hline
101101001B
\end{array}
$$

可见本次运算和是 101101001B；结果不为 0，Z = 0；相加过程 bit3 向 bit4 发生进位，DC = 1；bit7 发生进位，C = 1。

再做高 8 位相加，这时应把低 8 位运算时的进位标志位 C = 1 一并相加：

$$
\begin{array}{r}
01111010B \\
+\ 11000010B \\
1B \\
\hline
100111101B
\end{array}
$$

所以 0111101010001101B 和 1100001011011100B 相加的和是 10011110101101001B。对于 8 位机，回答 Z、DC、C 时应该指最近一次运算的结果。高 8 位相加和不为 0，Z = 0；相加过程 bit3 向 bit4 不发生进位，DC = 0；bit7 发生进位，C = 1。

如果在低 8 位相加后 C = 1，则人为修改 C 为 0，在做高 8 位相加时，一并加上的 C 就是最近那次被修改为 0 的 C，所以编写程序时要注意。在本例 DC 看似没有起作用，如果是两个 BCD 码相加时，DC 就作为个位向十位进位的标志位用。

【例2-2】 设PIC16F877A单片机的ALU欲完成8位二进制数00000010B和00000110B的相减的运算，运算完成后差 = ？Z = ？DC = ？C = ？

CPU中的ALU部件做减法运算时，会把减法转变为补码加的运算，因此本例实际操作时执行00000010B + (00000110B)补 = 00000010B + 11111001B + 1 = 11111100B。

在这个加法过程中，没有发生进位，意味着本次减法运算差是个补码，即被减数小于减数，不够减，所以运算完成后C = 0，表示发生借位，同理DC = 0。因为结果不为0，所以Z = 0。

ALU做两个8位数的补码加法时，只要运算结果不发生进位，就说明不够减，发生进位时才说明够减。这是因为当减数大于被减数时，减数的补码加上被减数一定小于256。

只要ALU执行加、减法或逻辑运算，就会将运算过程得到的Z、DC、C填入STATUS中，这三个位进而影响接下来的ALU的运算。如果人为修改这三个位的值，则一样影响接下来的ALU的运算。

(2) bit4、bit3用来表示CPU的特殊运行状态。

$\overline{PD}$：降耗标志位。初始加电或看门狗清0指令(CLRWDT)执行后该位置1；睡眠指令(SLEEP)执行后该位清0，这时单片机工作频率降为0，工作电流极小。

$\overline{TO}$：超时标志位。上电、CLRWDT、SLEEP指令执行后该位置1；看门狗发生超时该位清0。

STATUS中的$\overline{PD}$和$\overline{TO}$由电路根据当前的执行状态置1或清0，用指令无法修改这两位的值。

(3) bit7～bit5表示RAM的体间选择信息。

① IRP：间接寻址RAM时地址的bit8。其中，1 = RAM地址的bit8是1；0 = RAM地址的bit8是0。

所谓间接寻址，是指不直接告诉CPU要寻找的RAM地址，让CPU到IRP和FSR中寻找。IRP是位，FSR是字节，两者合并在一起形成9位二进制数，可以表示RAM的绝对地址。

例如，间接寻址体2的120H单元，绝对地址是120H = 100100000B，共9位，作为8位单片机，寻址9位地址只能分段完成，就好比在城市里找一个具体的地址，要先找到街道，再在该街道寻找门牌号。这里IRP是街道，FSR是门牌号，所以编写程序时先置IRP=1B，再向FSR写入20H，然后告诉CPU去间接寻址，整个寻址过程分三步完成。

间接寻址时单片机把RAM空间地址分为两大块，一块是bit8 = 0，另一块是bit8 = 1，用IRP表示，块内地址都是从00H到FFH。如图2-4所示，体0、1是IRP = 0块，体2、3是IRP = 1块。观察图2-4，体0的01H和体2的101H单元都是定时器/计数器TMR0，体1的81H和体3的181H都是选项寄存器OPTION，它们两两之间互相映射，说明寻址TMR0只要8位地址01H，寻址OPTION只要81H即可，这是为间接寻址方便起见，这时可以不管IRP当前的值，只要两步就可以完成寻址。

② RP1、RP0：直接寻址RAM时地址的bit8、bit7，也是图2-4的体选位。其中，00 = 选中体0，01 = 选中体1，10 = 选中体2，11 = 选中体3。

所谓直接寻址，是指用指令直接告诉CPU要寻找的RAM地址的bit6～bit0，如例1-1的指令MOVLW 20H；中20H的有效位只有bit6～bit0的低7位地址，RAM的9位地址还应该有高两位，也是图 2-4 的体选，就由 RP1、RP0 来表示。所以 CPU 做直接寻址时，所寻址的 RAM 地址由 RP1、RP0 以及指令中带的低 7 位地址合并在一起形成 9 位二进制数，表示 RAM 的绝对地址。

例如，直接寻址体 2 的 120H 单元要分两段完成，这里 RP1、RP0 是街道，指令中的低 7 位地址是门牌号，所以编写程序时先置<RP1：RP0> = 10B，然后用指令告诉 CPU 去直接寻址体 2 的地址低 7 位是 20H 的单元，整个寻址过程分两步完成。

直接寻址时单片机把 RAM 空间地址分为四大块，用体 0、1、2、3 表示，块内地址都是从 00H 到 7FH，如图 2-4 所示。对于 STATUS 这样可以四个体映射的单元，不必说明 RP1、RP0 是多少，用指令直接告诉 CPU 是直接寻址以及 RAM 地址的低 7 位是 03H 即可，这是为直接寻址方便起见，只要一步就可以完成寻址。

间接、直接寻址是寻找同一个 RAM 空间的两种方法，比如上述对体 2 的 120H 单元寻址，不能理解为寻址不同的地址。

2. 实现间接寻址的寄存器 INDF 和 FSR

寄存器 INDF 和 FSR 功能比较抽象，先用间接寻址体 2 的 120H 单元来说明。设把当前 120H 的内容读到工作寄存器 W 中，分三步完成：

(1) 执行指令：BSF　STATUS, 7

该指令表示对 STATUS 的 bit7 即 IRP 置 1。这里 BSF 的 B 是位操作指令的意思，S 是 SET，置 1 的意思，F 代表指令所带的数据是 RAM 地址，查图 2-4 可知，STATUS 的地址是 03H，映射单元，所以本指令应该写成 BSF　03H, 7；RP1、RP0 为任意值就可以定位。编译软件允许用寄存器名称表示，在 PICC 中用大写，所以此处直接写 STATUS 便于阅读。逗号后的 7 表示 F 寄存器的 bit7。

(2) 执行指令：MOVLW　20H

　　　　　　　MOVWF　FSR

该指令表示先把立即数即指令带的数据 20H 送 W，这里 MOVLW 的 L 说明指令自带的数据是数而不是 RAM 地址，注意与上条指令 F 的区别。再把当前 W 中的数据存入指令所指的 RAM 地址 FSR 中，FSR 也是映射单元，RP1、RP0 为任意值就可以寻址。通过第 2、3 条指令，把数据 20H 送入 FSR。CPU 不允许用一条汇编指令把立即数送到 RAM 中，这样的操作等于不需要 CPU 参与。

(3) 执行指令：MOVF　INDF, W

该指令表示间接寻址 RAM 地址。INDF 是图 2-4 的体 0～3 的第一个单元，在此处作为间接寻址的特殊表示。MOVF 是传送 F 到 W 或 F 的意思，逗号后是 W，表示 F 送 W，若是 F，则表示 F 送 F，即自传送，目的是经过传送动作把 F 的内容送到 ALU，再送回 F，这个过程会影响标志位 Z。所以本指令是把间接地址的内容送 W 中。

间接地址总是事先放在 IRP、FSR 中，由第(1)、(2)步完成。如果在执行第(3)步时没有正确地把第(1)、(2)步完成，则 CPU 仍然会根据当前的 IRP、FSR 做间接寻址。本指令如果不是对 INDF 寻址，就属于直接寻址。

综上所述，INDF 是 CPU 做间接寻址时指令的表示方法，它对应的 00H 单元其实是空单元，实际寻址的地址由 IRP、FSR 指出，所以 FSR 专门用于存储间接寻址的低 8 位地址。

2.3.3　寻址方式

指令的一个重要组成部分是操作数,即参与运算的数据或数据所在的地址,"寻址"就是寻找操作数所在的地址,"寻址方式"就是寻找操作数或所在的地址的方法。一般单片机方面的书籍把寻址方式放在指令系统章节,其实寻址的重要内容是寻址操作数在 RAM 的地址,因此本书把寻址方式放在有关 RAM 的小节介绍。

寻址方式

PIC16F87X 系列单片机的寻址方式有四种:立即寻址、直接寻址、间接寻址和位寻址。本书到此处已经把四种寻址方式都举例过,最典型的就是本章 2.3.2 小节的第 2 点的四条汇编指令,分别代表四种寻址方式,下面就用这四条指令对寻址方式做个总结。

(1) 立即寻址:如指令 MOVLW 20H; 把数 20H 送入 W 中。指令码中的 20H 是立即数,因为它就是 14 位的指令代码的低 8 位,操作数直接在指令代码中获取,不必到别处寻找。

(2) 直接寻址:如指令 MOVWF FSR; 把 W 内容送入 FSR 中。FSR 是映射单元,低 7 位地址是 04H,本指令可以写成 MOVWF 04H,指令码中的 04H 是直接地址,它也是 14 位的指令代码的低 7 位,CPU 根据当前 STATUS 的 RP1、RP0 以及这个直接地址形成 9 位绝对地址到 RAM 查找对应单元,再把 W 的数据送入该单元。因为映射单元的关系,当前 STATUS 的 RP1、RP0 为任意值都可以寻址到 FSR。

如果不是映射单元,则在做直接寻址前要先定义 STATUS 的 RP1、RP0 的值。如实现把 W 内容存入体 2 的 120H 单元(100100000B),高两位是 10B,STATUS 的 RP1、RP0 必须定义为 10B,用两条位操作指令 BSF STATUS, 6; 和 BCF STATUS, 5; 实现,然后才是指令 MOVWF 20H; 。

直接寻址和立即寻址的区别是指令所带的数据,前者就是数据,直接参与运算,不必再寻址;后者是 RAM 的低 7 位地址,必须寻址后才能找到数据。利用指令中 MOVLW 的 L,可以判断是立即寻址,利用 MOVWF 的 F 可以判断是直接寻址。

(3) 间接寻址:如指令 MOVF　INDF, W; 到 STATUS 的 IRP 和 FSR 寻找 9 位 RAM 地址,再把该地址内容送入 W。如果不是因为 INDF 这个特殊的寄存器,则仅凭 MOVF 的 F 可以判断就是一条直接寻址指令。

寻址方式中的
间接寻址方式

在 PIC 单片机中通过 INDF 这个特殊寄存器来表示间接寻址,所用的指令还是直接寻址的模式。如指令 MOVWF　FSR 是直接寻址,指令 MOVWF　INDF 就是间接寻址。这种设计可以大大简化指令系统。

(4) 位寻址:如指令 BSF　STATUS, 7; 把 STATUS 的 bit7 置 1。由于 BSF 中的 F,因此可以判断要做 RAM 的寻址,B 代表的是位操作,即仅对某个特定位置 1 或清 0,S 即 SET,逗号后的 7 表示特定位的位地址。

位寻址和直接寻址的区别是,前者寻址到 RAM 地址中的某个位,后者仅寻址到地址。

对文件寄存器中特殊功能寄存器的学习要贯穿整个单片机的学习过程,后续的每章都要学习,现在应对图 2-4 有比较清晰的印象,对 INDF、STATUS、FSR 寄存器以及映射、体、寻址等概念有充分的掌握,为后续的学习打下基础。

最后,观察图 2-4,分四个体,每个体 128 个单元,共 512 个单元,但是 PIC16F877A 单片机的 RAM 只有 368 个单元,为什么会少这么多?有两大原因:存在众多的映射单元;

存在特殊功能寄存器区还未定义的保留单元。

2.4　堆栈和程序存储器

如图 2-5 所示，PIC16F87X 系列单片机程序存储器最大有 8 K 单元，地址总线 13 bit，图中 PC<12:0>代表地址指针及其宽度。与 PC 寄存器相连的堆栈区共 8 个单元，称为 8 级堆栈，每个单元存储 13 bit 的 ROM 地址。

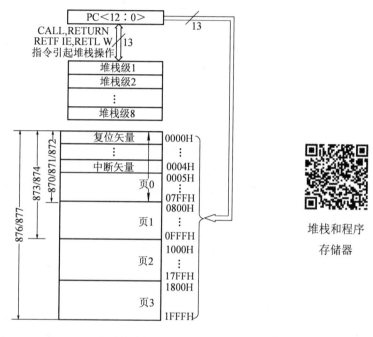

堆栈和程序
存储器

图 2-5　PIC16F87X 系列单片机程序存储器和堆栈

2.4.1　堆栈

堆栈的每个单元没有地址，寻址方式是"先进后出"的原则，如我们把书放入箱子里，此处用"入栈"说法，第一本在箱子底部，即图 2-5 中堆栈级 8，第二本摞在第一本上，就是堆栈级 7，以后每加一本都摞在最上层，一共只能存 8 级。如果要存入第 9 本，就会用当前的第 9 本替代第 8 本，这显然是不能允许的，要避免发生这种情况。

要从堆栈取出数据(简称"出栈")，可按照"后进先出"的原则，总是将最顶层的那个单元数据取出来，堆栈不一定要装满。更详细的介绍留待中断章节。

2.4.2　程序存储器 ROM

图 2-5 从"复位矢量"单元开始就是程序存储器，地址从 0000H 开始，复位矢量是指单片机复位时 PC 指针的内容对应的地址，从 0000H 到 1FFFH 共 8 K 单元，每个单元 14 位，与指令代码宽度一致。

单片机响应中断时，PC 指针自动修改为 0004H，所以每次响应中断，都到 0004H 地址找中断服务程序代码，因此把 0004H 地址称为"中断矢量"。更详细的介绍留待中断章节。

ROM 从 0000H 到 1FFFFH，分成 $2^{13} = 2^{2+11} = 4 \times 2^{11}$，共四页，每页 $2^{11} = 2$ K。页地址 bit12、bit11 分别取 00B、01B、10B、11B，页内地址 bit10～bit0 都是从 000H 到 7FFH。与 RAM 分成四个体是为了直接寻址同理，此处分成四页也是为了 ROM 的寻址。在说明 ROM 为什么要分页之前，先了解两个与 PC 地址指针寄存器相关的特殊功能寄存器 PCL、PCLATH 以及它们的功能。

PC 是一个 13 位宽，专门为 CPU 提供程序存储器地址的寄存器，它的内容时刻指向 CPU 下一步将要执行的那条指令所在的程序存储单元。

为了与其他 8 位宽的寄存器交换数据，将它分成 PCH 和 PCL 两部分，如图 2-4 所示。低 8 位 PCL 是映射单元，地址是 02H，可读可写，但是 PCL 绝不是用传送类指令可以修改的；高 5 位 PCH 不在图 2-4 中，没有自己的地址，不可读写，只能用寄存器 PCLATH 装载的方式间接写入，因此我们只能知道当前写入的值，不能通过 PCLATH 读出 PCH 的值。

如图 2-6 所示，高 5 位 PCH 的装载分为两种情况：一种情况是当执行以 PCL 为目标的写操作指令时，PC 的低 8 位来自 ALU，高 5 位由 PCLATH 的低 5 位装载；另一种情况是当执行跳转指令 GOTO 时，或调用子程序指令 CALL 时，PC 指针的低 11 位就是指令代码中的低 11 位，高两位来自 PCLATH 的 bit4、bit3。

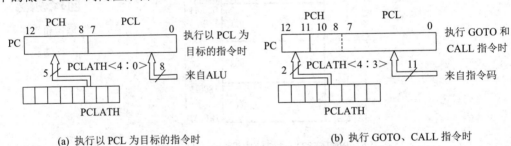

(a) 执行以 PCL 为目标的指令时   (b) 执行 GOTO、CALL 指令时

图 2-6   13 位 PC 地址形成

下面用 GOTO 指令来说明 ROM 分页的意义。

例如，图 1-12 中 ROM 窗口第 3 条汇编指令 GOTO 0x7f6 是一条跳转指令，把当前 PC 指针寄存器的值从 0003H 直接改为 07F6H，14 位程序代码是 2FF6H = 101，11111110110B，其中逗号前的高 3 位是指令代码，逗号后的低 11 位是转移后 PC 指针的低 11 位地址。

要完整寻址一个 ROM 单元，显然需要 13 位地址，但是指令只能携带 11 位地址，因此，把整个 ROM 区域分成四个页，确保每页中的地址用 11 位就可以寻址。

与 RAM 的直接寻址类似，要正确寻址 ROM 地址，在用 GOTO 指令之前，先定义两位的页地址，在 PCLATH 的 bit4、bit3 中定义，如图 1-12 中的第 1、2 条指令 BCF 0xa, 0x4 和 BCF 0xa, 0x3，其中 0xa 就是 PCLATH 在图 2-4 中的地址，是映射单元。

通过图 1-12 中的第 1、2 条指令，把图 2-6 右边的 PCLATH 的 bit4、bit3 清 0，装载入 PC 的 bit12、bit11，再通过 GOTO 指令携带的 0x7f6 的低 11 位地址，将其中低 8 位直接写入 PCL 中，高 3 位进入 PCLATH 的低 3 位，装载入 PC 的 bit10～bit8。因此，经过图 1-12 的前三条指令后 PC 被修改为 07F6H。下一个指令周期 CPU 将把地址为 07F6H 的程序代码取出执行。

综上所述，ROM 分四页，也是因为相关指令无法一次性寻址到 13 位地址，一次寻址分成两步，先寻址高 2 位的页地址，再寻址低 11 位的页内地址。

由图 2-5 可见，不同的单片机型号，其 ROM 的容量不同，容量越大相应的价格会越高，可以根据应用程序的多少选择合适的型号，提高单片机应用的性价比。

2.4.3　与 ROM 寻址有关的指令

在 2.2.3 节的寻址方式中，除立即寻址方式可以直接从指令中取得操作数外，其余三种寻址方式都是对 RAM 单元的寻址。跳转指令 GOTO 显然是对 ROM 的寻址，与它类似的调用子程序指令 CALL 也是。

还有一类指令与 RAM、ROM 都有关系，如位测试指令 BTFSS STATUS, 0; ，B 代表位寻址，T 代表测试，F 代表寻址的 RAM 地址即 STATUS，逗号后的 0 代表 STATUS 的 bit0，第一个 S 代表跳一步，第二个 S 代表被位寻址的位当前是 1。因此，本指令的功能为：如果 STATUS 的 bit0 是 1，则程序不再顺序执行下条指令，而是执行下下条指令；如果 bit0 是 0，则顺序执行下条指令。

可见执行 BTFSS 这样的指令，先根据 RAM 的特定位作为判断条件，结果是 PC 指针顺序自加 1 或自加 2，但是程序执行后 RAM 的特定位内容不变。

至此，图 2-2 所示的 PIC16F877A 单片机的内部结构，除端口和功能电路、振荡和电源电路等待后续章节做介绍外，单片机的核心部件 CPU、RAM、ROM 均在本章做了介绍。出现最多的词是"寻址"，正确地对 RAM、ROM 寻址，才能确保 CPU 做运算时获取正确的数据，运算结果送到正确的存储单元，关系到数据从哪里来到哪里去的问题。所以通过本章对单片机核心部件工作原理的学习，可为后续程序编程思路的建立打下一个基于电路思维的基础。

2.5　单片机的复位

在数字集成电路中，有各种各样的计数器，这些计数器都具备一个复位端，在计数过程中该复位引脚一旦加入有效电平，就会迫使计数器回 0，从头开始计数。

与此类似，单片机也有一个复位端，如图 2-3 的 1 脚 $\overline{MCLR}$，当该引脚加入低电平时，会迫使单片机复位。

PIC 单片机的复位功能包含人工复位、上电复位、看门狗复位和欠压复位。

单片机的复位结果比计数器复杂得多，PIC16F87X 单片机的 PC 指针回到复位矢量，各文件寄存器会根据复位类型的不同回到各自的初值，或保持不变。

2.5.1　几种不同的复位方式

下面介绍几种不同的复位方式。

1. 人工复位

单片机执行程序的过程中,只要 $\overline{\text{MCLR}}$ 加入一个低电平,就会令其复位。

人工复位(单片机睡眠期间):当单片机的晶体振荡器频率降到 0 Hz 时,执行一条汇编指令的时间就是无穷大,即单片机不执行指令,以降低功耗,称为单片机睡眠,电路停止工作。只要在 $\overline{\text{MCLR}}$ 引脚加入低电平,就会令其复位,开始运行。

2. 上电复位

每次单片机通电时,上电复位电路都要对电源电压 V_{DD} 的上升过程进行检测,当 V_{DD} 上升到 1.6～1.8 V 时,产生一个有效复位信号,经过 72 ms + 1024 μs 个时钟周期的延时,才会使单片机复位,其目的是让振荡器电路有足够的时间输出稳定的时钟信号。因此,单片机不是一通电马上就运行程序,如果图 2-3 的 13、14 引脚外接的晶体振荡器频率是 4 MHz,则 1 个振荡周期就是 0.25 μs,复位过程需要在 V_{DD} 上升到 1.6～1.8 V 后,再经过 72 ms + 256 μs,振荡器电路送出稳定的时钟信号后,才能开始执行程序。

3. 看门狗复位

看门狗是单片机内部的一个定时器电路,当定时时间到时会溢出,自动复位单片机,就像计算机死机后,按下复位键重启,这样的设计其实是一个保护电路,使得单片机可以在没有人的环境中自己重启。重启后 PC 指针回到复位矢量,但是文件寄存器的值与前两种情况下的结果有所不同。

正常情况下,我们不希望单片机重启,所以在使用看门狗时,需要通过程序在看门狗溢出复位前不断地把定时器清 0。如果程序跑飞,不在我们编写的 ROM 范围运行,看门狗定时器就不会被我们编写的清 0 指令清 0,一旦溢出,会自动复位单片机,可起到自动保护单片机系统的作用。

4. 欠压复位

当单片机电源电压不足以支撑单片机正常运行时,欠压复位电路会自动复位单片机,把文件寄存器中的值保存好,等待电源正常后继续运行。

PIC 中档单片机各种复位状态后寄存器的值如表 2-3 所示,其中:u = 未改变;x = 未知;- = 未用,读为"0";q = 根据条件而变化。

由表 2-3 可见 INTCON、PIR1 寄存器中的若干位将受到影响(而产生唤醒)。

当器件被中断唤醒且全局允许位 GIE 置 1 时,在执行 PC + 1 指令后,PC 指针将指向中断向量 0004h。

同样由表 2-3 可知,状态寄存器 STATUS 在上电/欠压复位后,其值为 0001 1xxx。其中 bit7～bit5 的 000 表示 RAM 指向体 0;bit4、bit3 的 11 表示复位后与看门狗、睡眠有关的标志位复位为 1,这两个标志位低电平有效;bit2～bit0 的 xxx 表示复位后未知,即不能确定是什么。

如果是正常/休眠/WDT 复位时的 $\overline{\text{MCLR}}$ 复位,则 STATUS 的值为 000q quuu,bit7～bit5 的 000 同上;bit4、bit3 的 q q 表示复位后是 0 或 1 与当前是正常、看门狗或睡眠引起的复位有关。

表 2-3　特殊功能寄存器的初始化条件

寄存器	上电/欠压复位	正常/休眠/WDT 复位时的 $\overline{\text{MCLR}}$ 复位	中断/WDT 溢出从休眠状态唤醒
ADCON0	0000　00- 0	0000　00- 0	uuuu　uu- u
ADCON1	- - - - - 000	- - - - - 000	- - - - - uuu
ADRES	xxxx xxxx	uuuu uuuu	uuuu uuuu
CCP1CON	- -00 0000	- -00 0000	- -uu uuuu
CCP2CON	0000 0000	0000 0000	uuuu uuuu
CCPR1H	xxxx xxxx	uuuu uuuu	uuuu uuuu
CCPR1L	xxxx xxxx	uuuu uuuu	uuuu uuuu
CCPR2H	xxxx xxxx	uuuu uuuu	uuuu uuuu
CCPR2L	xxxx xxxx	uuuu uuuu	uuuu uuuu
FSR	xxxx xxxx	uuuu uuuu	uuuu uuuu
INTCON	0000 000x	0000 000u	uuuu uuuu
OPTION_REG	1111 1111	1111 1111	uuuu uuuu
PCL	0000 0000	0000 0000	PC+1
PCLATH	- - -0 0000	- - -0 0000	- - -u uuuu
PIE1	0000 0000	0000 0000	uuuu uuuu
PIE2	- - - - - - -0	- - - - - - -0	- - - - - - -u
PIR1	0000 0000	0000 0000	uuuu uuuu
PIR2	- - - - - - -0	- - - - - - -0	- - - - - - -u
PORTA～PORTE	xxxx xxxx*	uuuu uuuu*	uuuu uuuu*
PR2	1111 1111	1111 1111	1111 1111
SSBRG	0000 0000	0000 0000	uuuu uuuu
SSPBUF	xxxx xxxx	uuuu uuuu	uuuu uuuu
SSPCON	0000 0000	0000 0000	uuuu uuuu
SSPADD	0000 0000	0000 0000	uuuu uuuu
SSPSTAT	0000 0000	0000 0000	uuuu uuuu
STATUS	0001 1xxx	000q quuu	uuuq quuu
T1CON	- -00 0000	- -uu uuuu	- -uu uuuu
T2CON	- 000 0000	- 000 0000	-uuu uuuu
TMR0	xxxx xxxx	uuuu uuuu	uuuu uuuu
TMR1H	xxxx xxxx	uuuu uuuu	uuuu uuuu
TMR1L	xxxx xxxx	uuuu uuuu	uuuu uuuu
TMR2	0000 0000	0000 0000	uuuu uuuu
TRISA～TRISD	1111 1111*	1111 1111*	uuuu uuuu*
TRISE	0000 -1111	0000 -1111	uuuu -uuu
TXREG	0000 0000	0000 0000	uuuu uuuu
TXSTA	0000 -000	0000 -000	uuuu -uuu
W	xxxx xxxx	uuuu uuuu	uuuu uuuu

*注：端口 A 和 E 对应寄存器的无效位为-。

$\overline{TO}$：超时位。1 = 上电、执行 CLRWDT 或 SLEEP 指令后；0 = 发生看门狗定时器超时。

$\overline{PD}$：低功耗标志位。1 = 上电或执行 CLRWDT 指令后；0 = 执行 SLEEP 指令后。

bit2～bit0 的 uuu 表示复位后值未改变。

中断、WDT 溢出从休眠状态唤醒 = uuuq quuu，bit7～bit5 的 uuu 表示 RAM 指向的体的位置未改变；bit4、bit3 的 q q 同上；bit2～bit0 的 uuu 同上。

从 STATUS 在各种复位后值的变化情况看出：正常运行中的复位动作前后值基本不变，刚通电启动时，RAM 从体 0 开始，bit2～bit0 的运算标志位未知。

一个应用程序的设计包含中断、WDT、休眠唤醒、各种针对 $\overline{MCLR}$ 引脚的复位操作，这些都会引起表 2-3 中寄存器值的变化。从第 4 章开始，对 PIC 单片机各硬件模块学习时，都要特别注意这些问题，确保设计的程序能按照希望的功能运行。

2.5.2　复位电路

单片机检测到 V_{DD} 电压上升时，会产生一个上电复位脉冲。要使用上电复位功能，可直接(也可通过一个电阻)将 $\overline{MCLR}$ 引脚与电源 V_{DD} 相连，如图 2-7 所示。这样可以节省一般上电复位电路用于产生一个上电复位所需的外接 RC 元件。

当器件退出复位状态(开始正常工作)时，其工作参数(电压、频率、温度等)都应在相应的工作范围之内，否则单片机将不能正常工作。

应保证足够长的延时以使所有工作参数达到规定值。图 2-8 所示为针对上升速率缓慢的电源的一种上电复位电路。只有在电源 V_{DD} 的上升速率过慢时，才需要这一外部上电复位电路。当电源 V_{DD} 掉电时，二极管 VD 可使电容迅速放电。

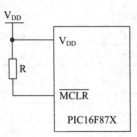 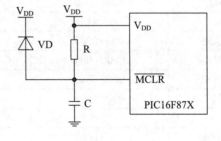

图 2-7　上电复位电路　　　　图 2-8　上升速率缓慢的电源的一种上电复位电路

在许多单片机应用场合，需要设置人工开关复位电路，进行人工复位，如图 2-9 所示。

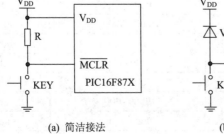 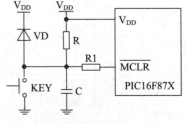

　　　　(a) 简洁接法　　　　　　　　　　(b) 加延时去抖动接法

图 2-9　人工复位电路

2.6　晶体振荡电路

单片机内部的各种功能电路几乎都由数字电路构成，离不开时钟信号，每一个细微的动作都是在共同的时间基准信号协调下完成的。晶体振荡电路为单片机工作提供系统时钟信号，也为单片机与外接芯片之间的通信提供可靠的同步时钟信号。

单片机的复位
电路和晶体
振荡电路

1. PIC 单片机时钟电路的工作模式

PIC 单片机的时钟电路有四种工作模式：

(1) LP 低频(低功耗)晶体：低增益低功耗/低频应用，在三种晶体振荡模式中，电流消耗最小。

(2) XT 晶体/谐振器：标准晶体/谐振器。在三种晶体振荡模式中，电流消耗较大。

(3) HS 高速晶体/谐振器：高频应用。在三种晶体振荡模式中，电流消耗最大。晶体振荡电路如图 2-10(a)所示，其中电容选择如表 2-4 所示。

表 2-4　晶体振荡器的典型电容选择

模　式	频　率	C1/pF	C2/pF
LP	32 kHz	68～100	68～100
	200 kHz	15～30	15～30
XT	100 kHz	68～150	150～200
	2 MHz	15～30	15～30
	4 MHz	15～30	15～30
HS	8 MHz	15～30	15～30
	10 MHz	15～30	15～30
	20 MHz	15～30	15～30

(4) RC 外部电阻/电容振荡模式：最经济的振荡解决方案(只需一个外部电阻和电容)，时基变化最大，为单片机默认模式。如图 2-10(b)所示，建议将 REXT 保持在 3～100 kΩ。尽管在没有外部电容(CEXT = 0 pF)的情况下振荡器仍可工作，但考虑到噪声和稳定性等因素，仍建议使用一个大于 20 pF 的电容。

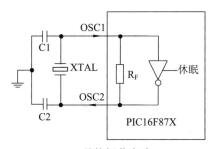

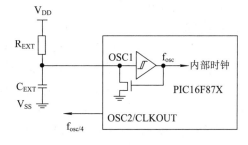

(a) 晶体振荡电路　　　　　　(b) 单片机默认的 RC 振荡电路

图 2-10　单片机振荡电路

2. 休眠模式对片内振荡器的影响

当器件执行一条 SLEEP 指令后，片内时钟和振荡器均被关闭，器件状态保持为指令周期的起始状态(Q1 状态，参见图 3-1)。随着振荡器的关闭，OSC1 和 OSC2 引脚的信号将会停止振荡。由于没有了晶体管的开关电流，使休眠模式达到器件的最低电流消耗(仅有泄漏电流)。使能任何在休眠状态下仍能工作的片内功能，都将增加休眠状态的电流消耗。用户可通过外部复位、看门狗定时器复位或中断将器件从休眠状态唤醒。

3. 器件复位对片内振荡器的影响

器件复位对片内晶体振荡器电路并无影响。复位时，振荡器同未复位时一样正常工作。复位期间，器件逻辑操作被保持在 Q1 状态，因此当器件退出复位时，总是处于指令周期的起始状态。OSC2 引脚被用于外部时钟输出时(如图 2-10(b)所示)，其在复位期间保持为低电平。一旦引脚 $\overline{MCLR}$ 处于高电平，RC 振荡器将开始起振。

4. 上电延时

有两个定时器为上电过程提供必要的延时。一个是振荡器起振定时器 OST，确保在晶体振荡器的振荡达到稳定前器件始终处于复位状态。另一个是上电延时定时器 PWRT，它只为上电过程(由上电复位 POR 和欠压复位 BOR 引起的)提供一个固定的 72 ms(标称值)延时。PWRT 的作用是确保在电源电压稳定前器件始终处于复位状态。只要有这两种片内定时器，大部分的应用便无须外接复位电路。

2.7　PIC16F87X 单片机硬件概况总结

本章介绍了 PIC16F87X 单片机的核心部件——CPU、RAM、ROM、复位电路、振荡器电路以及单片机芯片引脚，它们都是单片机的电路部分。按照上述各电路要求，连接单片机的复位、振荡器电路，就是一个单片机小系统电路，如图 2-11 所示。图中是 PIC16F877 单片机，与前述的 PIC16F877A 不同，后者是前者的改进型，对使用者而言软件、硬件完全相同，只是集成电路内部工艺上的改进，在实际应用中要采用 A 档的芯片，PIC16LF877A 电源的低压性能更好些，后续章节将用 PIC16LF877A 做学习对象。但是单片机不同于普通的数字电路，通电就能运行，必须事先按照功能要求编写程序，存储在 ROM 中，复位后在 PC 指针引导下，CPU 逐条执行程序，单片机才能将设计者希望的功能表现出来。因此，接下来的重点是学习单片机语言，即指令系统，也就是学习编写程序。

单片机之所以被称为单片机，是因为它将绝大部分功能电路集成在一块芯片上，本章只是介绍了核心部件，其外围功能部件将从第 4 章开始逐一介绍，如输入/输出端口电路、定时器/计数器电路、中断系统电路、CCP 模块电路、A/D 转换电路、USART 同步/异步通信模块、SPI 通信模块、I^2C 通信模块。这些模块电路都集成在单片机的核心部件周围。如果把单片机比作人体，核心部件是大脑，包含 CPU、RAM 和 ROM，心脏和血液循环系统是电源部分，那么各外围模块就是人体的各个器官，比如输入/输出端口电路好比五官、皮肤、手、脚等完成感知和执行功能。试想一下，如果只有大脑，那便不能被称作正常的人。

因此，学习单片机的重要内容是对外围功能模块的学习与应用。

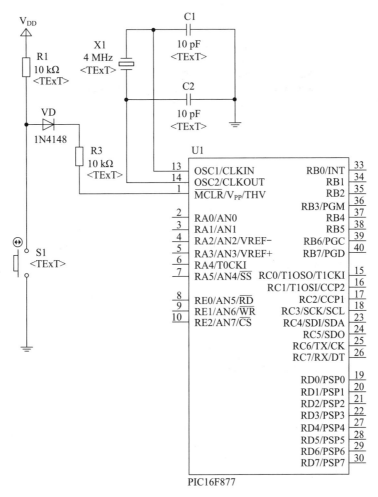

图 2-11　PIC 单片机小系统电路

思考练习题

1. PIC16F877A 单片机的 RAM 总线是几位？共多少个有效 RAM 单元？每个单元是几位？什么是映射单元？寻址映射单元和寻址普通单元有什么区别？

2. PIC16F877A 单片机的 ROM 总线是几位？共多少个有效 ROM 单元？其中 0000H 和 0004H 单元分别具有什么特殊功能？单片机复位时 PC 指针指向哪个单元？

3. 哈佛总线结构和冯·诺依曼总线结构的区别是什么？PIC16F877A 单片机是哪种结构？

4. 什么是 PIC16F877A 单片机的二级流水线操作？如何操作？有什么优点？

第 3 章　指 令 系 统

指令就是人们用来指挥 CPU 按要求完成某项基本操作的命令。一种单片机能识别的全部指令的集合称为指令系统，每一条指令都完成一种特定的操作，无论多么复杂的控制要求，单片机都可以由这些简单的操作组合完成。将若干条实现简单操作的指令语句，按照一定的规则排列组合在一起，就构成了一个可以实现复杂功能的"程序"。我们的任务就是通过学习，能按"一定的规则排列组合"这些指令，使得这些指令能够"在一起"完成特定的控制要求。

指令时序、指令系统概览

3.1　指 令 时 序

单片机时钟振荡电路产生的时钟信号，经过内部四分频后形成四个不重叠的方波信号 Q1～Q4，叫四个节拍，由四个节拍构成一个指令周期 T_{CYC}，所以一个指令周期包含四个时钟周期 T_{OSC}，如图 3-1 所示。

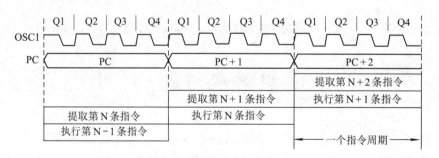

图 3-1　指令时序和流水作业

在第 1 章的"1.4 单片机简单工作原理"中提到：CPU "取下条指令代码和执行当前的指令代码可以并行，称为流水线操作"，如图 3-1 所示，CPU 在提取第 N 条指令到指令寄存器时，此时的 ALU 正在执行第 N－1 条指令，两个动作重叠进行，这就是两级流水线操作。

其实提取第 N 条指令和执行第 N 条指令分属相邻的两个指令周期，完成一条指令所有动作需要两个指令周期。当我们编写的指令条数很多，由于流水线的操作，全部完成这些指令只要(指令条数 + 1)个指令周期即可，因此平均算下来每条指令的执行时间只要一个指令周期。

　　但是，如果程序中有一条 GOTO 之类能改变 PC 指针内容的指令，执行时间就会增加一个指令周期。这是因为当 CPU 取出 GOTO 指令到指令寄存器时，PC 指针自动加一，指向下一条指令，如图 3-1 的第一个指令周期；ALU 执行 GOTO 指令时，CPU 正提取 GOTO 之后的下条指令，如图 3-1 的第二个指令周期；所以 GOTO 指令破坏了 PC 指针自动加一的规矩，程序跳转到不是下条指令所在的 ROM 地址，所以第二个指令周期取出的 GOTO 之后的下条指令其实没有用；第三个指令周期重新取出 GOTO 指令指向的那个 ROM 地址的程序代码；因此，一条 GOTO 指令独自占用两个指令周期。

　　一个指令周期需要四个节拍，以执行 RAM 单元写指令 MOVWF　FSR 为例，分两步完成：第一步寻址 FSR 地址，第二步把 W 内容送入 FSR 中。因此作为时序电路的单片机用 Q1 节拍完成第一步，用 Q3 节拍完成第二步。由图 3-1 可见，每个指令周期都在执行一条指令，所以前一条指令 Q3 完成读、写数据，后一个指令周期 Q1 完成下一条指令的寻址，Q4 用于这两个不同动作之间的电路缓冲。同理 Q2 用于 Q1 和 Q3 间的电路缓冲。

3.2　指令系统概览

　　PIC16F87X 系列单片机共有 35 条指令，均是长度 14 bit 的单字指令。按操作对象的不同分为：面向字节操作类 17 条；面向位操作类 4 条；常数操作和控制操作类 14 条。

　　在本章中，对后面指令码所用到的描述符号预先做表 3-1 的说明。注意 F、B、K 和 f、b、k 的关系。

指令系统概览

表 3-1　描述符号说明

符　号	说　　明
W	工作寄存器
F	文件寄存器单元的低 7 bit 地址，范围为 0000000B～1111111B
B	文件寄存器单元内的位地址，范围为 000B～111B
K	8 bit 数据常数，或 11 bit 地址常数
f	文件寄存器 7 bit 地址码中的一位地址
k	8 bit 数据常数，或 11 bit 地址常数中的一位
b	文件寄存器单元内的位地址中的一位
d	目标寄存器：d = 0 时目标寄存器是 W；d = 1 时目标寄存器是 F
→	运算结果送目标寄存器
∧	逻辑与
∨	逻辑或
⊕	逻辑异或

　　表 3-2 给出三种类型指令的 14bit 指令码分配格式。其中常数操作和控制操作类又分为三种。

表 3-2　不同类型指令码分配格式

类型	分 配 格 式													
	bit13	bit12	bit11	bit10	bit9	bit8	bit7	bit6	bit5	bit4	bit3	bit2	bit1	bit0
面向字节	操作码						d	F(寄存器地址)						
面向位	操作码				B(位地址)			F(寄存器地址)						
常数操作和控制操作数	操作码						K(立即数)							
	操作码			K(ROM 页内程序地址)										
	操作码													

3.2.1　面向字节操作类

　　如图 1-14 中的指令 MOVWF 0x20，把 W→F，其中 0X20 就是 F 的低 7bit 地址，指令的 14bit 代码是 00A0H = 00000010100000B，查表 3-2 可知，bit6~bit0 的 0100000B 是 F 的低 7bit 地址即 20H；bit7 为 1 时，目标寄存器是 F，结果存入 20H 中；bit13~bit8：000000B 是该指令的操作码，只要是 MOVWF 指令，就有相同的操作码。

3.2.2　面向位操作类

　　如图 1-14 中的指令 BCF 0x0a, 0x4，把 F 为 0AH 的单元的 bit4 清 0，指令的 14bit 代码是 120AH = 01001000001010B，查表 3-2 可知，bit6~bit0 的 0001010B 是 F 的低 7bit 地址即 0AH；bit9~bit7 的 100B 单元内的位地址即 bit4；bit13~bit10 的 0100B 是该指令的操作码，只要是 BCF 指令，就有相同的操作码。

　　35 条指令进行不重复的编码需要 6 位二进制代码，反过来，6 位二进制代码可以译码 64 种不同的指令，可见，用 6 位二进制代码译码 35 条指令，允许某些指令的操作码少于 6bit，如面向位操作类指令只用了高四位的指令操作码，它的低两位可以是任意值，所以表 3-2 中原本用于指令代码编码的 bit9、bit8，此处用于 B(位地址)的高两位。

3.2.3　常数操作和控制操作类

　　常数操作和控制操作类指令分为以下三种类型：

　　(1) 携带 8 位常数的指令：如图 1-14 中的指令 MOVLW 0x7，把常数 7→W，指令的 14bit 代码是 3007H = 11000000000111B，查表 3-2 可知，bit7~bit0 的 00000111B 是常数 07H；bit13~bit8 的 110000B 是该指令的操作码，只要是 MOVLW 指令，就有相同的操作码。

　　(2) 携带 11 位常数的指令：如图 1-14 中的指令 GOTO 0x7fa，程序转移到 ROM 的页内地址 07FAH 处执行，指令的 14bit 代码是 2FFAH = 10111111111010B，查表 3-2 可知，bit10~bit0 的 11111111010B 是常数 7FAH；bit13~bit11 的 101B 是该指令的操作码，只要是 GOTO 指令，就有相同的操作码，同理，此处只有 3bit 的操作码。

(3) 不携带常数的指令：如睡眠指令 SLEEP，指令的 14bit 代码是 0063H，查表 3-2 可知，bit13～bit0 都是该指令的操作码。

3.3　面向字节操作类指令

面向字节操作类指令在指令操作助记符号里含有 "F"，如表 3-3 所示。助记符号用指意性很强的英文缩写来表示，如 ADDWF F, d，将 F 和 W 的内容相加，结果存入 W(d = 0)或 F(d = 1)中，该指令在 ALU 中完成后影响状态寄存器 STATUS 的 C、DC、Z 标志位。注意此处被加数是 F，加数是 W。

面向字节操作类

每条汇编语言指令只能完成一个特定的操作，对于加法指令，必须事先把被加数和加数存入 F 和 W 后才能进行相加动作，如果这个存入数据的动作没有正确完成，则加法运算仍可以进行，只是相加的数据不一定是编程者认为的那两个数据，因此也不可能得到正确的和。

表 3-3　面向字节操作类指令

助记符号	操作说明	影响标志位	助记符号	操作说明	影响标志位
ADDWF F, d	F+W→d	C，DC，Z	CLRW	0→W	Z
INCF F, d	F+1→d	Z	MOVF F, d	F→d	Z
SUBWF F, d	F−W→d	C, DC, Z	MOVWF F	W→F	—
DECF F, d	F−1→d	Z	INCFSZ F, d	F+1→d，结果为 0，跳一步	—
ANDWF F, d	F∧W→d	Z	DECFSZ F, d	F−1→d，结果为 0，跳一步	—
IORWF F, d	F∨W→d	Z	RLF F, d	F 带 C 左移 1 位→d	C
XORWF F, d	F⊕W→d	Z	RRF F, d	F 带 C 右移 1 位→d	C
COMF F, d	F 取反→d		SWAPF F, d	F 半字节交换→d	—
CLRF F	0→F				

表 3-3 中的指令的大部分执行结果都影响标志位，这是编写程序时要特别注意的问题。根据指令操作说明，不难理解指令的功能，因此不一一做解释说明，这里只对以下两条指令做说明：

(1) INCFSZ F, d：把当前的 F 内容自加一，结果存入 W(d = 0)或 F(d = 1)中；如果本次加法运算使得 F 的和为 00H，即原本 F 的内容是 0FFH，则执行下下条指令，否则顺序执行下条指令。这是能影响 PC 指针内容的指令，是有条件转移指令。但是本指令不影响 Z 标志位。

(2) RLF F, d：这是一条带进位标志位 C 的循环左移指令，在 C 语言中不方便完成这样的动作，本指令在 PICC 语言中利用嵌入式汇编的方式应用。

下面以 RLF 20H，1 为例说明指令功能，因为带 C 左移，所以指令执行前，当前的 C 参与了本指令的动作，设当前 C = 1，当前体的 20H 内容是 23H，指令做如下动作：

$$
\begin{array}{cc}
C & 20H \\
\leftarrow 1 \leftarrow 00100011 \uparrow
\end{array}
\quad 结果是：
\begin{array}{cc}
C & 20H \\
0 & 01000111
\end{array}
$$

因此，指令执行后，当前 C = 0，20H 内容是 47H。

同理 RRF 是带 C 循环右移指令，SWAPF 是把 F 的内容高、低半字节交换。它们在 PICC 语言中也是以嵌入式汇编的方式应用。

3.4　面向位操作类指令

面向位操作类指令如表 3-4 所示，指令助记符号都有 B，代表位操作，因此指令中一定含有文件寄存器的地址 F，执行结果都不影响标志位，左两条是位清 0 和位置 1，右两条是位判断跳转指令，在第 2 章及本章中都已经介绍过，此处不再重复。

表 3-4　面向位操作类指令

助记符号	操作说明	影响标志位	助记符号	操作说明	影响标志位
BCF F, B	将 F 的第 B 位清 0	—	BTFSC F, B	F 中的第 B 位为 0，则跳一步	—
BSF F, B	将 F 的第 B 位置 1	—	BTFSS F, B	F 中的第 B 位为 1，则跳一步	—

面向位操作类指令

面向位操作指令执行间接寻址的分析

3.5　面向常数操作和控制操作类指令

面向常数操作和控制类操作指令如表 3-5 所示，从 ADDLW 到 MOVLW 及 RETLW 的七条指令助记符号中含 L，此处的常数 K 是八位立即数，CALL 和 GOTO 指令的常数 K 是 11 位的 ROM 页内地址，其余指令都没有操作数。除了加、减和逻辑运算指令影响运算标志位，CLRWDT 和 SLEEP 指令影响电源标志位，其余指令不影响标志位。

面向常数操作和控制操作类指令

表 3-5　面向常数操作和控制类操作指令

助记符号	操作说明	影响标志位
ADDLW K	K+W→W	C, DC, Z
SUBLW K	K-W→W	C, DC, Z
ANDLW K	K∧W→W	Z
IORLW K	K∨W→W	Z
XORLW K	K⊕W→W	Z
MOVLW K	K→W	—
CLRWDT	0→WDT	$\overline{TO}$，$\overline{PD}$
CALL K	调用子程序	—
GOTO K	无条件转移	—
RETURN	子程序返回	—
RETLW K	W 带 K 子程序返回	—
RETFIE	中断返回	—
SLEEP	进入睡眠	$\overline{TO}$，$\overline{PD}$
NOP	空操作	—

3.6　指令功能分类

35 条指令还可以按照指令完成的功能分成五类：传送类、算术运算类、逻辑运算类、程序跳转类和控制类。

如表 3-5 中的指令，传送类有 MOVLW K，算术运算类有 ADDLW K、SUBLW K，逻辑运算类有 ANDLW K、IORLW K、XORLW K，程序跳转类有 CALL K、GOTO K、RETURN、RETLW K、RETFIE，控制类有 CLRWDT、SLEEP、NOP。

3.7　指令在单片机内部的执行过程

到此，我们学习了单片机的内部结构、寻址方式和汇编语言指令系统，三者之间如何配合，协调工作，正确完成我们期望的动作，关系到如何编写程序，程序之间的前后顺序等重要问题。因此我们必须清楚指令如何在单片机内部被执行。

从第 1 章的学习，我们知道，指令存放在 ROM 中，按照 PC 指针的指示，逐条取出到指令寄存器、译码器，译码后在 ALU 和 RAM 执行，各输入/输出端口、功能电路可视为一个个 RAM 单元，直接参与指令的执行。因此，指令在单片机内部的执行过程，只要有程序存储器、数据存储器、ALU 等几大核心部件就可以，把图 2-2 按照上述思路简化，并添加上与 RAM 寻址、STATUS 标志位等有关信息后，得到图 3-2 的单片机内部结构局部图。

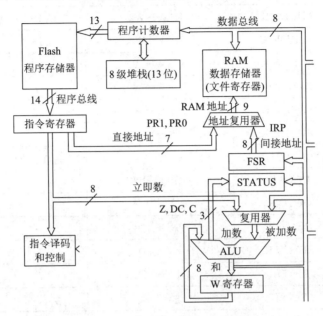

图 3-2   PIC16F877A 内部结构局部图

3.7.1 从寻址方式说明

下面以 2.3.2 节实现间接寻址的寄存器 INDF 和 FSR 中所提到的"把当前 120H 的内容读到工作寄存器 W 中"所涉及的四条汇编语言指令来说明，指令如下：

BSF   STATUS, 7   位寻址
MOVLW   20H   立即寻址
MOVWF   FSR   直接寻址
MOVF   INDF, W   间接寻址

利用间接寻址
进行数据转移

(1) 把以上指令转变成指令代码后存入图 3-2 程序存储器的连续四个单元中，复位单片机，PC 指针清 0。

(2) 单片机在 PC 指针指引下，在程序存储器取得第一条指令 BSF STATUS, 7 的代码 1783H，存入指令寄存器，经指令译码器分析，把程序代码的 bit6~bit0 的 0000011B 经 7 位直接地址总线，送入地址复用器，因为 STATUS 是映射单元，通过这 7 位地址，寻址 RAM 的 03H 单元。根据程序代码 bit9~bit7 是 111B，进一步寻址到 03H 单元的 bit7，最终把 bit7(IRP) 置 1，完成指令动作。

(3) 在 ALU 执行第一条指令时，单片机已经把第二条指令 MOVLW 20H 的代码 3020H 存入指令寄存器，经指令译码器分析，把程序代码的 bit7~bit0 的 00100000B 经 8 立即数总线，送入 ALU，最终进入 W 中。

(4) 在 ALU 执行第二条指令时，单片机已经把第三条指令 MOVWF FSR 的代码 0084H 存入指令寄存器，经指令译码器分析，把程序代码的 bit6~bit0 的 0000100B 经 7 位直接地

址总线，送入地址复用器，因为 FSR 是映射单元，通过这 7 位地址，寻址 RAM 的 04H 单元。接着把当前 W 的值 20H 经过内部数据总线，送入 RAM 的 04H 单元。

(5) 在 ALU 执行第三条指令时，单片机已经把第四条指令 MOVF INDF, W 的代码 0800H 存入指令寄存器，经指令译码器分析，把当前 RAM 的 04H(FSR)单元的值 20H 送到地址复用器的低 8 位，再把当前 RAM 的 03H(STATUS)单元的 bit7 的值 1B 送入地址复用器的最高位，形成 9 位 RAM 地址 120H，寻址 RAM 的 120H 单元，把该单元的内容通过数据总线，送到 W 中。

从这四条指令的执行过程看出，前三条指令是为第四条指令的间接寻址做准备，先通过第一条指令把即将进行的间接寻址的最高位存入 IRP，通过第二、三条指令，把间接地址低 8 位存入 FSR，第四条指令才完成间接寻址。这里一和二、三条指令顺序可以对调，只要能正确完成对 IRP 和 FSR 赋值即可，但它们必须在第四条指令之前完成。

学好寻址方式是程序设计的基础，正确的数据寻址才能确保有效的程序执行结果，请扫码学习以下数据传输的例子，把 RAM 的 020H～06FH 单元的数据一一对应地传送到 120H～16FH 单元中，注意几种寻址方式的作用。

3.7.2　从运算类指令说明

运算类指令执行时会影响 STATUS 的运算标志位，编写程序时应时刻注意标志位的结果以及对下面程序的影响。

下面以例 2-1 的 16 位二进制数加法运算为例，设加数、被加数 0111101010001101B 和 1100001011011100B，已经存入 RAM 体 0 的 21H 和 20H 以及 25H 和 24H 中，它们的和将存入 2AH、29H 和 28H 中，如图 3-3 所示。

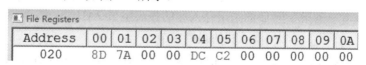

图 3-3　被加数、加数、和的存储状况

(1) 做加法运算，必须从 RAM 取出数据，利用直接寻址，首先指向体 0，RAM 的体地址由 STATUS 的 bit6、bit5 的 RP1、RP0 决定，所以通过以下指令把 bit6、bit5 清 0，清 0 动作通过位寻址指令完成，和 3.7.1 中的位寻址指令类似，此处不再重复说明。

BCF_STATUS, 6
BCF_STATUS, 5

(2) 从图 3-2 的 ALU 可以看出，加数要先存放在 W 中，再通过立即寻址或直接寻址，取得被加数。被加数事先已经存在 RAM 中，因此通过直接寻址指令从 20H 单元取出加数的低 8 位到 W，同理，不再重复说明。

MOVF 20H, W

(3) 通过直接寻址的加法指令，把被加数低 8 位从 24H 单元取出，经过内部数据总线送入 ALU 的被加数入口，相加后和存入 W。因为是加法指令，运行结果会影响 STATUS 的标志位，此处主要关心进位标志位 C，此处加法结果产生进位，所以 C=1，和是 69H，存入 W。

ADDWF 24H, W

(4) 把和 69H 从 W 存入 28H 中，CPU 不允许直接把数据从一个 RAM 单元传送到另一个 RAM 单元，所以要完成数据在两个 RAM 单元间的传递，必须经过 W 中转。

MOVWF 28H

(5) 取出加数的高 8 位到 W。

MOVF 21H, W

(6) 因为 PIC16F87X 单片机指令系统没有带进位标志位的加法运算，从次低字节的加法运算开始，就要注意进位问题，在第(3)步中得到的 C＝1，必然作为次低字节加法运算的一个条件，特别要注意从第(3)步到第(6)步的过程中，在第(4)、(5)步执行的指令不能影响 C。

把次低字节的加数存入和的次低字节 MOVWF 29H; ，把被加数的次低字节 25H 存入 W，以上语句执行过程都不能影响 C 标志位。MOVF 25H, W; 此时被加数在 W 中，加数在 29H 中。

(7) 根据当前 C 是否为 1 做两个不同的动作。若 C＝0，则直接把当前 W 和 29H 的值相加，和仍在 29H，完成所有加法运算；若 C＝1，则把当前 W 中的被加数加 1 后再和 29H 中的加数相加。因为本例 C＝1，通过 BTFSC 指令判断，条件不成立，顺序执行下一条的 INCFSZ 指令，把 25H 的被加数值加 1 后存入 W 中，再顺序执行 ADDWF 指令，把 29H 中的加数再加上后，仍存在 29H 中，完成次低字节运算。

BTFSC _STATUS, 0

INCFSZ 25H, W

ADDWF 29H, F

(8) 在做次低字节运算时，相加仍会影响标志位 C，C 的结果是运算的和的最高位，不能忽视，通过以下三条指令把 C 的结果存入和的最高字节 2AH 中。

CLRF 2AH　　　　　//先清 0 和的最高字节

BTFSC _STATUS, 0　　//如果上次加法无进位，则跳一步，完成所有运算

INCF 2AH　　　　　//有进位，和的最高字节加 1

程序运行结果如图 3-4 所示。

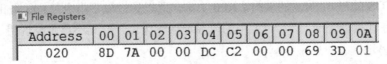

Address	00	01	02	03	04	05	06	07	08	09	0A
020	8D	7A	00	00	DC	C2	00	00	69	3D	01

图 3-4　加法程序运行结果

扫码学习例 2-1 的 2 个 16 位二进制数加法运算程序的设计方法。

例 2-1 的程序设计.mp4　　　　例 2-1 的仿真分析

从现在开始，课程的学习方法应该是：理论学习+程序设计+仿真分析，这也是后续许多课程的学习方法。

3.8 汇编语言程序设计

PIC16F87X 单片机做汇编语言程序设计时可能会遇到：RAM 的体选寻址、程序的跨页跳转等问题。作为汇编语言程序设计的基本方法，应该了解：顺序程序结构、分支程序结构、循环程序结构、子程序结构、延时程序设计、查表程序设计等问题，本书不对这些问题做一一介绍，因为从第 4 章开始，将利用 PICC 语言进行程序设计。

汇编语言程序设计

下面介绍例 3-1 来学习程序设计时，画流程图、设计程序、调试程序的过程。

【例 3-1】 把地址 RAM 为 030H 和 031H 的 2 个有符号数相加，和放在 032H 单元内。

分析如下：

(1) 8 位有符号数最高位是符号位，低 7 位是数值位。

(2) 如果两个有符号数符号相同，则做加法运算，和的符号与任意一个数据相同。

(3) 如果它们的符号不同，则应该做补码加的运算。

根据以上分析，关键是判断两个有符号数的符号位，为了简单起见，只要它们的符号位是 1，就求补码，然后两数相加，再根据和的符号位决定是否需要再次求补，和的值超过 127 时发生溢出，所以不能进行和大于 127 的运算。

如执行 (−85) + (−22) 的运算，(030H) = D5H，(031H) = 96H，和 (032H) = EBH 即 −107。

画出的流程图如图 3-5 所示，注意判断指令和跳转指令的配合，程序如下：

```
#include<pic.h>
main()
{
#asm
        CLRF    _STATUS, F
        BTFSC   30H, 7
        GOTO    LOOP1
        GOTO    LOOP2
LOOP1:COMF      30H, F
        INCF    30H, F
        BSF     30H, 7
LOOP2:BTFSC     31H, 7
        GOTO    LOOP4
        GOTO    LOOP3
LOOP4:COMF      31H, F
        INCF    31H, F
        BSF     31H, 7
LOOP3:MOVF      30H, W
```

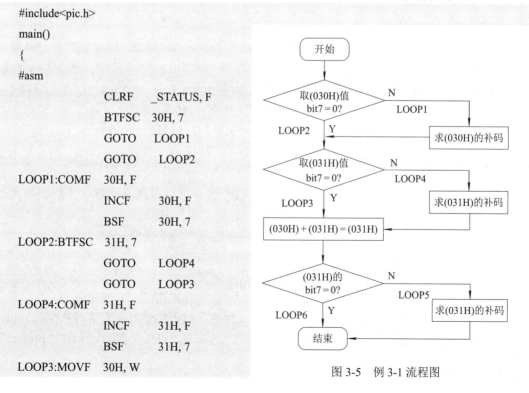

图 3-5　例 3-1 流程图

```
                    ADDWF 31H, F
                    BTFSC   31H, 7
                    GOTO    LOOP5
                    GOTO    LOOP6
LOOP5:COMF   31H, F
                    INCF    31H, F
                    BSF     31H, 7
LOOP6:MOVF   31H, W
                    MOVWF   32H
#endasm
loop:goto    loop;
}
```

3.9   程序在 MPLAB 软件中的调试

下面以例 3-1 为例，介绍程序在 MPLAB 软件中建立工程、调试的方法。MPLAB 软件是
Microchip 公司用于 PIC 系列单片机调试、下载的免费应用软件，可以到 Microchip 官网下载。

3.9.1   建立工程

建立工程的操作步骤如下：

(1) 单击 [📷]，打开软件，到菜单 Project 下打开 Project Wizard... ，即建立工程的向导。

(2) 打开工程向导后，单击 下一步(N) > ，选择芯片"PIC16F877A"选项；单击 下一步(N) > ，
选择编译软件工具 HI-TECH Universal ToolSuite 选项；单击 下一步(N) > ，打开 ⊙ Create New Project File ，
要求创建一个工程文件，假设已经在 D 盘创建文件夹"PIC"，单击 Browse... ，选择工程
文件保存路径，这里把工程取名为 li3_1，单击"保存"后可以看到 D:\PIC\li3_1 工程路径。

(3) 单击 下一步(N) > ，进入 **Step Four:** Add existing files to your project 页面，因为还未建立文本文
件，本页直接单击 下一步(N) > ，进入工程向导最后一页，可以看到本次建立工程的结果：

Device: PIC16F877A
Toolsuite: HI-TECH Universal ToolSuite ，最后单击 完成 ，结束建立工程的操作。

File: D:\PIC\li3_1.mcp

(4) 正确建立工程后，MPLAB 软件主界面出现 [li3_1.mcw / li3_1.mcp / Source Files] 窗口，文件夹名字
后缀 .mcp 代表工程文件，该文件夹下包含多个文件夹，对于初学者，先学习其中的 source
files 文件夹使用，如果在主界面没有看到该窗口，则单击"view"菜单，勾选"project"
选项 [File Edit View / √ Project] 。

(5) 单击 File Edit New，创建文本文件，出现 Untitled* 窗口，把上述例 3-1 的程序录入到该窗口，单击"file"菜单下的"save as"保存该文件，注意文件保存路径与上述工程路径一致，都是 D:/PIC，保存文件时注意文件名与工程名一致，都是 li3_1.c，后缀是.c，代表 C 文件，此时该文本窗口的文字从全黑转变为彩色。

(6) 右键单击第(4)步窗口的 source files 文件夹 li3_1.mcp Source Header Add Files...，在出现的 Add Files... 选项上单击左键，打开 Add Files to Project 窗口，选择刚才保存在 D:/PIC 路径下的 li3_1.c 文件，可以看到 li3_1.mcp* Source Files li3_1.c，即工程下已经加入了 C 文件，到此，完成工程创建全部操作。

3.9.2 编译工程

编译工程的操作步骤如下：

(1) 单击 MPLAB 软件主界面的 ，对工程文件进行各种检查，这里主要是对 li3_1.c 文件的语法检查，如果检查通过，则在弹出的 Output 窗口能看到 Memory Summary:，提醒本段程序占用各种存储器的百分比，以及产生的 .cof 文件路径 Loaded D:\PIC\li3_1.cof.。

(2) 如果语法检查出错，设出现以下提示，则双击 error 提示行，软件自动导引到程序错误行，

```
Error    [800] li3_1.as: 260. undefined symbol "LOOP7"
Error    [800] li3_1.as: 263. undefined symbol "LOOP8"
********** Build failed! **************
```

，有时软件无法导引，可能这个错误不好定位，只能根据错误提醒自行查找。参看本例流程图，无 LOOP7 和 LOOP8，修改后，编译正确。

特别提醒：创建的工程路径及工程名不能用中文名，第一个字符不能是阿拉伯数字，名字中不能出现"-"" "即减号、空格等，以免编译出错或调试报错。

3.9.3 调试

调试的操作步骤如下：

(1) 从 debugger 菜单进入 select tool 选择 4.MPLAB SIM，做软件仿真，这时主界面出现调试用的快捷菜单 。

(2) 从 view 菜单打开 file registers 窗口，双击其中的 030H 和 031H 单元赋值，此处赋值为 030 85 87，其中 030H 是 85H，031H 是 87H，做 -5 + (-7)的运算。

(3) 双击第一条汇编语句 B CLRF _STATUS,F，设置断点，单击 ，程序全速执行到断点处停止，这时断点变为 ，箭头表示程序执行到此处。

(4) 单击 ，程序单步运行，每单击一次，箭头向下移一个语句。遇到 BTFSC 30H, 7 语句时，根据当前 030H 单元的内容进行跳转，因为事先赋值 85H，程序选择执行 GOTO

LOOP1，对 85H 求补码，当箭头执行到 LOOP2 时，观察 30H 单元的值变为 FBH，即 85H 的补码。同理，031H 单元的值变为 F9H，即 87H 的补码。

(5) 继续单步执行，语句 ADDWF 31H, F 执行过后，031H 单元的值变为 F4H，即两个补码的和，因为 bit7 = 1，还要对和求补，继续单步执行，跳转到 LOOP5，求补后 031H 单元的值变为 8CH，即 –12，等于 –5 + (–7)，最后经过 LOOP6 语句，把结果存入 032H 中，可以在文件寄存器窗口看到 030　　FB　8C　8C 。

仿真说明有符号数的
加法的执行过程

(6) 单击复位 ，自行修改 030H 和 031H 单元的值，重新再做一次调试，观察结果。学会软件的调试，可以帮助我们查找设计中的问题，改正错误，务必掌握。

请扫码观看：仿真说明有符号数的加法的执行过程。

思考练习题

1. PICl6F877A 单片机的指令周期和单片机的振荡周期之间的关系是什么？如果当前单片机的振荡频率是 16 MHz，那么对应的指令周期是多少？

2. 在传送类指令中哪些指令完成 W 到 F 的数据传送？哪些指令完成 F 到 W 的数据传送？其中完成 F 到 F 的数据传送指令有什么特殊用处？为什么此处的 F 到 F 是指同一个 RAM 单元地址？

3. 能否用一条指令完成数据从 RAM 单元地址为 030H 到 031H 的传送？为什么？写出能够实现上述功能的最简单指令。

4. 编写程序完成数据从 RAM 单元地址为 030H 到 1ABH 的传送。

5. 编写程序把 RAM 单元地址为 0E5H、10BH 中的数据相加，和放在 028H 中，要求分别用直接寻址、间接寻址的方法读取 0E5H、10BH 中的数据。设 0E5H 单元中的数据是 7FH，10BH 单元中的数据是 D8H，指出相加后 STATUS 寄存器中 Z、DC、C 的值各是多少。把相加运算改为相减运算，重复以上问题，请利用运算结果说明减法运算的算法是什么？

6. PICl6F877A 单片机的 BTFSC 等指令含有跳转功能，最多能跳多远，如果这样的跳转指令结合 GOTO 指令，那么又能跳多远？

第 4 章 输入/输出端口

PIC16F87X 单片机的输入/输出端口分别是 RA、RB、RC、RD 和 RE，因为是八位机，所以每个端口不会超过八位，其中 RA 只有六位，RE 只有三位，其余都是八位，如图 2-3 所示。各端口电路差异较大，即使是同一个端口的不同位，其电路也不同。每个端口除了具有输入/输出电平信号功能外(称为第一功能)，还有和图 2-2 中外围功能电路相关的第二、第三功能。本章主要学习第一功能，其他功能待相关外围功能电路学习时同时介绍。

4.1 RA 端口

RA 端口 A 段视频

如图 2-2 所示，端口 RA 共有六个引脚，对应六个端口电路。

RA 端口电路分为两种结构，RA0~RA3、RA5 和 RA4，如图 4-1 和图 4-2 所示。与 RA 端口有关的寄存器如表 4-1 所示。

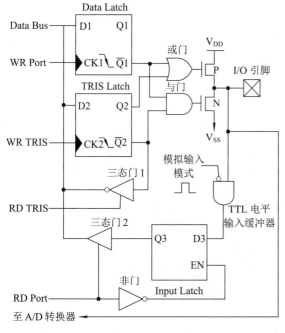

图 4-1 RA0~RA3、RA5 端口内部结构

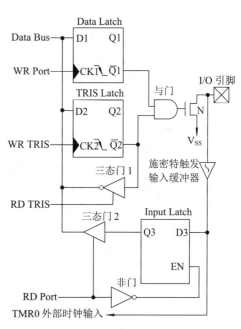

图 4-2 RA4 端口内部结构

表 4-1　与 RA 端口有关的寄存器

寄存器名称	寄存器符号	寄存器地址	寄存器内容							
			bit7	bit6	bit5	bit4	bit3	bit2	bit1	bit0
A端口数据寄存器	PORTA	05H	—	—	RA5	RA4	RA3	RA2	RA1	RA0
A端口方向寄存器	TRISA	85H	6 位方向控制数据							
ADC控制寄存器1	ADCON1	9FH	ADFM	—	—	—	PCFG3	PCFG2	PCFG1	PCFG0

4.1.1　RA0～RA3、RA5 端口输入/输出功能

设图 4-1 的 I/O 引脚是 RA0，端口的输出功能是指：单片机内部 RAM 区域的 A 端口数据寄存器 PORTA 的 bit0，即 RA0 通过数据总线 Data Bus，传递到 I/O 引脚 RA0。端口的输入功能是指：I/O 引脚 RA0 的电平，通过数据总线 Data Bus，传递到 A 端口数据寄存器 PORTA 的 bit0。从端口电路看，输入/输出功能，就是将数据总线 Data Bus 上的"1""0"信号和 I/O 引脚 RA0 的高、低电平进行转换和传递的工作。这里 A 端口数据寄存器的 bit0 称 RA0，I/O 引脚也称 RA0。

(1) A 端口方向寄存器 TRISA 的作用：仍设图 4-1 的 I/O 引脚是 RA0，方向寄存器 TRIS Latch 对应 A 端口方向寄存器 TRISA 的 bit0。

当端口电路作输出功能时，TRISA0 = 0(PICC 语言表示方法，置 TRISA0 为"0"，与汇编语句 BCF TRISA, 0 一样)，从图 2-2 的内部数据总线 bit0 送"0"到图 4-1 的 D2 端，同时这是一个从 CPU 到端口的数据传送动作，称为"写"，在执行该语句时单片机同时产生"写"WR TRIS 控制信号到 CK2 端，"1"有效，在下降沿时，把 D2 端的"0"送 Q2 端，只要不再修改 TRISA0 的值，Q2 一直保持"0"，从而打开与 Q2 和 $\overline{\text{Q2}}$ 相连的或门和与门，或门和与门的输出完全由 $\overline{\text{Q1}}$ 决定。

当端口电路作输入功能时，TRISA0 = 1(置 TRISA0 为"1"，与汇编语句 BSF TRISA, 0 一样)，从图 2-2 的内部数据总线 bit0 送"1"到图 4-1 的 D2 端，在执行该语句时单片机同时产生"写"WR TRIS 控制信号到 CK2 端，"1"有效，在下降沿时，把 D2 端的"1"送 Q2 端，只要不再修改 TRISA0 的值，Q2 一直保持"1"，从而封锁与 Q2 和 $\overline{\text{Q2}}$ 相连的或门和与门，或门输出"1"，与门输出"0"。

(2) 和或门、与门相连的 P、N 沟道场效应管的作用：当 P 沟道场效应管的栅极是"0"时，P 沟道产生，把 I/O 引脚和单片机电源 V_{DD} 连通，引脚输出高电平。当 P 沟道场效应管的栅极是"1"时，无 P 沟道产生，I/O 引脚和 V_{DD} 间不连通。

当 N 沟道场效应管的栅极是"1"时，N 沟道产生，把 I/O 引脚和单片机的地 V_{SS} 连通，引脚输出低电平。当 N 沟道场效应管的栅极是"0"时，无 N 沟道产生，I/O 引脚和 V_{SS} 间不连通。

(3) A 端口数据寄存器 Data Latch 的作用：仍设图 4-1 的 I/O 引脚是 RA0，数据寄存器

Data Latch 对应 A 端口数据寄存器 PORTA 的 bit0。Data Latch 专门做输出用，要使能 I/O 端口电路的输出功能，必须先置 TRISA0 = 0，从而打开与 Q2 和 $\overline{Q2}$ 相连的或门和与门。

接着，设 RA0 = 0(置 PORTA0 为 "0"，与汇编语句 BCF PORTA, 0 一样)，从图 2-2 的内部数据总线 bit0 送 "0" 到图 4-1 的 D1 端，在执行该语句时单片机同时产生 "写" WR PORT 控制信号到 CK1 端，"1" 有效，在下降沿时，把 D1 端的 "0" 送 Q1 端，只要不再修改 PORTA0 的值，Q1 一直保持 "0"，$\overline{Q1}$ 输出 "1"。由于或门和与门已经打开，因此，或门和与门同时输出 "1"，P 沟道场效应管截止，N 沟道场效应管导通，I/O 引脚 RA0 与 V_{SS} 连通，输出低电平，与 RA0 = 0 一致。

反之，设 RA0 = 1，I/O 引脚 RA0 与 V_{DD} 连通，输出高电平。

(4) A 端口数据锁存器 Input Latch 的作用：PORTA 是可读可写的寄存器，读入时，相当于从 Input Latch 锁存数据到 Q3 端，同时读语句打开三态门 2，把 Q3 的数据通过内部数据总线送到 PORTA 寄存器对应的位。写 PORTA 相当于输出操作，数据从 PORTA 的相应位通过内部数据总线送到 Data Latch 寄存器，写语句最终把数据寄存在 Q1 端。因此 PORTA 对应图 4-1 中的 Input Latch、Data Latch 两个电路。

可见，数据锁存器 Input Latch 也对应 A 端口数据寄存器 PORTA 的 bit0。

Input Latch 专门作输入用，要使能 I/O 端口电路的输入功能，必须先置 TRISA0 = 1，从而封锁与 Q2 和 $\overline{Q2}$ 相连的或门和与门，使得 P、N 沟道场效应管都截止，防止 I/O 引脚电平被 V_{DD} 和 V_{SS} 钳制。

接着执行 RA0 的输入语句，如 X = RA0，其中 X 是 PICC 语言环境的位变量，在执行该语句时单片机同时产生 "读" RD PORT 控制信号到 EN 端，"1" 有效，此时图 4-1 中 Input Latch 的 Q3 等于 D3，同时，有效的 RD PORT 控制信号打开三态门 2，Q3 当前的值通过内部总线 Data Bus 送到 RAM 区的 A 端口数据寄存器 PORTA 的 bit0。

(5) 三态门 1 的作用：三态门 1 受 RD TRIS 引脚控制，需要读取方向寄存器时(如执行语句 X = TRISA0，X 含义同上)，单片机同时产生 "读" RD TRIS 信号，"1" 有效，打开三态门 1，$\overline{Q2}$ 通过三态门 1 送到内部总线 Data Bus，最终送到方向寄存器 TRISA 的 bit0，这个功能用来查询当前 I/O 端口使能的方向是什么。

RA 端口 B 段视频

(6) TTL 电平输入缓冲器的作用：缓冲器受信号 "模拟输入模式" 引脚控制，当该引脚是 "0" 时，缓冲器导通，I/O 引脚电平通过缓冲器可以送达 Input Latch；当该引脚是 "1" 时，缓冲器截止，I/O 引脚电平通过图 4-1 最右边的线路 "至 A/D 转换器" 到 A/D 模块做模数转换，这是 RA0 端口第二功能。若要导通缓冲器，则将表 4-1 中的 ADCON1 寄存器置 6 或 7 即可，RA0 端口可以做 I/O 输入通道。

RA 端口 C 段视频

综上所述，RA0 端口做输出时，如执行 TRISA0 = 0; RA0 = 0;，可以在 RA0 引脚输出 V_{SS} 的低电平；如执行 TRISA0 = 0; RA0 = 1;，可以在 RA0 引脚输出 V_{DD} 的高电平。RA0 端口做输入时，如执行 TRISA0 = 1; ADCON1 = 6; X = RA0;，能在位变量 X 中获得当前 RA0 引脚的电平信息，如低电平时 X = 0，高电平时 X = 1。

4.1.2　RA4 端口输入/输出功能

比较图 4-1 和图 4-2，有两处区别：

(1) 图 4-2 的 RA4 端口电路缺失与 I/O 引脚相连的 P 沟道场效应管、或门，因此，当 RA4 做输出端，输出高电平时 TRISA4 = 0; RA4 = 1;，在 I/O 引脚上实际获得的是引脚悬空的结果。可以在 I/O 引脚外接上拉电阻，再接电源，同样可以从外接电源获得高电平。输出低电平时 TRISA4 = 0; RA4 = 0;，I/O 引脚通过 N 沟道场效应管与 V_{SS} 连通。

(2) 图 4-2 的 RA4 输入通道内含施密特触发输入缓冲器，与图 4-1 的 TTL 缓冲器不同，施密特电路能将输入信号整形成方波，因此，RA4 的第二功能：定时/计数器 0 的计数信号输入可以依靠 RA4 端口电路整形即可。做 I/O 输入功能时，TRISA4 = 1; X = RA0;，能在位变量 X 中获得当前 RA4 引脚的电平信息，RA4 端口电路与 ADCON1 寄存器无关。

用汇编指令在 RA 端口电路上说明电路工作原理

扫码观看：用汇编指令在 RA 端口电路上说明电路工作原理。

4.2　RB 端口

如图 2-2 所示，端口 RB 共有八个引脚，对应八个端口电路。RB 端口电路分为两种结构，RB0～RB3 和 RB4、RB5，如图 4-3 和图 4-4 所示。与 RB 端口有关的寄存器如表 4-2 所示。

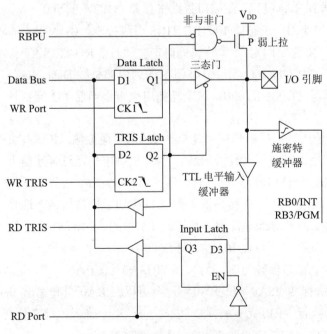

图 4-3　RB0～RB3 端口内部结构

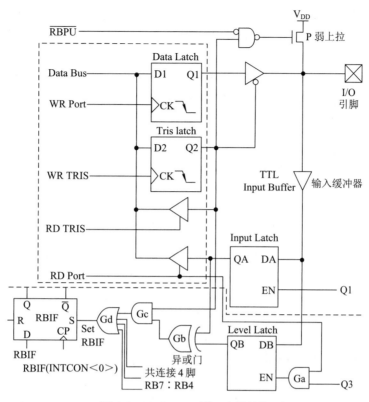

图 4-4 RB4~RB7 端口内部结构

表 4-2 与 RB 端口相关的寄存器

寄存器名称	寄存器符号	寄存器地址	寄存器内容							
			bit7	bit6	bit5	bit4	bit3	bit2	bit1	bit0
方向寄存器	TRISB	86H/186H	8 位方向控制数据							
数据寄存器	PORTB	05H105H	RB7	RB6	RB5	RB4	RB3	RB2	RB1	RB0
选项寄存器	OPTION-REG	81H/181H	$\overline{\text{RBPU}}$	INTEDG	T0CS	T0SE	PSA	PS2	PS1	PS0

4.2.1 RB0~RB3 端口电路

由图 4-3 可见，RB0~RB3 分成两种，RB0、RB3 引脚输入通道通过施密特缓冲器后，各自到第二功能电路，RB1、RB2 没有第二功能。

(1) 输出通道：比较图 4-1 和图 4-3，图 4-1 的 RA 端口的输出通道通过与门、或门、P 沟道场效应管、N 沟道场效应管后与引脚相连，最终的输出电平由芯片电源的 V_{DD}、V_{SS} 提供，因此这样的输出电平具有较强的灌电流、拉电流负载能力。而图 4-3 的 RB 端口的输出通道只有一个三态门，当 Q2 是 "0" 时，三态门打开，输出电平由三态门输出端提供，在驱动能力上比 RA 端口逊色些。

以 RB0 为例，输出低电平时，执行语句 TRISB0 = 0; RB0 = 0;，方向寄存器置 "0"，打开三态门，再输出端数据寄存器送 "0" 到三态门，输出到引脚上。同理，输出高电平时，执行语句 TRISB0 = 0; RB0 = 1;，引脚将输出高电平。

(2) 输入通道：比较图 4-1 和图 4-3，参看表 4-2 的 OPTION 寄存器的 bit7：$\overline{\text{RBPU}}$，以 RB0 为例，与引脚 I/O 相连一个 P 沟道场效应管，当控制场效应管的非与非门的输入端 $\overline{\text{RBPU}}$ 是 "0"，引脚方向定义为输入时，Q2 是 "1"，门电路输出 "0"，场效应管导通，引脚上拉至 V_{DD}，可见 RB 端口电路做输入时内部已经含上拉电路，只要启用该功能就可以，这是 RB 端口的优势，其他端口都没有，因此 RB 端口适合做输入功能。

P 沟道场效应管只有在端口电路做输入功能时，Q2 是 "1" 时，才有可能导通，做输出功能时，Q2 是 "0"，场效应管高阻。

执行语句 TRISB0 = 1; nRBPU = 0; X = RB0; ，X 的含义同上，将把 RB0 引脚电平送到内部位变量 X，引脚低电平时，X = 0，引脚高电平时，X = 1。

RB 端口

4.2.2　RB4～RB7 端口电路

由图 4-4 可见，电路的输入/输出通道部分与图 4-3 相似。与 level latch 相连的门电路、D 触发器，构成 RB4～RB7 端口电路的第二功能，即电平变化中断功能，待后续章节学习。

以 RB4 为例，输出低电平时，执行语句 TRISB4 = 0; RB4 = 0; ，方向寄存器置 "0"，打开三态门，再输出端口数据寄存器送 "0" 到三态门，输出到引脚上。同理，输出高电平时，执行语句 TRISB4 = 0; RB4 = 1; ，引脚将输出高电平。

执行语句 TRISB4 = 1; nRBPU = 0; X = RB4; ，X 的含义同上，将把 RB4 引脚电平送到内部位变量 X，引脚低电平时，X = 0，引脚高电平时，X = 1。

因为 RB 端口具有输入弱上拉电路，RB4～RB7 具有电平变化中断功能，所以通常把 RB 端口做矩阵键盘输入用。

用汇编指令在 RB 端口
电路上说明电路工作原理

用 C 指令在 RB 端口电路上
说明电路工作原理

4.3　RC 端口

如图 2-2 所示，端口 RC 共有八个引脚，对应八个端口电路。RC 端口电路分为两种结构，RC0～RC2、RC5～RC7 和 RC3、RC4，如图 4-5 和图 4-6 所示。与 RC 端口有关的寄存器如表 4-3 所示。

4.3.1　RC0～RC2、RC5～RC7 端口电路

与图 4-1 比较，图 4-5 在输出通道上增加数据选择器 MUX、或门 G2、非门 G1，输入通道与上述端口类似。其中 MUX 选择 0 通道时，外设电路借用该端口进行数据输出。

下面介绍 RC 端口输出通道：当数据选择器 MUX 的选择端"端口/外设选择"是"1"时，$\overline{Q1}$ 通过 MUX 与或门连通，只要不启用该端口电路的第二功能，MUX 就默认以上选通方式；定义方向寄存器 TRIS Latch 为输出，$\overline{Q2}$ 为"1"，G2 门输出"1"，G1 门输出"0"，打开与门和或门，它们的输出完全由 $\overline{Q1}$ 决定，如果 $\overline{Q1}$ 当前是"1"，那么或门、与门输出"1"，高阻 P 沟道场效应管，导通 N 沟道场效应管，引脚通过 N 沟道与 V_{SS} 相连，引脚电平是低电平，反之，$\overline{Q1}$ 是"0"时，引脚电平是高电平。

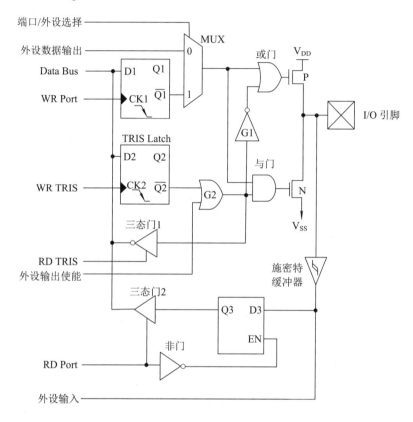

图 4-5　RC0～RC2、RC5～RC7 端口内部结构

以 RC4 为例，输出低电平时，执行语句 TRISC4 = 0; RC4 = 0;，引脚通过 N 沟道与 V_{SS} 相连，输出低电平。同理，输出高电平时，执行语句 TRISC4 = 0; RC4 = 1;，引脚通过 P 沟道与 V_{DD} 相连，输出高电平。

执行语句 TRISC4 = 1; X = RC4;，X 的含义同上，将把 RC4 引脚电平送到内部位变量 X，引脚低电平时，X = 0，引脚高电平时，X = 1。

表 4-3　与 RC 端口有关的寄存器

寄存器名称	寄存器符号	寄存器地址	寄存器内容							
			bit7	bit6	bit5	bit4	bit3	bit2	bit1	bit0
C 端口数据寄存器	PORTC	07H	RC7	RC6	RC5	RC4	RC3	RC2	RC1	RC0
C 端口方向寄存器	TRISC	87H	8 位方向控制数据							

4.3.2 RC3、RC4 端口电路

与图 4-5 相比，图 4-6 的 RC3、RC4 端口电路在输入通道上增加 MUX2 电路，当 MUX2 选择不同通道时，外设电路借用该端口做输入通道用。如果不启用外设电路的功能，则引脚电平信号经过施密特缓冲器，再经过 MUX2 的 0 通道，进入 D 锁存器中，做 I/O 接口的输入功能。

RC 端口

从图 4-5、图 4-6 的 RC 端口电路看，PORTC 具有完整的输入、输出功能，在使用中通常安排做需要较强输出驱动或输入信号需要整形的场合，以减少单片机外围电路的开销。

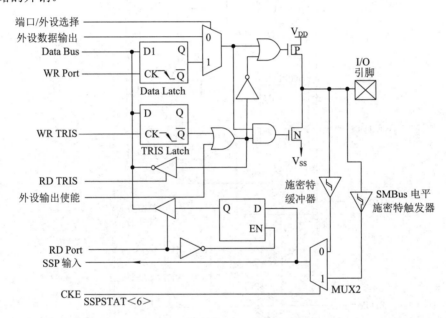

图 4-6　RC3、RC4 端口内部结构

4.4　RD 端口

如图 2-2 所示，端口 RD 共有八个引脚，对应八个端口电路。RD 端口电路如图 4-7 所示，与前述的 RA、RB、RC 端口电路相比，其结构简单，此处不再做深入分析。与 RD 端口有关的寄存器如表 4-4 所示。

表 4-4　与 RD 端口有关的寄存器

寄存器名称	寄存器符号	寄存器地址	寄 存 器 内 容							
			bit7	bit6	bit5	bit4	bit3	bit2	bit1	bit0
D 端口数据寄存器	PORTD	08H	RD7	RD6	RD5	RD4	RD3	RD2	RD1	RD0
D 端口方向寄存器	TRISD	88H	8 位方向控制数据							

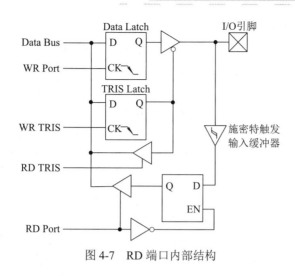

图 4-7 RD 端口内部结构

RD 端口、RE 端口

4.5 RE 端口

如图 2-2 所示，端口 RE 共有三个引脚，对应三个端口电路。RE 端口电路如图 4-8 所示，与前述的 RD 端口电路相比，其输入通道增加了一条进入到 ADC 模块的电路通道，因此，RE 端口可以做模拟量输入通道，此功能与 RA 端口类似，此处不再做深入分析。与 RE 端口有关的寄存器如表 4-5 所示。

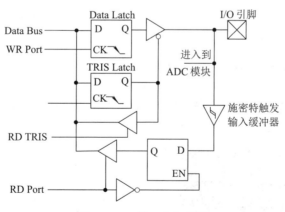

图 4-8 RE 端口内部结构

表 4-5 与 RE 端口有关的寄存器

寄存器名称	寄存器符号	寄存器地址	寄存器内容							
			bit7	bit6	bit5	bit4	bit3	bit2	bit1	bit0
E 端口数据寄存器	PORTE	09H	—	—	—	—	—	RE2	RE1	RE0
E 端口方向寄存器	TRISE	89H	IBF	OBF	IBOV	—	—	3 位方向控制数据		
AD 控制寄存器 1	ADCON1	9FH	ADFM	—	—	—	PCFG3	PCFG2	PCFG1	PCFG0

从上述对 A 端口到 E 端口电路的学习，发现其共同点是：具有输入/输出高、低电平信号的功能；它们的差异是：输入通道有没有施密特整形电路(可以把信号的电平变化边沿整形为符合数字信号要求的上、下跳变)，输出通道有没有 P、N 沟道场效应管(增强输出端口的拉电流、灌电流负载能力)，特别是 B 端口输入功能的弱上拉电路。由于这些差异，做设计应用时，应该根据需要选择适合的端口，如键盘输入端口选择 B，可以免去引脚外接上拉电阻的电路连接，需要较大驱动能力输出时选择 A、C，一般输出能力选择 D、E 即可，RA4 是一个开漏输出端口，当输出电平要求与单片机电源不一样时，首选 RA4 做驱动输出。

从表 2-3 可知，上电复位和欠压复位后，PORTA～PORTE 都是未知，休眠、看门狗及 $\overline{\text{MCLR}}$ 人工复位后，其值保持不变，因此，程序初始化时端口必须赋初值。上电复位和欠压复位后，TRISA-TRISE 都是 1，说明单片机默认端口方向是输入，休眠中断唤醒、看门狗溢出时，其值保持不变，原来是输入端口的仍是输入端口，反之亦然。

在 40 脚封装的 PIC16F87X 单片机中，PORTD、PORTE 联合应用，具有 PSP 并行从动功能，作为一个普通微处理器端口，进行类似于 MCS8051 单片机系统的并行扩展。PIC 单片机型号众多，可以根据设计要求灵活选择合适的型号，此功能应用的可能性不大，本书不对此功能做介绍，可以参考相关书籍进行学习。

4.6　输入/输出端口的应用

在单片机应用系统中，常见的输出显示有两种：数码管(将在例 8-3 介绍数码管动态显示设计方法)和 LCD。本章选择用 PIC16F877A 驱动 1602LCD 的显示做应用举例，在后续章节中，本例将作为显示部分使用。

4.6.1　字符型液晶模块 1602LCD 简介

字符型液晶模块 1602LCD 是一种用 5×7 或 5×10 点阵图形来显示字符的液晶显示器，如图 4-9 所示，根据显示的容量可以分为 1 行 16 个字、2 行 16 个字等。

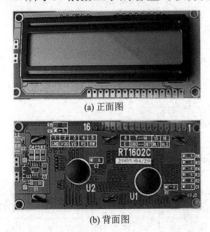
(a) 正面图

(b) 背面图

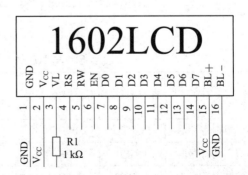

图 4-9　1602LCD 正面图、背面图与引脚图

1602LCD 采用标准的 16 脚接口，如图 4-9 中的背面图所示，其中：

第 1 脚：GND 接地电源。

第 2 脚：V_{DD} 接 5 V 正电源。

输入/输出端口的
应用 1602LCD

第 3 脚：V0 为液晶显示器对比度调整端，接正电源时对比度最弱，接地电源时对比度最高，对比度过高时会产生"鬼影"，使用时可以通过一个 10 K 的电位器调整对比度，此脚不要悬空。

第 4 脚：RS 为寄存器选择，高电平时选择数据寄存器、低电平时选择指令寄存器。

第 5 脚：RW 为读写信号线，高电平时进行读操作，低电平时进行写操作。当 RS 和 RW 共同为低电平时可以写入指令或者显示地址，当 RS 为低电平、RW 为高电平时可以读忙信号，当 RS 为高电平、RW 为低电平时可以写入数据。

第 6 脚：E 端为使能端，当 E 端由高电平跳变成低电平时，液晶模块执行命令。

第 7～14 脚：D0～D7 为 8 位双向数据线。

第 15、16 脚：背光灯电源正负极。

1602LCD 液晶模块内部的字符发生存储器(CGROM)已经存储了 160 个不同的点阵字符图形，如表 4-6 所示，这些字符有：阿拉伯数字、英文字母的大小写、常用的符号、日文假名(表中略去)等。每一个字符都有一个固定的代码，比如大写的英文字母"A"的代码是01000001B(41H)，显示时模块把地址 41H 中的点阵字符图形显示出来，我们就能看到字母"A"。

表 4-6　1602LCD 字符库

低位/高位	0010	0011	0100	0101	0110	0111	1110	1111
0000		0	ə	P	\	p	σ	P
0001	!	1	A	Q	a	q	ä	q
0010	"	2	B	R	b	r	ß	Θ
0011	#	3	C	S	c	s		∞
0100	$	4	D	T	d	t	μ	Ω
0101	%	5	E	U	e	u		0
0110	&	6	F	V	f	v		Σ
0111	>	7	G	W	g	w		π
1000	(	8	H	X	h	x		X
1001	)	9	I	Y	i	y		y
1010	*		J	Z	j	z		千
1011	+		K	[	k	(		万
1100	<		L	¥	l	|		
1101	-	=	M	]	m	)		
1110	.	>	N	-	n	–		
1111	/	?	O	–	o	←		

1602LCD 液晶模块内部的控制器共有 11 条控制指令，如表 4-7 所示。

表 4-7　1602LCD 控制指令

序号	指　令	RS	R/W	D7	D6	D5	D4	D3	D2	D1	D0
1	清显示	0	0	0	0	0	0	0	0	0	1
2	光标返回	0	0	0	0	0	0	0	0	1	*
3	置输入模式	0	0	0	0	0	0	0	1	I/D	S
4	显示开/关控制	0	0	0	0	0	0	1	D	C	B
5	光标字符移动	0	0	0	0	0	1	S/C	R/L	*	*
6	置功能	0	0	0	0	1	DL	N	F	*	*
7	置字符存储器地址	0	0	0	1	字符发生器存储地址(AGG)					
8	置数据存储器地址	0	0	1	1	显示数据存储器地址(ADD)					
9	读忙标志或地址	0	1	BF	计数器地址(AC)						
10	写数据	1	0	要写的数据内容							
11	读数据	1	1	读出的数据内容							

I/D = 1/0：增量/减量。S = 1：全显示屏移动。S/C = 1/0：显示屏移动/光标移动。R/L = 1/0：左移/右移。DL = 1/0：8 位/4 位。N = 1/0：2 行/1 行。F = 1/0：5×10 点阵/5×7 点阵。BF = 1/0：内部操作正在进行/允许指令操作。*：无关项。

LCD1602 的读写操作、屏幕和光标的操作都是通过指令编程来实现的。

指令 1：清显示，指令码 01H，光标复位到地址 00H 位置。

指令 2：光标复位，光标返回到地址 00H。

指令 3：光标和显示模式设置。I/D 表示光标移动方向，高电平右移，低电平左移。S 表示屏幕上所有文字是否左移或者右移。高电平表示有效，低电平则无效。

指令 4：显示开关控制。D 表示控制整体显示的开与关，高电平表示开显示，低电平表示关显示。C 表示控制光标的开与关，高电平表示有光标，低电平表示无光标。B 表示控制光标是否闪烁，高电平闪烁，低电平不闪烁。

指令 5：光标或显示移位。S/C 表示高电平时移动显示的文字，低电平时移动光标。

指令 6：功能设置命令。DL 表示高电平时为 4 位总线，低电平时为 8 位总线。N 表示低电平时为单行显示，高电平时双行显示。F 表示低电平时显示 5×7 的点阵字符，高电平时显示 5×10 的点阵字符(有些模块是 DL：高电平时为 8 位总线，低电平时为 4 位总线)。

指令 7：字符发生器 RAM 地址设置。

指令 8：DDRAM 地址设置。

指令 9：读忙信号和光标地址。BF 为忙标志位，高电平表示忙，此时模块不能接收命令或者数据，如果为低电平表示不忙。

指令 10：写数据到 CGRAM 或 DDRAM。

指令 11：从 CGRAM 或 DDRAM 读数据。

液晶显示模块是一个慢显示器件，所以在执行每条指令之前一定要确认模块的忙标志为低电平，表示不忙，否则此指令失效。

要显示字符时先输入显示字符地址，也就是告诉模块在哪里显示字符，表 4-8 是 1602LCD 内部显示地址。

表 4-8 1602LCD 内部显示地址

00H	01H	02H	03H	04H	05H	06H	07H	08H	09H	0AH	0BH	0CH	0DH	0EH	0FH
40H	41H	42H	43H	44H	45H	46H	47H	48H	49H	4AH	4BH	4CH	4DH	4EH	4FH

比如第二行第一个字符的地址是 40H，那么是否直接写入 40H 就可以将光标定位在第二行第一个字符的位置呢？这样不行，因为写入显示地址时要求最高位 D7 恒定为高电平 1，所以实际写入的数据应该是 01000000B(40H) + 10000000B(80H) = 11000000B (C0H)。

请扫码观看：用仿真软件说明 1602LCD 数据显示原理及数据在任意位置显示的方法。

用仿真软件说明 1602LCD 数据显示
原理及数据在任意位置显示的方法

输入/输出端口的应用：程序设计

4.6.2 PIC16F877A 驱动 1602LCD 应用举例

【例 4-1】用 PORTC 做 LCD 数据接口，PORTE 做 LCD 控制接口，都定义为输出口，在 Proteus 软件中，1602LCD 的符号是 LM016L，电路图如图 4-10 所示，分别在第一行和第二行显示 3 个英文字符。

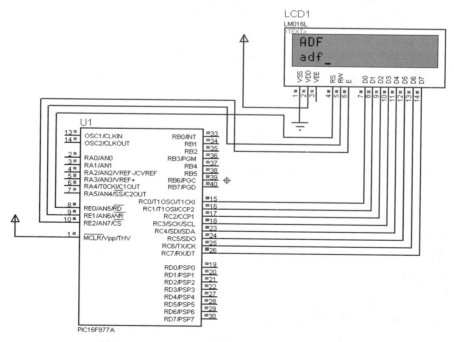

图 4-10 PIC16F877A 驱动 1602LCD 显示电路图

(1) 设计时，在主函数 main()先定义单片机的端口方向为输出口，控制字为 0，TRISC = 0; TRISE = 0; ，清数据输出为 0，控制信号 RE2 置 1，先让 1602LCD 的控制端 E 为高电平，PORTC = 0; RE2 = 1; ，完成对单片机的初始化。

由于液晶模块是慢速器件，上电复位的速度比单片机慢，因此在对单片机初始化之后，不能马上对 1602LCD 进行操作，先调用一段延时程序 DELAY(); 等待液晶模块完成上电过程。在 MPLAB 软件中，假设单片机晶振 4 MHz，利用 Stopwatch 功能，测得延时时间是 Time（mSecs）13.007000，即 13.007 ms。通过修改 DELAY(); 中 i 的取值，可以调整延时时间。

(2) 利用已经初始化的单片机对 1602LCD 进行初始化，前述的 11 条控制命令是 LCD 初始化的依据，常用的有：清屏 PORTC = 1; ，8 位 2 行 5×7 点阵定义 PORTC = 0x38; ，显示器开、光标开、闪烁开定义 PORTC = 0x0f; ，文字不动，光标自动右移定义 PORTC = 0x06; ，每个命令值从 PORTC 送出去后，都要相应的操作 1602LCD 控制端。因为当前从 PORTC 送出的都是命令，所以 RS、RW 都是低电平，同时在 E 端送出一个从高到低的下跳变。因此，上述每个初始化命令之后都必须执行 ENABLE(); ，此函数中的 RE0 = 0; RE1 = 0; 完成 RS、RW 都是低电平的功能。由于单片机初始化时已经执行 RE2 = 1; ，因此此函数中通过 RE2 = 0; 完成在 E 端送出一个从高到低的下跳变。这些控制信号仍然要在单片机引脚上保持一段时间，因此函数中调用 DELAY(); 后再把 RE2 = 1; ，为下次控制命令的发出提前做准备。

(3) 通过单片机对液晶模块输出待显示的数据。根据数据将要在屏上显示的位置，参照表 4-8，先对 1602LCD 发地址命令，如第一行第一个字符的地址是 40H，执行地址命令 PORTC = 0x80; ENABLE(); ，光标指向该位置，执行 PORTC = 'A'; ENABLE1(); ，送该位置显示字符"A"。注意，送命令的控制信号 RW 是低电平，送数据时 RW 是高电平，所以上述两个函数：ENABLE(); ENABLE1(); 的区别就在这里。

因为前面把液晶模块初始化为光标自动右移，即每显示一个字符后，地址自动加一，所以，下一个字符如果是紧挨着前一个字符，则可以直接把数据送出，PORTC = 'D'; ENABLE1(); 无须先定义地址。如果字符显示不连续，则要先定义地址，例如：PORTC = 0xC0; ENABLE(); ，再送显示字符 PORTC = 'a'; ENABLE1(); ，完整的程序如下：

```
/********************
RS EQU 1        ; LCD 寄存器选择信号脚定义在 RE0 脚
RW EQU 2        ; LCD 读/写信号脚定义在 RE1 脚
E   EQU 3       ; LCD 片选信号脚定义在 RE2 脚
; ********************/
#include<pic.h>
void DELAY()         //延时子程序
{   unsigned int i;
    for(i = 999; i > 0; i--);
}
void ENABLE()        //写入控制命令的子程序
{ RE0 = 0; RE1 = 0; RE2 = 0;    DELAY();   RE2 = 1; }
```

```
void ENABLE1()        //写入字的子程序
{ RE0 = 1; RE1 = 0; RE2 = 0; DELAY();    RE2 = 1; }
void main()           //主程序
{   TRISC = 0; TRISE = 0; RE2 = 1;
    //定义 PIC 与 1602LCD 的数据驱动接口 PORTC 和命令控制接口 PORTE 为输出口
    PORTC = 0;          //当前数据输出口清 0
    DELAY();            //调用延时，刚上电 LCD 复位不一定有 PIC 快
    PORTC = 1; ENABLE();        //清屏，调延时，因为 LCD 是慢速器件
    PORTC = 0x38; ENABLE();     //8 位 2 行 5×7 点阵
    PORTC = 0x0f; ENABLE();     //显示器开、光标开、闪烁开
    PORTC = 0x06; ENABLE();     //文字不动，光标自动右移
    PORTC = 0x80; ENABLE();     //光标指向第 1 行的位置
    PORTC = 'A'; ENABLE1();     //第一个字符“A”送 PORTC 显示
    PORTC = 'D'; ENABLE1();     //第二个字符“D”送 PORTC 显示
    PORTC = 0x46; ENABLE1();    //第三个字符“F”送 PORTC 显示
    PORTC=0xC0; ENABLE();       //光标指向第 2 行的位置
    PORTC = 'a'; ENABLE1();     //第一个字符“a”送 PORTC 显示
    PORTC = 'd'; ENABLE1();     //第二个字符“d”送 PORTC 显示
    PORTC = 0x66; ENABLE1();    //第三个字符“f”送 PORTC 显示
loop:
    goto loop;
}
```

【例 4-2】　在例 4-1 的基础上，增加 RB3～RB0 端口外接的 1×4 键盘，按下 K0 时，在 LCD 第一行第 7 个字符处显示 0，按下 K1 时，显示 1，等等，其他条件与例 4-1 相同。

设计思路：

(1) 启用 RB3～RB0 引脚内部上拉电阻，初始化处增加：TRISB = 0X0F; nRBPU = 0; 。

(2) 按键程序放置于主循环处，只要有键按下，单片机即刻能发生相应的动作。

(3) 主循环入口处 PORTC = 0x86; ENABLE();，光标指向第一行第 7 个字符处，即图 4-11 中显示“2”的位置。

(4) 通过 if 语句判断是否有键按下，若有，则给变量 result 赋对应的值。

```
if (RB0 == 0)          //判断 B0 是否按下
    result = 0x1;
if (RB1 == 0)          //判断 B1 是否按下
    result = 0x2;
if (RB2 == 0)          //判断 B2 是否按下
    result = 0x3;
if (RB3 == 0)          //判断 B3 是否按下
    result = 0x4;
```

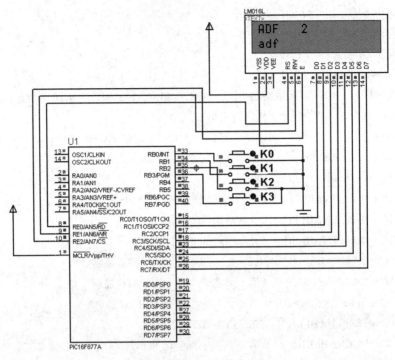

图 4-11　例 4-2 电路图

(5) 通过以下语句，根据 result 值的不同，跳转到相应的部分处理，即显示不同的值。

```
switch (result)
{
    case 0x1:    PORTC = TABLE[0]; ENABLE1(); break;    //显示 0
    case 0x2:    PORTC = TABLE[1]; ENABLE1(); break;    //显示 1
    case 0x3:    PORTC = TABLE[2]; ENABLE1(); break;    //显示 2
    case 0x4:    PORTC = TABLE[3]; ENABLE1(); break;    //显示 3
    case 0x8:    PORTC = 'X'; ENABLE1(); break;         //无键按下，显示 X
}
```

完整的程序如下，加下画线部分就是增加功能的部分。

```
#include<pic.h>
static volatile char TABLE[16]={0x30, 0x31, 0x32, 0x33, 0x34, 0x35, 0x36, 0x37, 0x38, 0x39,
                0x41, 0x42, 0x43, 0x44, 0x45, 0x46};
char adh, adl, a, b, result;
void DELAY()                        //延时子程序
{ unsigned int i; for(i = 999; i > 0; i--); }
void ENABLE()                       //写入控制命令的子程序
{ RE0 = 0; RE1 = 0; RE2 = 0;    DELAY();    RE2 = 1; }
void ENABLE1()                      //写入字的子程序
{ RE0 = 1; RE1 = 0; RE2 = 0;    DELAY();    RE2 = 1; }
void main()                         //主程序
```

```
{   TRISB = 0X0F; nRBPU = 0; result = 8;
    TRISC = 0; TRISE = 0; RE2 = 1;
    //定义 PIC 与 1602LCD 的数据驱动接口 PORTC 和命令控制接口 PORTE 为输出口
    PORTC = 0;                    //当前数据输出口清 0
    DELAY();                      //调用延时，刚上电 LCD 复位不一定有 PIC 快
    PORTC = 1; ENABLE();          //清屏，调延时，因为 LCD 是慢速器件
    PORTC = 0x38; ENABLE();       //8 位 2 行 5×7 点阵
    PORTC = 0x0C; ENABLE();       //显示器开、光标关、闪烁关
    PORTC = 0x06; ENABLE();       //文字不动，光标自动右移
    PORTC = 0x80; ENABLE();       //光标指向第 1 行的位置
    PORTC = 'A'; ENABLE1();       //第一个字符 "A" 送 PORTC 显示
    PORTC = 'D'; ENABLE1();       //第二个字符 "D" 送 PORTC 显示
    PORTC = 0x46; ENABLE1();      //第三个字符 "F" 送 PORTC 显示
    PORTC = 0xC0; ENABLE();       //光标指向第 2 行的位置
    PORTC = 'a'; ENABLE1();       //第一个字符 "a" 送 PORTC 显示
    PORTC = 'd'; ENABLE1();       //第二个字符 "d" 送 PORTC 显示
    PORTC = 0x66; ENABLE1();      //第三个字符 "f" 送 PORTC 显示
loop: PORTC = 0x86; ENABLE();
    if (RB0 == 0)result = 0x1;
        if (RB1 == 0) result = 0x2;
        if (RB2 == 0) result = 0x3;
        if (RB3 == 0) result = 0x4;
    switch (result)                    //根据 X 值的不同，跳转到相应的部分处理
    {
        case 0x1:PORTC = TABLE[0]; ENABLE1(); break;    //B0
        case 0x2:PORTC = TABLE[1]; ENABLE1(); break;    //B1
        case 0x3:PORTC = TABLE[2]; ENABLE1(); break;    //B2
        case 0x4:PORTC = TABLE[3]; ENABLE1(); break;    //B3
        case 0x8:PORTC = 'X'; ENABLE1(); break;         //无键按下
    }
    goto loop;
}
```

例 4-1 和例 4-2 的函数调用，可以通过仿真的方法，直观地学习单片机的堆栈操作、子程序调用、子程序返回的工作过程，请扫码观看：通过例 4-2 学习堆栈和函数调用。

对比例 4-1 和例 4-2 的功能，根据功能增加部分，学习程序修改的方法。

通过例 4-2 学习堆栈
和函数调用

【例 4-3】　4×4 键盘和 LCD 显示设计。

电路如图 4-12 所示，按下按键 "8"，LCD 显示 "8"，如图 4-12 所示，本例去掉 LCD

其他显示，LCD 的控制引脚从 RE2～RE0 改为 RA3～RA1。特别注意 RB0～RB7 引脚既不接地，也不接电源，通过按键，接通其中的 2 个引脚，如按键"0"按下时，接通 RB4 和 RB0。

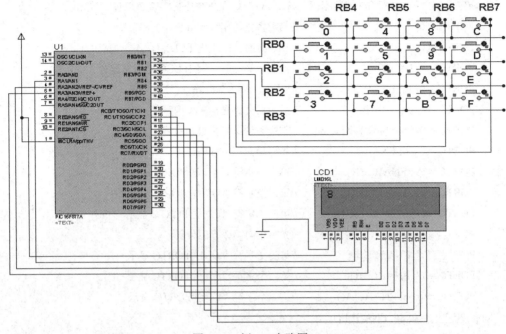

图 4-12　例 4-3 电路图

完整的程序设计如下，试根据程序注解理解按键扫描工作原理。

```
#include<pic.h>
//LCD 控制线宏定义，根据实验板的引脚定义修改
#define rs RA1
#define rw RA2
#define e   RA3
static volatile char TABLE[16] = {0x30, 0x31, 0x32, 0x33, 0x34, 0x35, 0x36, 0x37, 0x38, 0x39, 0x41, 0x42,
0x43, 0x44, 0x45, 0x46};
char adh, adl, a, b, result, preres;
void DELAY()                        //延时子程序
{unsigned int i; for(i = 999; i > 0; i--); }
void ENABLE()                       //写入控制命令的子程序
{ rs = 0; rw = 0; e = 0; DELAY(); e = 1; }
void ENABLE1()                      //写入字的子程序
{ rs = 1; rw = 0; e = 0;   DELAY();   e = 1; }
void main()                         //主程序
{   TRISB = 0X0F; nRBPU = 0; result = 0x00; preres = 0x00;
    TRISC = 0; RE2 = 1; ADCON1 = 7; TRISA = 0; RA1 = 0;
    PORTC = 0; e = 1;               //当前数据输出口清 0
    DELAY();                        //调用延时，刚上电 LCD 复位不一定有 PIC 快
```

```
        PORTC = 1; ENABLE();          //清屏，调延时，因为 LCD 是慢速器件
        PORTC = 0x38; ENABLE();       //8 位 2 行 5×7 点阵
        PORTC = 0x0C; ENABLE();       //显示器开、光标关、闪烁关
        PORTC = 0x06; ENABLE();       //文字不动，光标自动右移
loop:   PORTC = 0x80; ENABLE();       //光标指向第一行第一个字符位置
//-----以下程序是 4×4 键盘扫描--------
        PORTB = 0X7f;                 //RB7 输出低电平，其他三位输出高电平
        asm("nop");                   //插入一定延时，确保电平稳定
        result = PORTB;               //读回 B 口低 4 位结果
        result = result & 0x0f;       //清除高 4 位
        if (result != 0x0f)           //判断低 4 位是否为全 1(全 1 代表没按键按下)
        {
            result = result | 0x70;   //否，加上高 4 位 0x70，作为按键扫描的结果
        }
        else                          //是，改变低 4 位输出，重新判断是否有按键按下
        {
            PORTB = 0Xbf;             //RB6 输出低电平，其他三位输出高电平
            asm("nop");               //插入一定延时，确保电平稳定
            result = PORTB;           //读回 B 口高低 4 位结果
            result = result & 0x0f;   //清除高 4 位
            if (result != 0xf)        //判断低 4 位是否为全 1(全 1 代表没按键按下)
            {
                result = result | 0xb0; //否，加上高 4 位 0xb0，作为按键扫描的结果
            }
            else                      //是，改变低 4 位输出，重新扫描
            {
                PORTB = 0Xdf;         //RB5 输出低电平，其他三位输出高电平
                asm("nop");           //插入一定延时，确保电平稳定
                result = PORTB;       //读回 B 口低 4 位结果
                result = result & 0x0f; //清除高 4 位
                if (result != 0x0f)   //判断低 4 位是否为全 1(全 1 代表没按键按下)
                {
                    result = result | 0xd0; //否，加上高 4 位 0xd0，作为按键扫描的结果
                }
                else                  //是，改变高 4 位的输出，重新扫描
                {
                    PORTB = 0Xef;     //B4 输出低电平，其他三位输出高电平
                    asm("nop");       //插入一定延时，确保电平稳定
                    result = PORTB;   //读回 B 口低 4 位结果
```

```
            result = result & 0x0f;      //清除高 4 位
            if (result != 0x0f)          //判断低四位是否为全 1(全 1 代表没有按键按下)
            {
                result = result | 0xe0;   //否，加上高 4 位 0x0e，作为按键扫描的结果
            }
            else                         //是，全部按键扫描结束，没有按键按下，置无按键按下标志位
            {
                result = 0xff;            //扫描结果为 0xff，作为没有按键按下的标志
            }
        }
    }
}
if(result == 0xff)                    //无键按下显示"X"
    result = preres;
else
    preres = result;
// -----以下程序是 4 × 4 键盘扫描结果送 LCD 显示部分--------
switch (result)
{
    case 0xe7:      PORTC = TABLE[3]; break;       //K3
    case 0xeb:      PORTC = TABLE[2]; break;       //K2
    case 0xed:      PORTC = TABLE[1]; break;       //K1
    case 0xee:      PORTC = TABLE[0]; break;       //K0
    case 0xd7:      PORTC = TABLE[7]; break;       //K7
    case 0xdb:      PORTC = TABLE[6]; break;       //K6
    case 0xdd:      PORTC = TABLE[5]; break;       //K5
    case 0xde:      PORTC = TABLE[4]; break;       //K4
    case 0xb7:      PORTC = TABLE[11]; break;      //KB
    case 0xbb:      PORTC = TABLE[10]; break;      //KA
    case 0xbd:      PORTC = TABLE[9]; break;       //K9
    case 0xbe:      PORTC = TABLE[8]; break;       //K8
    case 0x77:      PORTC = TABLE[15]; break;      //KF
    case 0x7b:      PORTC = TABLE[14]; break;      //KE
    case 0x7d:      PORTC = TABLE[13]; break;      //KD
    case 0x7e:      PORTC = TABLE[12]; break;      //KC
    case 0x00:      PORTC = 'X';
}   ENABLE1();
goto loop;
}
```

下面通过例 4-3 分析几个常见问题：

(1) 静态变量和动态变量：本例的变量定义 static volatile char TABLE[16] = {0x30, 0x31, 0x32, 0x33, 0x34, 0x35, 0x36, 0x37, 0x38, 0x39, 0x41, 0x42, 0x43, 0x44, 0x45, 0x46}；是静态变量定义，这些变量被编译器定位于 RAM 的体 0 的 020H 到 02FH 单元，如图 4-13 所示，表格内部的数据直接填入对应 RAM 单元内，程序运行过程中数据不能被修改。

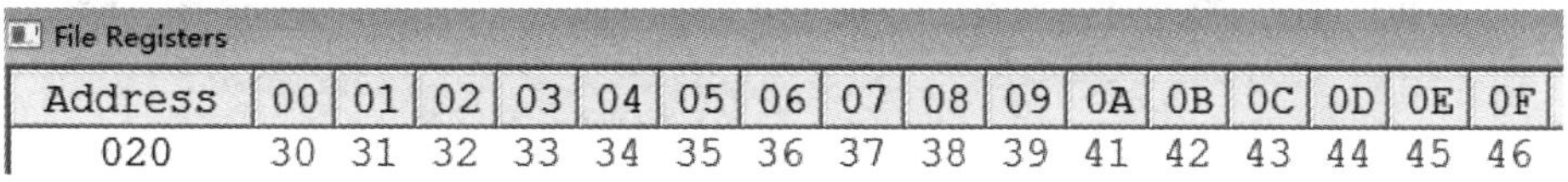

File Registers

Address	00	01	02	03	04	05	06	07	08	09	0A	0B	0C	0D	0E	0F
020	30	31	32	33	34	35	36	37	38	39	41	42	43	44	45	46

图 4-13　静态变量定义

本例的变量定义 char adh, adl, a, b, result, preres; 是动态变量定义，这些变量被定位于映射单元 070H 到 075H，目前单元内容都是 0，程序运行过程中数据会被修改，如图 4-14 所示，图中也表示了静态变量地址以及当前地址内容。

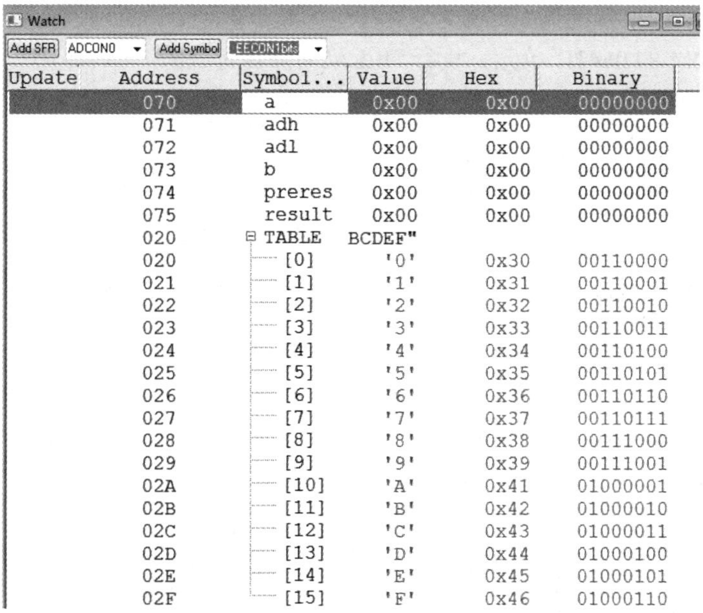

Watch

Add SFR　ADCON0　▼　Add Symbol　EECON1bits　▼

Update	Address	Symbol...	Value	Hex	Binary
	070	a	0x00	0x00	00000000
	071	adh	0x00	0x00	00000000
	072	adl	0x00	0x00	00000000
	073	b	0x00	0x00	00000000
	074	preres	0x00	0x00	00000000
	075	result	0x00	0x00	00000000
	020	⊟ TABLE	BCDEF"		
	020	[0]	'0'	0x30	00110000
	021	[1]	'1'	0x31	00110001
	022	[2]	'2'	0x32	00110010
	023	[3]	'3'	0x33	00110011
	024	[4]	'4'	0x34	00110100
	025	[5]	'5'	0x35	00110101
	026	[6]	'6'	0x36	00110110
	027	[7]	'7'	0x37	00110111
	028	[8]	'8'	0x38	00111000
	029	[9]	'9'	0x39	00111001
	02A	[10]	'A'	0x41	01000001
	02B	[11]	'B'	0x42	01000010
	02C	[12]	'C'	0x43	01000011
	02D	[13]	'D'	0x44	01000100
	02E	[14]	'E'	0x45	01000101
	02F	[15]	'F'	0x46	01000110

图 4-14　动态与静态变量

(2) 子函数及其对应的汇编语句运行过程：C 语言中的子函数调用，对应于汇编语言就是执行 CALL 调用子程序指令、RETURN 子程序返回指令，在执行 CALL 时，CPU 必须把当前 CALL 的下一条指令的地址，即当前 PC 指针作为断点地址入栈，执行 RETURN 时，又把当前的栈顶地址送回 PC 指针中。

如图 4-15 所示，在主函数相应位置设置 3 个程序调试断点，执行程序到第 2 个断点，地址指针指向 DELAY()函数，对应的汇编语句窗口语句 BCF 0xa, 0x4 和 BCF 0xa, 0x3 清当前 ROM 的页地址；堆栈指针指向 0　　　　Empty 。执行 CALL 0x641后，该指令的下一条指令地址 066B　　120A　BCF 0xa, 0x4 即 066BH 就是需要存入堆栈的程序断点地址，PC 指针将跳转到 ROM 的页 0 的 641H 地址单元；堆栈指针指向 1　　　　066B ，如图 4-16 所示。

注意：此处所说的断点地址和程序调试时设的断点地址含义不同。

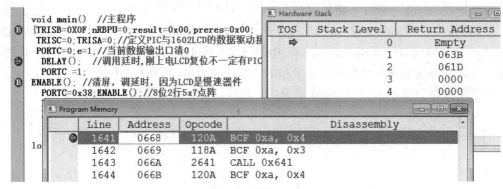

图 4-15　执行 DELAY() 函数前的堆栈及汇编语句定位

操作过程：把鼠标指向 ■ Program Memory 窗口，单击 🔁，单步执行到 CALL 0x641 语句处，注意观察当前 ■ Hardware Stack 堆栈指针指向堆栈 0，堆栈 1 的值是 063BH，再次单击 🔁，得到如图 4-16 所示的调试结果，此时前述的断点地址 066BH 被存入堆栈区的堆栈 1，PC 指针指向 ROM 的 0641H 单元，执行 DELAY() 函数对应的汇编子程序。

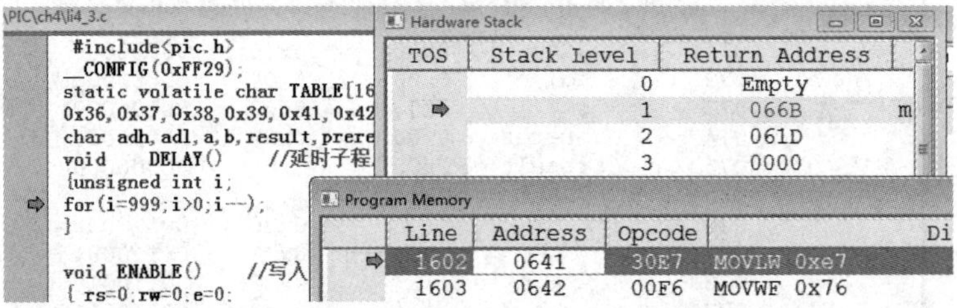

图 4-16　进入 DELAY() 函数后的堆栈及汇编语句定位

由于 DELAY() 函数必须循环 999 次才能完成，直接单击 🔁，从 DELAY() 函数跳出，即执行汇编返回语句 RETURN，得到如图 4-17 所示的调试结果，此时 PC 指针又回到 CALL 0x641 指令的下一条指令处，即回到堆栈 1 所在的 ROM 地址 066BH。堆栈指针回到 0　　　Empty 。

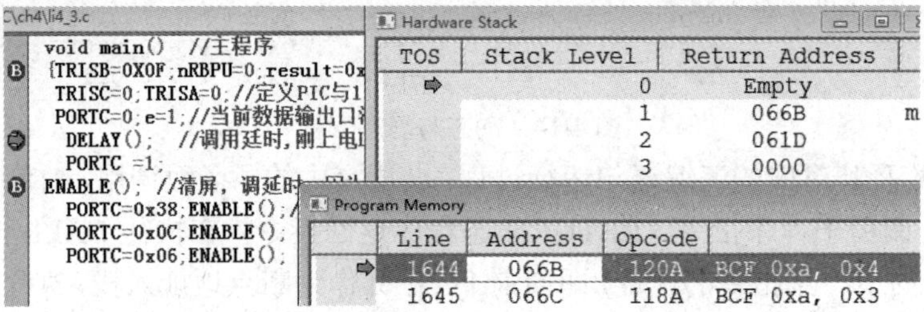

图 4-17　从 DELAY() 函数返回后的堆栈及汇编语句定位

从图 4-15 到图 4-17，完成了一次子程序的调用、断点地址入栈、子程序返回、断点地址出栈的过程。

鼠标回到 PIC\ch4\li4_3.c 窗口，单击 ▷，光标指向 ⏵ ENABLE();，模仿上述过程，自行分析执行 ENABLE() 函数时的子程序的调用、断点地址入栈、子程序返回、断点地址出栈的过程。因为 ENABLE() 函数中内嵌 DELAY() 函数，所以这个过程存在子程序 ENABLE() 调用未返回前再次调用 DELAY() 子程序的过程，将出现 2 个断点地址。

只要子程序存在内嵌子程序，即会出现子程序的嵌套执行，出现多个断点地址，由于

PIC16F877A 的堆栈空间只有 8 级，如图 2-5 所示，因此在编写 C 语言程序时，注意这个问题，假设某个子程序内部逐级内嵌 8 个子程序，将会出现 9 个断点地址，在出现第 9 个断点地址需要入栈时，将会覆盖原来的第 8 个断点地址，造成第 2 次的子程序返回错误，因此编写程序时必须注意这个问题。

（3）利用 MPLAB、Proteus 软件联合调试程序：当程序设计需要较复杂的输入组合、输出信号时，单独用 MPLAB 软件仿真不够直观、方便，加入 Proteus 软件的电路，能够方便进行各种方法的调试，学习程序，或查找程序设计中的错误。

安装 vdmmplab 插件后，单击"Debugger"菜单下的"Settings"，在"IP Address"后面填上"127.0.0.1"，在 "Port Number"后面填上"8000"，其他的采用默认即可。运行 Proteus 的 ISIS，单击菜单"DEBUG"，选中"use romote debuger monitor"。注意，一定要把 MPLAB 的 mcw 的工程等文件和 Proteus 的 DSN 文件放到同一个目录下，并且同时打开需要联合调试的 MPLAB 的工程、Proteus 的电路。

从 MPLAB 软件的 Debugger、Select Tool 选择打开 √ 11 Proteus VSM ，主菜单出现 ● ●，在主程序主循环第一条指令处设断点 ● loop: PORTC=0x80;ENABLE();，单击 ● ● 左边的绿色快捷按钮，出现图 4-18 所示的输出信息，提示连接成功，已经把 MPLAB 中的程序加载到 Proteus 的单片机中，等待下一步动作。

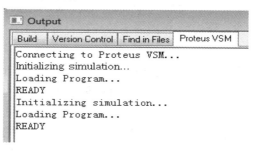

图 4-18　MPLAB、PROTEUS 软件联合调试输出信息

双击去除 ● loop: PORTC=0x80;ENABLE(); 程序处的断点，否则下面的全速运行总会在此句停止，影响调试。

在 ● | result = result | 0x70; 语句处设置断点，此时 watch 窗口显示 075　result　0x00，即初值是 0。

单击 ▶ 键后，到 Proteus 软件中单击键盘中的 键，输入一个有效的按键输入信号，回到 MPLAB 软件，程序指针已经停止在 ● | result = result | 0x70; 处，此时 watch 窗口显示 075　result　0x0E，值改为 0EH，因为 C 键跨在 RB0/RB7 引脚上，当执行 PORTB = 0X7F 时，从 RB7 输出低电平，通过 C 键把低电平读回 RB0。

单击 键，此时 watch 窗口显示 075　result　0x7E ，键值是 7EH，再次单击 键，程序跳转到 ➡ | if(result==0xff)，此时 LCD 上仍然显示 X。

继续单击 键，到 ➡ | switch (result) 语句，执行选择判断，因为当前的 result 的值是 0X7E，单击 后程序直接跳转到 ➡ | case 0x7e: PORTC = TABLE[12];ENABLE1();break; //KC，单击 后，LCD 显示 C。

模仿上述调试方法，调试其他按键，调试过程如果出现 MPLAB 反应迟钝时，退出 MPLAB，重新打开软件。初学者通过以上方法学习程序设计，当有疑问时，建议适当修改程序，观察运行结果，这是一种有效的学习方法。通过以上调试方法还可以查找程序设计中的错误，在后续章节的学习过程中可以使用这种方法。

(4) 从图 4-1 的 RA 端口电路可知，"模拟输入模式"控制端只作用于 RA 口工作在输入模式下，这时需要定义 ADCON1 = 7;，本例的 RA 端口工作在输出模式下，不必定义 ADCON1 = 7;，当程序下载到电路板时会发现 LCD 没有显示，此时在程序初始化处添加 ADCON1 = 7; 后，会发现 LCD 就能够正常显示了，这说明 RA 端口做 I/O 口都需要定义 ADCON1 = 7。

思考练习题

1. 从 PORTA、PORTB、PORTC、PORTD、PORTE 端口内部电路结构说明为什么单片机初始默认端口方向均为输入口？

2. 从 PORTA 端口内部电路结构说明如何将端口方向设置为输出口，如何在设置输出口前提下，输出高电平？设置端口方向为输入口时，对输入通道并没有什么影响，为什么还要设置？如果不设置会有什么后果？执行语句 ADCON1 = 7 的目的是什么？

3. 对于 RA4 端口电路，缺失的 P 沟道场效应管会对电路工作造成什么影响？如何弥补？因此带来的优势又是什么？

4. 从 PORTB 端口内部电路结构说明弱上拉的 P 沟道场效应管的作用，为什么只在做输入通道时才起这个作用？由于该作用，B 端口特别适合用于做什么设计？

5. 从端口内部电路结构说明为什么 A 端口的输出驱动能力强于 B 端口？

6. 从端口内部电路结构说明 PORTA、PORTB、PORTC、PORTD、PORTE 的各自特点，从输出、输入能力方面进行排队，说明哪些端口更适于做输出，哪些端口更适于做输入。

第 5 章　中 断 系 统

　　中断电路及其相应的中断处理程序统称为中断系统，中断系统是单片机的重要组成部分，中断功能的强弱已经成为衡量一种微处理器和微控制器功能是否强大的重要指标之一。

　　中断请求是中断系统的信号来源。比如你正在看电视，这是执行主程序；电话铃声响起，这就是中断请求；如果你接了电话，就是响应中断；打断你看电视这个过程，改为通话过程，就是执行中断程序；接完电话，继续看原来的电视，就是中断返回，执行主程序；如果不接电话，则本次中断请求无效。

　　在你看电视的过程中，可能不仅仅是电话铃声一个中断请求会打断看电视这个主程序，中断请求的来源各种各样，统称中断源。PIC16F87X 的中断源有 14 种，下面先从电路角度学习中断请求信号是如何产生的。

5.1　中 断 逻 辑

　　在图 2-2 所示的 PIC16F877A 单片机的内部结构图中，看不到与中断有关的电路框图，中断电路嵌入在 CPU 以及各个外围功能模块电路中。如图 5-1 所示，当电路的最终输出信

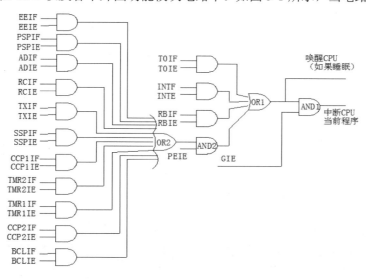

图 5-1　PIC16F87X 中断逻辑图

号"中断 CPU 当前程序"是高电平时，该信号会改变 CPU 按照 PC 指针自动加一执行程序的规律，把 PC 指针的值修改为图 2-5 中的中断矢量 0004H，这个过程伴随着一系列复杂的工作，此处先通过图 5-1 说明什么样的信号会导致"中断 CPU 当前程序"。

5.2 与中断逻辑有关的寄存器

图 5-1 中与门 AND1 的其中一个输入信号是 GIE，即全局中断使能，只有当 GIE = 1(PICC 语言表示方法，置 GIE 为高电平，与汇编语句 BSF INTCON, 7 一样)时，才有可能让与门 AND1 的输出信号"中断 CPU 当前程序"是高电平，产生中断请求信号。GIE 以及图 5-1 中每个输入端，都是图 2-2、图 2-4 中 CPU 和外围功能模块相关电路的内部信号，以特殊功能寄存器的方式表示，方便读写，如表 5-1 所示。本章先学习 INTCON、OPTION_REG，其他寄存器会在后续章节学习。

中断逻辑、与中断逻辑有关的寄存器

表 5-1 与中断功能相关的寄存器

寄存器名称	寄存器符号	寄存器地址	寄存器内容							
			bit7	bit6	bit5	bit4	bit3	bit2	bit1	bit0
选项寄存器	OPTION_REG	81H/181H	$\overline{\text{RBPU}}$	INTEDG	T0CS	T0SE	PSA	PS2	PS1	PS0
中断控制寄存器	INTCON	0BH/8BH/10BH/18BH	GIE	PEIE	T0IE	INTE	RBIE	T0IF	INTF	RBIF
第 1 外设中断标志寄存器	PIR1	0CH	PSPIF	ADIF	RCIF	TXIF	SSPIF	CCP1IF	TMR2IF	TMR1IF
第 1 外设中断屏蔽寄存器	PIE1	8CH	PSPIE	ADIE	RCIE	TXIE	SSPIE	CCP1IE	TMR2IE	TMR1IE
第 2 外设中断标志寄存器	PIR2	0DH	—	—	—	REIF	BCLIF	—	—	CCP2IF
第 2 外设中断屏蔽寄存器	PIE2	8DH	—	—	—	EEIE	BCLIE	—	—	CCP2IE

5.2.1 中断控制寄存器 INTCON

中断控制寄存器 INTCON 是八位特殊功能寄存器，是映射单元。除 bit7 的 GIE 外，bit6~bit0 都是图 5-1 中与或门 OR1 相连的四个与门的输入端，称为第一梯队中断。与或门 OR2 相连的 11 个与门的输入端称为第二梯队中断，其中 PEIE 是第二梯队中断的总使能位，第二梯队中断将从第 7 章开始陆续学习。

以第一梯队中断为例，与门的每对输入端对应一种中断源，在全局中断 GIE 是高电平的前提下，只有和 OR1 相连的任意一个与门输入信号都是高电平时，才有可能让"中断 CPU 当前程序"是高电平，所以首先必须清楚与门输入信号的含义，具体如下：

(1) INTE 和 INTF：外部中断 RB0/INT 使能和外部中断标志，高电平有效。

(2) RBIE 和 RBIF：端口 RB7～RB4 的电平变化中断使能和中断标志位，高电平有效。

(3) T0IE 和 T0IF：定时器/计数器 0 中断使能和中断标志位，高电平有效。

其中(1)、(2)的中断由外部信号及端口 B 的电路产生，将在本章学习，(3)的中断由外部功能电路产生，将在第 6 章学习。

5.2.2 选项寄存器 OPTION_REG

选项寄存器 OPTION_REG 是八位特殊功能寄存器，仅在体 1、3 映射，与中断有关的是 bit6，即 INTEDG，这是与上述外部中断有关的控制位。

1 = 选择 RB0/INT 上升沿触发；

0 = 选择 RB0/INT 下降沿触发。

在学习外部中断 RB0/INT 和端口 RB7～RB4 的电平变化中断之前，必须先学习端口 RB0 和 RB7～RB4 的工作原理。

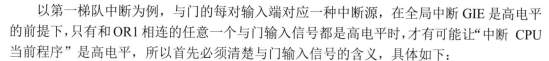

5.3 端口 RB 做中断信号输入时的工作原理

如图 2-2 所示，端口 RB 共有八个引脚，对应八个端口电路，从内部数据总线送出到 RB 端口电路的"1""0"信号，经端口电路后转换为高、低电平信号，从引脚上送出，这个动作称为"输出"；反过来从引脚进来的高、低电平信号经端口电路，转换为"1""0"信号，经内部数据总线送到 CPU 或 RAM 中，这个动作称为"输入"，因此通常把这样的端口电路称为输入/输出通道，简称 I/O 通道。

5.3.1 外部中断输入端 RB0/INT

与外部中断 RB0/INT 有关的端口电路是 RB0，从 I/O 引脚输入的信号经过施密特缓冲器后作为中断信号 INT，如图 5-2 所示。当 INTEDG 使能为"1"时，RB0/INT 上升沿触发，INTF 被置"1"；当 INTEDG 使能为"0"时，RB0/INT 下降沿触发，INTF 被置"1"。如果事先使能 GIE、INTE 是"1"(参看图 5-1)，这时"中断 CPU 当前程序"输出高电平，从电路上中断申请成功。

注意：RB0/INT 符号表明引脚 RB0 第一功能是 I/O 通道，第二功能是外部中断信号入口。

由图 5-2 可见，上述分析仅建立在与 I/O 引脚相连的三态门高阻的前提下，如果当前三态门不是高阻，则三态门的输出电平会把引脚电平钳制在高或低电平上，不可能从 I/O 引脚输入跳变式的外部中断信号。

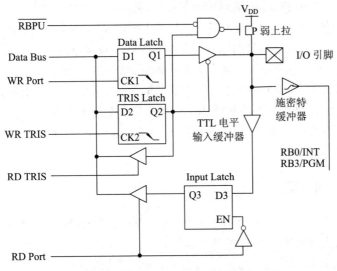

端口 RB 做中断信号
输入时的工作原理

图 5-2　RB0~RB3 端口电路

只要把三态门的控制端置高电平,三态门即处高阻状态。所以方向触发器(TRIS Latch)的输出 Q2 应该是高电平,因此应该从内部总线 DaTa Bus 送"1"给 D2,同时给 CK2 一个下降沿触发信号。这整个过程是对 RB0 端口作输入端定义的一个初始化过程(多功能电路定义其中一个功能),如何实现?

(1) 把图 5-2 视作 RB0 端口电路,因此对应的方向触发器应该是 TRISB0 Latch,TRISB 是定义 RB 端口方向的特殊功能寄存器,如表 5-2 所示。

表 5-2　与 RB 端口相关的寄存器

寄存器名称	寄存器符号	寄存器地址	寄存器内容							
			bit7	bit6	bit5	bit4	bit3	bit2	bit1	bit0
方向寄存器	TRISB	06H/106H	8 位方向控制数据							
数据寄存器	PORTB	05H105H	RB7	RB6	RB5	RB4	RB3	RB2	RB1	RB0

(2) 赋值 TRISB0 = 1(PICC 语言表示方法,置 TRISB0 为高电平,与汇编语句 BSF TRISB, 0 一样),从图 2-2 的内部数据总线 bit0 送"1"到图 5-2 的 D2 端,同时这是一个从 CPU 到端口的数据传送动作,称为"写",在执行该语句时单片机同时产生"写"WR TRIS 控制信号到 CK2 端,高电平有效,在下降沿时,把 D2 端的"1"送 Q2 端,只要不再修改 TRISB0 的值,Q2 一直保持高电平,从而高阻图 5-2 中的三态门。

(3) 赋值 nRBPU = 0(PICC 语言表示方法,置 $\overline{\text{RBPU}}$ 为低电平,与汇编语句 BCF OPTION, 7 一样),同时 Q2 是高电平,使得图 5-2 中的与非门输出高电平,与 I/O 引脚相连的 P 沟道场效应管导通,启用 RB0 端口的弱上拉功能,引脚 RB0 输入上拉。

(4) 做好上述初始化工作后,只要在 RB0/INT 引脚输入跳变信号,内部电路自动置 INTF 为"1",作为中断请求信号向 CPU 申请中断。但是内部电路只能置 INTF 为"1",不能自动清"0",响应中断后,INTF 应该为"0",否则 CPU 会再次响应中断。这个清 0 动作由程序 INTF = 0 完成。

(5) 为避免初始化时，原来已经被置"1"的 INTF 立即申请一次虚假(不是因为 RB0/INT 引脚的输入跳变信号引起)的外部中断，一般都在程序初始化时做一次 INTF 清 0 动作。

综上所述，由图 5-1 和图 5-2 来看，外部中断 RB0/INT 能成功申请中断的初始化设置如下(PICC 语言表示方法)：

```
TRISB0 = 1; nRBPU = 0; INTEDG = 1;    //使能 RB0/INT 引脚输入、上拉功能，上升沿触发
GIE = 1; INTE = 1; INTF = 0;          //使能 CPU、外部中断有效，清中断标志位
```

下面举例说明一个单片机中断系统的工作过程。

【例 5-1】　利用单片机外部中断功能，设计一个生产线计件系统，每计件 24 个，产生一个打包输出信号，高电平有效，设计件有效信号是上跳变信号。

(1) 系统设计思路。

① 利用外部中断系统，每个计件单元经过时产生的上跳变信号都能申请中断。

② 利用某个 RAM 单元做内部计数器，起始值是 0，每次中断都对该单元内容自加一。

③ 如果某次中断时该单元经自加一后当前值是 23，则说明可以输出打包有效信号。

④ 当前值是 23 的这次中断，可以把该单元值清 0，为下一轮计数做准备。

设计电路图如图 5-3 所示，外部中断输入引脚 RB0 外接一个 1 Hz 的时钟源，模拟计件单元的上跳变信号，RC0 外接一只 LED，模拟打包信号，当 LED 亮时，说明输出打包有效信号。

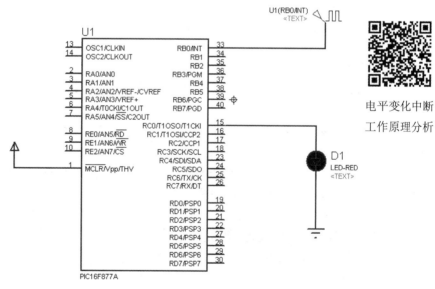

图 5-3　例 5-1 电路图

(2) 程序设计思路。

① 主函数初始化：定义 RB0、RC0 分别为输入、输出端口，启用 RB0 内部弱上拉功能。定义 RC0 初值为 0，打包信号无效。定义变量 X 作为计数器，初值为 0。使能全局中断 GIE 和外部中断 INTE 有效，清外部中断请求信号 INTF。

② 主函数主循环：本部分没有设计内容。

③ 中断程序：变量 X 自加一，判断 X 是否等于 23，若等于 23，则 RC0 置 1，输出打包有效信号，同时 X 清 0，否则，RC0 仍为 0。清中断标志位 INTF。

(3) 设计程序如下：

```
#include<pic.h>
char X;
void interrupt rb()                //中断服务程序，其中 interrupt 是中断函数关键词
{
    X++;                           //计数变量自加一
    if(X == 23){RC0 = 1; X = 0; }  //判断 X 是否等于 23，若等于 23，则 RC0 置 1，X 清 0
    else RC0 = 0;                  //否则，RC0 仍为 0
    INTF = 0;                      //清中断标志位
}
void main()                        //主程序
{   TRISC0 = 0; TRISB0 = 1;        //定义端口方向
    RC0 = 0; X = 0;                //当前数据输出口清 0，计数变量清 0
    nRBPU = 0; INTEDG = 1;         //启用 RB0 内部弱上拉功能，外部中断信号上跳变有效
    GIE = 1; INTE = 1; INTF = 0;
    //使能全局中断 GIE 和外部中断 INTE 有效，清外部中断请求信号 INTF
loop:goto loop;                    //主函数主循环，本部分没有设计内容
}
```

(4) 本例单片机执行中断服务程序的过程。

① 中断请求：当 RB0 引脚输入电路检测到上跳变时，INTF = 1，请求 CPU 执行相应的中断服务程序。

② 中断响应：虽然 INTF = 1，是否得到 CPU 的响应，还要取决于图 5-1 中 AND1 是否输出高电平。因为本例初始化时置 GIE = 1，INTE = 1，所以 AND1 输出高电平。

③ 中断屏蔽：CPU 响应中断后，将被打断的当前程序存储器地址指针 PC 内容保护到堆栈区，如图 2-5 所示。

本例主程序的主循环是 loop:goto loop; ，中断请求会在此处打断主程序的运行，在MPLAB 软件中编译仿真，在 Program Memory 窗口中查得主循环程序处的地址是：

➡ 63　　003E　　283E　GOTO 0x3e 即 PC 指针内容 003EH，存入堆栈 1：

➡ 1　　003E　　main + 0xf，即存入图 2-5 的堆栈区底部单元。

同时，清除全局中断标志位 GIE，程序跳转到中断服务子程序执行，此时 PC 内容自动修改为中断矢量 0004H。

④ 保护现场：在处理新任务时可能破坏原有的工作现场，所以需要对工作现场和环境进行保护。如图 2-2 所示，几个重要的寄存器 W、STATUS、FSR、PCLATH 等被频繁使用，如果在主程序执行过程中它们的数据还没有处理好，则跳转到中断服务程序后也使用这几个寄存器，回到主程序时，它们的内容就被改为中断服务程序执行过程中的内容。所以在从主程序跳转到中断服务程序时应该保护好上述几个寄存器的内容。

在 MPLAB 的 Program Memory 中，本例的保护现场用到如下语句：

Line	Address	Opcode	Disassembly	
1	0000	120A	BCF 0xa, 0x4	//复位矢量 0000H

2	0001	118A	BCF 0xa, 0x3	//页地址清 0
3	0002	2812	GOTO 0x12	//主程序跳转到页 0 的 0012H 处
4	0003	3FFF		
5	0004	00FE	MOVWF 0x7e	//中断矢量 0004H

//开始保护现场，首先保护 W，把 W 内容存 7EH

| 6 | 0005 | 0E03 | SWAPF 0x3, W | |
| 7 | 0006 | 00F1 | MOVWF 0x71 | |

//把 STATUS 内容高低半字节交换后经 W 存入 71H，此时不能用影响 Z、C、DC 等标志位的传送类指令

8	0007	0804	MOVF 0x4, W	
9	0008	00F2	MOVWF 0x72	// 把 FSR 内容经 W 存入 72H
10	0009	080A	MOVF 0xa, W	
11	000A	00F3	MOVWF 0x73	// 把 PCLATH 内容经 W 存入 73H
12	000B	1283	BCF 0x3, 0x5	
13	000C	1303	BCF 0x3, 0x6	//指向体 0，完成现场保护

　　从以上程序看出，现场保护的顺序是 W, STATUS, FSR, PCLATH，把这些寄存器的内容存储到映射单元：7EH, 71H, 72H, 73H。恢复现场时，不用考虑体的问题，反方向进行，把当前体的 73H, 72H, 71H, 7EH 的内容送回 PCLATH, FSR, STATUS, W 中。

　　⑤ 调查中断源：本例只有一个中断源 INTF，无须调查就可以确定执行本例的中断服务程序。PIC 单片机有 14 个中断源，如果都可以申请中断，则 CPU 必须检查本次中断申请的中断源，才能把程序转移到相应的中断服务程序。

　　⑥ 中断处理：执行中断服务程序的过程，本例就是执行 void interrupt rb() 函数的过程。

　　⑦ 清除标志位：处理完相应的中断任务后，必须撤销申请，以免造成重复响应。如本例 void interrupt rb() 函数中的 INTF = 0; 的作用。除了少数中断源的标志位可以在执行完中断任务后自动清 0，绝大多数的中断标志位都要程序清 0。

　　⑧ 恢复现场：恢复前面被保护起来的工作现场，以便继续执行被中断的工作。

39	0026	0873	MOVF 0x73, W	
40	0027	008A	MOVWF 0xa	//恢复 PCLATH
41	0028	0872	MOVF 0x72, W	
42	0029	0084	MOVWF 0x4	//恢复 FSR
43	002A	0E71	SWAPF 0x71, W	
44	002B	0083	MOVWF 0x3	//恢复 STATUS
45	002C	0EFE	SWAPF 0x7e, F	
46	002D	0E7E	SWAPF 0x7e, W	//恢复 W

　　⑨ 中断返回：将被打断的工作点，即前述进入堆栈的 PC 内容找回来，把全局中断 GIE 使能为 1，继续执行原先被打断的工作。

| 47 | 002E | 0009 | RETFIE | |

//中断返回指令，先前入栈 PC 内容 003EH 找回来，同时 GIE 置 1

(5) 在 Proteus 中的仿真方法。

经过 MPLAB 软件编译后，会产生一个 .COF 的文件，在 Proteus 软件界面的单片机图标上右键导入该文件，可以在 Proteus 软件进行形象生动的仿真。

如图 5-4 所示，在 C 文件的主函数、中断服务函数内设置三个断点，单击连续运行按钮 🏃，程序停止在主函数内的断点，单击单步运行按钮 🔀，观察 PIC CPU Registers - U1 窗口中各寄存器的值的变化过程。注意，此时 INTCON: 145 $91 %10010001，次低位 INTF = 0，中断请求信号无效，此时最高位全局中断 GIE 还是 1。

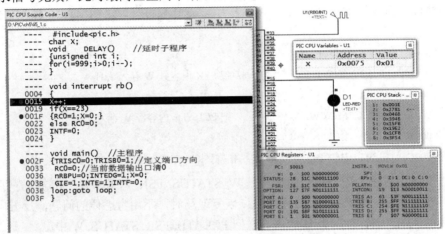

图 5-4　例 5-1 在 Proteus 软件中的仿真

由于 RB0 引脚外接一个 1 Hz 时钟做计件模拟信号，很快就有一个有效的上跳变信号输入 RB0。

单击连续运行按钮 🏃，当程序停止在图 5-4 的中断服务函数第一个断点处时，CPU 进入中断服务程序，观察图中 INTCON 寄存器的值，最高位 GIE 改为 0，屏蔽其他中断请求。单击单步运行按钮 🔀，执行中断服务程序，观察 PIC CPU Registers - U1 及 PIC CPU Variables - U1，可以看到 INTCON 寄存器、X 值的变化。

继续单击单步运行按钮 🔀，程序从中断返回到主函数的主循环处，观察 PIC CPU Stack 窗口，其中 0X003E 就是前述的断点地址。

经过单步执行，观察到寄存器的变化情况后，直接单击连续运行按钮 🏃，每单击一次，程序都会停留在中断服务函数第一个断点处，PIC CPU Variables - U1 窗口的 X 值自加一一次。连续单击连续运行按钮 🏃，或者利用按钮 🔀 清除掉中断服务函数第一个断点后，单击连续运行按钮 🏃，当程序停留在图 5-4 中断服务函数第二个断点处时，改为单击单步运行按钮 🔀，观察到图中 ⬤ 亮，输出高电平的打包信号。

重复以上过程，可以看到 LED 只有在 X = 23 的那个中断周期才会亮，其他中断周期都是灭的。通过仿真计数，发现只要有 23 个上跳变信号即可输出打包有效信号，分析语句 "if(X == 23){RC0 = 1; X = 0; }//判断 X 是否等于 23，若等于 23，则 RC0 置 1，X 清 0"，发现在 X = 23 的那个中断周期，把 X 置 0 后，下一个中断 X = 1，因此 X = 23 和 X = 0 同在一个中断周期，造成计数值比预计值少了 1 的结果，修改语句 "if(X == 24){RC0 = 1; X = 0; }//判断 X 是否等于 24，若等于 24，则 RC0

例 5-1 软件仿真
分析中断过程

置 1，X 清 0"，使得 24 和 0 在一个中断周期，1～23 各自独立一个中断周期即可。这就像数字电路中的计数器，模是 24，在输出为 24 时计数值立刻清 0，进位信号置 1，其他时刻置 0。通过修改中断服务程序中 if(X == 23) 的值的大小，修改这个计数器的模。

5.3.2　电平变化中断输入端 RB4～RB7

端口 RB 做中断信号输入时的工作原理：电平变化中断输入端 RB4～RB7：A

　　与电平变化中断有关的端口电路是 RB4～RB7(如图 5-5 所示)，从 I/O 引脚输入的信号经过 TTL 缓冲器后，进入 Input Latch 和 Level Latch 两个锁存器，输入信号不能直接作为中断请求信号，这里的电平变化的含义是：当前的电平 QA 和以往的电平 QB 不同，因此异或门 Gb 输出为"1"，后续的或门 Gd 也输出"1"，直接置 Gd 门左边的 D 触发器的 Q 为"1"，即 RBIF 被置"1"。如果事先使能 GIE、RBIE 是"1"，参看图 5-1，这时"中断 CPU 当前程序"输出高电平，从电路上中断申请成功。

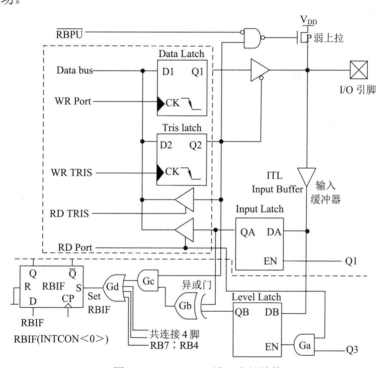

图 5-5　RB4～RB7 端口内部结构

　　"当前的电平 QA 和以往的电平 QB"是这个中断的根源，这里"当前"和"以往"是怎么定义的呢？Input Latch 的 EN 端外接 Q1，即单片机指令周期的第一个时钟周期(如图 3-1 所示)，Level Latch 的 EN 端外接与门 Ga，Ga 的输入信号分别是 Q3(即单片机指令周期的第三个时钟周期)和读端口信号 RD PORT。

　　由于单片机的时钟周期 Q1 持续存在，作为 QA 的 EN 信号，Q1 可以视作 I/O 引脚电平的取样周期，每个 Q1 都可以对 I/O 引脚电平进行一次取样，存储在 QA 上，因此 QA 有实时的概念，是当前的引脚电平。

　　虽然 Q3 和 Q1 一样持续存在,但是 Level Latch 的 EN 还受读端口信号 RD PORT 控制,所以 QB 的取样周期是在读端口信号和 Q3 同时有效时。读端口信号需要在执行读端口指令时才会产生,如执行指令 RB4 = RB4 时,会在 RB4 的 I/O 引脚电路产生读端口信号。因此不执行这样的指令时,QB 就不可能像 QA 一样每个指令周期都更新一次,QB 电平就是以往电平,是最近一次执行读端口指令时的 I/O 电平。

　　所以图 5-5 通过 Input Latch 和 Level Latch 两个锁存器区分出同一个 I/O 引脚电平的前后变化,QB 在前,QA 在后,体现 QB 在前的关键是:必须读一次端口电平。

　　综上所述,结合外部中断的设计思路,从图 5-1 和图 5-5 来看,电平变化中断能成功申请中断的初始化设置如下(以 RB4 为例):

TRISB4 = 1; nRBPU = 0;	//使能 RB4 引脚输入、上拉功能
RB4 = RB4;	//读端口电平,锁存 QB
GIE = 1; RBIE = 1; RBIF = 0;	//使能 CPU、电平变化中断有效,清中断标志位

　　从中断服务程序返回时,需要清中断标志位 RBIF,直接清"0"不能真正把 RBIF 置"0"。如图 5-5 所示,D 触发器的 S 端由于电平变化被置"1"后,输出 Q 直接被置"1",此后若把 D 端清"0",并不能改变 Q 的输出。只有把 S 端清"0"后,D 触发器的输出 Q 才能被清"0"。因此必须再读一次端口 RB4 = RB4; 使得 QB 电平和 QA 电平相同,S 端才能清"0",然后再执行 RBIF = 0; 语句,使得 D 触发器的输出 Q 为"0",完成中断标志位的清除。

　　【例 5-2】 利用单片机电平变化中断功能,设计一个生产线计件系统,每计件 24 个,产生一个打包输出信号,高电平有效,设计件有效信号是电平变化信号。

　　设计思路与例 5-1 相似,把图 5-3 中 RB0 与外接信号源的连线改为 RB4 即可,设计程序如下:

```
#include<pic.h>
char X;
void interrupt rb()
{   X++;
    if(X == 24)
    {RC0 = 1; X = 0; }                          例 5-2 设计分析
    else RC0 = 0;
    RB4 = RB4; RBIF = 0;       //先读端口,后清中断标志位
}
void main()                    //主程序
{   TRISC0 = 0; TRISB4 = 1;    //定义端口方向
    RC0 = 0;                   //当前数据输出口清 0
    nRBPU = 0; X = 0;
    RB4 = RB4;                 //锁存当前电平到 QB, 此时 QA 与 QB 相同
    GIE = 1; RBIE = 1; RBIF = 0;
loop:goto loop;
}
```

5.4　外部中断与电平变化中断的区别

外部中断与电平变化中断的区别主要体现在以下几点：

(1) 外部中断信号来自 RB0 引脚输入的上或下跳变，电平变化中断信号来自 RB4～RB7 引脚输入的电平从高到低或从低到高的变化。比较例 5-1 和例 5-2 可见，要使打包信号 RC0 = 1，对例 5-1 而言，RB0 引脚需从信号源获得 24 个上跳变，即 24 个完整的时钟，对例 5-2 而言，RB4 引脚需从信号源获得 24 次电平变化，即 12 个完整的时钟。

外部、电平变化
中断区别

(2) 外部中断信号源必须是跳变信号，对信号边沿有要求，因此图 5-2 输入通道的第二功能电路 RB0/INT 经过了一个施密特电路。电平变化中断不对信号边沿做要求，因此图 5-5 输入通道没有施密特电路。

(3) 对于电平变化中断来说，前后两次的电平变化时间与中断服务程序的执行时间是有关系的。例 5-2 的信号源是 1 Hz，前后两次电平变化时间间隔是 1 s，设单片机晶振是 4 MHz，中断服务程序执行时间可以测得是 47 μs，远小于信号电平的变化时间，因此每次电平变化都可以作为中断请求信号。

设想一下，如果中断信号只有一段时间间隔为毫秒级的两次电平变化过程，而中断服务程序的执行时间远大于这个时间间隔，那么第一次的电平变化能申请到中断，进入中断服务程序后，第二次的电平变化在中断未返回前又发生了，如果在中断服务程序结束前清中断标志位 RBIF，那么第二次的电平变化其实被忽视了。

电平变化中断信号的输入引脚是 RB4～RB7，中断请求信号只有 RBIF，如图 5-5 所示。利用或门 Gd，把四个输入端口电路的电平变化信号合并为一个输出信号 set RBIF，只要其中一个电路发生输入信号的电平变化，都会通过 set　RBIF 置 D 触发器的输出 Q 为"1"。因此，两个或两个以上的电平信号同时发生变化，也只能申请同一次中断。哪怕中断是其中一个电路申请的，在中断服务程序中也要判断是 RB4～RB7 中的哪一个。

从表 2-3 可知，上电复位和欠压复位后，INTCON 除 bit0 未知外，其余各位都是 0，单片机默认与中断有关的使能位无效，bit0 是 RBIF，必须对图 5-5 的 QA、QB 进行电平锁存，令它们相等后才能清标志位，因此初始化时，不使能的中断可以不必一一清标志位，但 RBIF 可能是 1。休眠中断唤醒、看门狗溢出时，INTCON 值保持不变。

5.5　中断应用设计

当两个或以上的中断源都使能，且只有一个申请中断时，图 5-1 的 AND1 输出"中断 CPU 当前程序"是高电平，不能告诉 CPU 是哪个中断源引起的。因此，进入中断服务程序后，必须通过判断当前为高电平的中断标志位是哪个，来执行相应的程序。

中断应用设计：A

两个或以上的中断源同时申请中断时，中断服务程序还必须体现执行的优先顺序，即中断源的优先权，先执行的优先权高。大多数的单片机能通过初始化做优先权设定，PIC16F87X 单片机的 14 个中断源只能通过中断服务程序的编写来设定。

【例 5-3】 利用外部中断和电平变化中断设计一个四路抢答器，其中外部中断 RB0 外接按键为主持人，电平变化中断 RB4～RB7 分别外接四个按键：A 队、B 队、C 队、D 队。每次主持人出题后，开放抢答，每题只有一次抢答机会，若无人抢答，则主持人可以继续出题。电路如图 5-6 所示，主持人有一个开放抢答指示灯，灯亮才能抢答，每个队伍都有一个抢答指示灯，灯亮表示抢答有效，每次有效的按键动作，都会从 SOUNDER 发出提示音。

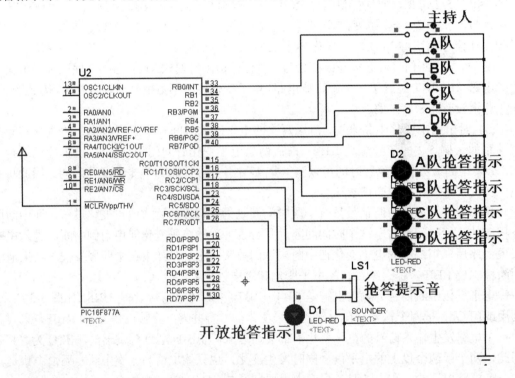

图 5-6 例 5-3 四路抢答器电路图

(1) 设计思路。

① 两个中断源中，主持人有绝对优先权，四个队伍只能在主持人开放抢答后执行一次有效中断，除此之外的中断不能执行任何动作。

② 设置变量 x 作为标志位，初始值为 1，当主持人开放抢答时，置 x = 0，第一个有效抢答中断时置 x = 1。以后的队伍抢答中断中如果发现 x = 1，则本次中断不做任何与抢答成功有关的动作。

③ 只有等待主持人再次将 x 置 0，队伍才能抢答成功。

④ 每次队伍的抢答中断，都必须判断是哪个队伍。

⑤ 用按键作为队伍抢答输入，每次的按键动作都会产生一次以上的电平变化，由于本设计只承认第一次的电平变化是有效的中断，因此，不必考虑第一次之后的中断处理问题，只要进入中断，发现 x = 1，马上清中断标志位，返回。

设计流程图如图 5-7 所示，程序设计基本分为三大块，即主程序的初始化、主循环和中断，按照流程图进行程序设计。图 5-7 中中断服务程序先判断外部中断标志位，因此它的中断优先权比电平变化中断高。

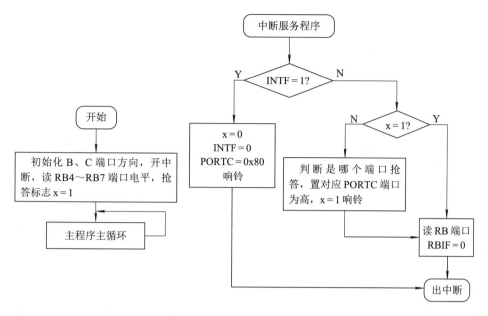

图 5-7　四路抢答器流程图

本设计可以分两个层次进行，先设计总的程序框架，包括主程序(初始化、主循环)和中断服务程序，不包含发声程序部分，待本部分程序完成后，在中断服务程序中添加发声程序部分。

(2) 程序框架设计。总的程序框架设计如下：

中断应用设计：B

```
#include<pic.h>
char x, y;
void interrupt int_rb()
{
    if(INTF == 1){x = 0; PORTC = 0X80; INTF = 0; }        //优先判断外部中断标志位
    else                        //如果不是 INTF = 1，则一定是 RBIF = 1，因此此处不用判断
    {
        if(x == 0)        //如果抢答成功，则判断是哪个队伍
        {   x = 1; y = y^PORTB;
            if(y == 0x80){PORTC = 0X08; };
            if(y == 0x40){PORTC = 0X04; };
            if(y == 0x20){PORTC = 0X02; };
            if(y == 0x10){PORTC = 0X01; };
        };
        y = PORTB; RBIF = 0;        //如果 x = 1，则已经抢答过，直接出中断
    }
}
```

```
main()
{
    TRISC = 0; PORTC = 0; TRISB = 0XFF; nRBPU = 0; INTEDG = 1;
    x = 1;
    GIE = 1; INTE = 1; RBIE = 1; INTF = 0;
    y = PORTB; RBIF = 0;   //读 RB 端口电平，只要有输入动作，即是读端口
    while(1);
}
```

其中 x 的作用是使得 RB 电平变化中断程序不能连续被执行两次，在执行完第一次中断程序后，因为 x 被置 1，哪怕单片机执行了连续的第二次 RB 中断，进入中断服务程序后因为 x 为 1，马上出中断。

以上程序判断是哪个队伍申请的电平变化中断，用到了两条关键语句：主程序中的 y = PORTB; 以及中断程序中的 y = y^PORTB; 。在初始化时把当前 RB4～RB7 的电平通过前一条语句存储在 y 的 bit4～bit7，进入中断后，一定是其中某个端口电平与 y 中不同，通过 y^PORTB，把以前的端口电平和当前的端口电平异或，结果存入 y 中，只要判断 y 的某位为 1，就能找到发生电平变化的那个端口。

(3) 发声程序设计。利用单片机的 I/O 口直接驱动蜂鸣器发声，是一种简单经济的设计方法。蜂鸣器必须用方波信号驱动，方波频率越低，发出的声音越低沉，频率越高，音调越高。如果设计几组不同的方波信号，连续驱动蜂鸣器，则可以发出各种音调组合，甚至可以发出一些简单的歌曲。

下面的程序就是一个蜂鸣器发声程序，设计 delay1()～delay4()四种不同的延时程序，其中 i1 越大，延时时间越长。sound_delay()是发声子程序，RC6 =! RC6; delay1(); 表示用 RC6 驱动蜂鸣器，每延时 delay1();，RC6 取反一次，因此 for(i = 300; i > 0; i--){RC6 =! RC6; delay1(); 表示循环执行 300 次上述的取反动作，即从 RC6 引脚发出两倍的 delay1(); 为周期的方波信号共计 150 个。因此，整个 sound_delay()发声子程序连续发出四种不同的方波信号，分别是 150、150、50、50，调整 i 的值能调整每个音的持续时间长度，从而调整整个音调组合。

```
#include<pic.h>
void delay1()      //软件延时子程序
{  char i1, i2;
   for(i1 = 3; i1 > 0; i1--){for(i2 = 0x19; i2 > 0; i2--); }; }
void delay2()      //软件延时子程序
{  char i1, i2;
   for(i1 = 15; i1 > 0; i1--){for(i2 = 0x19; i2 > 0; i2--); }; }
void delay3()      //软件延时子程序
{  char i1, i2;
   for(i1 = 7; i1 > 0; i1--){for(i2 = 0x19; i2 > 0; i2--); }; }
void delay4()      //软件延时子程序
```

```
{   char i1, i2;
    for(i1 = 11; i1 > 0; i1--){for(i2 = 0x19; i2 > 0; i2--); }; }
void sound_delay()        //发声子程序
{   unsigned int i;
    for(i = 300; i > 0; i--){RC6 =! RC6; delay1(); };
    for(i = 300; i > 0; i--){RC6 =! RC6; delay3(); };
    for(i = 100; i > 0; i--){RC6 =! RC6; delay2(); };
    for(i = 100; i > 0; i--){RC6 =! RC6; delay4(); };
}
main()
{
    TRISC = 0;
    while(1)sound_delay();
}
```

（4）总程序设计。把发声程序作为子程序添加到总的程序中，在主持人中断中添加一次 sound_delay()，在四个队伍抢答有效的程序部分添加三次 sound_delay()，即可完成总体的设计，实现四路抢答器的总体功能。

```
#include<pic.h>
__CONFIG(0xFF29);
char x, y;
void delay1()      //软件延时子程序
{   char i1, i2;
    for(i1 = 3; i1 > 0; i1--){for(i2 = 0x19; i2 > 0; i2--); }; }
void delay2()      //软件延时子程序
{   char i1, i2;
    for(i1 = 15; i1 > 0; i1--){for(i2 = 0x19; i2 > 0; i2--); }; }
void delay3()      //软件延时子程序
{   char i1, i2;
    for(i1 = 7; i1 > 0; i1--){for(i2 = 0x19; i2 > 0; i2--); }; }
void delay4()      //软件延时子程序
{   char i1, i2;
    for(i1 = 11; i1 > 0; i1--){for(i2 = 0x19; i2>0; i2--); }; }
void sound_delay()     //发声子程序
{   unsigned int i;
    for(i = 300; i > 0; i--){RC6 =! RC6; delay1(); };
    for(i = 300; i > 0; i--){RC6 =! RC6; delay3(); };
    for(i = 100; i > 0; i--){RC6 =! RC6; delay2(); };
    for(i = 100; i > 0; i--){RC6 =! RC6; delay4(); };
}
```

```
void interrupt int_rb()
{
    if(INTF == 1){x = 0; PORTC = 0X80;        sound_delay(); INTF = 0; }
    else
    {
        if(x == 0)
        {   y = y^PORTB; x = 1;
            if(y == 0x80){PORTC = 0X08; };
            if(y == 0x40){PORTC = 0X04; };
            if(y == 0x20){PORTC = 0X02; };
            if(y == 0x10){PORTC = 0X01; };
            sound_delay();   sound_delay();   sound_delay(); };
        y=PORTB; RBIF=0;
    }
}
main()
{
    TRISC = 0; PORTC = 0; TRISB = 0XFF; nRBPU = 0; INTEDG = 1;
    x = 1;
    GIE = 1; INTE = 1; RBIE = 1; INTF = 0;
    y = PORTB; RBIF = 0;
    while(1);
}
```

以上程序代码经过 MPLAB 软件编译后，提示占用了 447 个 ROM 单元，占用率为 5.5%。

(5) 优化书写程序中的四个延时程序。对于 PIC16F877A 单片机而言，一共只有 8K 个 ROM，理论上只能加载不超过 8K 条汇编语句，因此编写程序时，ROM 的占用率越低，能书写的程序代码越多，单片机能实现的功能越强。

为了减少程序代码在 ROM 中占用单元的个数，对以上程序代码，尤其是四个延时程序进行了优化。经过修改后，以下程序代码只占用了 347 个 ROM 单元，占用率为 4.2%。

```
#include<pic.h>
__CONFIG(0xFF29);
char x, y, z;
void delay1()                //1 ms 软件延时子程序
{   char i1, i2;
    for(i1 = z; i1 > 0; i1--){for(i2 = 0x19; i2 > 0; i2--); }; }
void sound_delay()           //发声子程序
{   unsigned int i;
    for(i = 300; i > 0; i--){RC6 =! RC6; z = 3; delay1(); };
    for(i = 300; i > 0; i--){RC6 =! RC6; z = 15; delay1(); };
```

```
        for(i = 100; i > 0; i--){RC6 =! RC6; z = 7; delay1(); };
        for(i = 100; i > 0; i--){RC6 =! RC6; z = 11; delay1(); };
    }
    void interrupt int_rb()
    {
        if(INTF == 1){x = 0; PORTC = 0X80; sound_delay(); INTF = 0; }
        else
        {
            if(x == 0)
            {   y = y^PORTB; x = 1;
                if(y == 0x80){PORTC = 0X08; };
                if(y == 0x40){PORTC = 0X04; };
                if(y == 0x20){PORTC = 0X02; };
                if(y == 0x10){PORTC = 0X01; };
                sound_delay(); sound_delay(); sound_delay();
            };
            y = PORTB; RBIF = 0;
        }
    }
    main()
    {
        TRISC = 0; PORTC = 0; TRISB = 0XFF; nRBPU = 0; INTEDG = 1;
        x = 1;
        GIE = 1; INTE = 1; RBIE = 1; INTF = 0;
        y = PORTB; RBIF = 0;
        while(1);
    }
```

其中三个 sound_delay(); 不做修改，如果改用 for 语句循环执行三次 sound_delay(); ，则反而使得程序占用的 ROM 从原来的 347 单元增加到 355 单元，因为一个 sound_delay(); 对应的汇编语句就是用两条汇编语句修改当前的 PCLATH<4:3>到子程序所在的 ROM 页，执行一条汇编 CALL 子指令。

书写程序时，除了应该考虑程序代码在 ROM 中的占用率，还应该考虑程序运行的效率，上述的 sound_delay(); 每执行一次，相当于一次子程序调用，它的内部还包含了 delay1(); 子函数，因此 CPU 每执行一次子函数，就要完成断点地址入栈、PC 指针转移、子程序执行、子程序返回、断点地址出栈及 PC 指针回到断点地址处的动作。因此，把某些功能写成子函数，虽然程序的可读性增强，但是降低了 CPU 的运行效率，只有把那些可能被重复执行的程序功能写成子函数才是有意义的，虽然会降低 CPU 的运行效率，但是可以节省程序代码在 ROM 中的占用率。

(6) 更低的代码占用率。以下代码占用了 308 个 ROM 单元，占用率为 3.8%，读者可自行理解。

```c
#include<pic.h>
__CONFIG(0xFF29);
char x, y;
void delay1ms()        //1 ms 软件延时子程序
{   char i1, i2;
    for(i1 = 3; i1 > 0; i1--){for(i2 = 0x19; i2 > 0; i2--); }; }
void delayms()         //软件延时子程序
{   char i1, i2;
    for(i1 = 2; i1 > 0; i1--){for(i2 = 0x18; i2 > 0; i2--); }; }
void sound_delay()          //发声子程序，2 个不同频率的方波信号交替从 RC6 输出
{   unsigned int i, j;
    for(i = 300; i > 0; i--){RC6 =! RC6; delay1ms(); };
    for(i = 100; i > 0; i--){RC6 =! RC6; delayms(); };
}
void interrupt int_serve()      //中断服务程序
{
    if(INTF == 1)        //优先判断外部中断标志位
    {PORTC = 0B10000000; INTF = 0; x = 0; sound_delay(); } //执行外部中断程序
    else{
        {if(x == 1)goto exit; }      //如果不是 INTF = 1，则一定是 RBIF = 1，因此此处不用判断
        //直接执行电平变化中断程序，如果 x=1，则表示已经抢答过，直接经 exit 出中断
        {   x = 1; y = y^PORTB;                //如果抢答成功，则置 x = 1，判断是哪个队伍
            if (y == 0x80) PORTC = 0B00001000;    //是 RB7 端口电平发生变化吗
            if (y == 0x40) PORTC = 0B00000100;    //是 RB6 端口电平发生变化吗
            if (y == 0x20) PORTC = 0B00000010;    //是 RB5 端口电平发生变化吗
            if (y == 0x10) PORTC = 0B00000001; };  //是 RB4 端口电平发生变化吗
        {   char i1;
            for(i1 = 8; i1 > 0; i1--)sound_delay(); }      //重复发声
        exit:y = PORTB;                      //读 RB 端口电平
        RBIF = 0;                           //清中断标志位
    }
}
main()                                      //主程序
{   TRISC = 0; TRISB = 0XFF; OPTION_REG = 0X40;   //启用 RB 口弱上拉功能
    PORTC = 0; x = 1;
    GIE = 1; RBIE = 1; INTE = 1;                    //初始化
    y = PORTB;          //读 RB 端口电平，只要有输入动作，即是读端口，此处把端口电平存变量
                        //y 中，用于中断时判断是哪个端口引起的电平变化
    RBIF = 0; INTF = 0;                             //清中断标志位
```

```
        while(1);
    }
```

扫码观看仿真分析方法。

扫码观看：例 5-3 程序的中断及调用子程序的过程，并利用仿真软件对其进行说明，视频中包含测试延时子函数的延时时间的方法。

中断应用设计：C

从例 5-3 的中断程序学习单片机在中断时调子程序，PC 指针的变化过程

5.6 单片机的睡眠及中断唤醒

执行 SLEEP(); 能让单片机进入睡眠状态，如图 2-10(a)所示。执行睡眠指令后，图 2-10(a)中三态门高阻，振荡器电路失去能量来源，$f_{osc} = 0$ Hz，单片机进入低功耗模式，即处于睡眠状态，此时电路电流仅 1 μA。

进入睡眠模式的目的是降低单片机的功耗，特别是用电池供电的应用场合，尤其重要。在应用程序设计时，如果单片机进入空闲状态，就可以进入睡眠模式，但是不是所有的设计都可以进入睡眠模式，判断标准就是有没有能唤醒睡眠模式的中断源，这样的中断源可以在 $f_{osc} = 0$ Hz 时产生中断请求信号。

外部中断 RB0 的中断电路，只要在初始化时使能了有关中断标志位及 RB0 端口方向等，接下来单片机等待外部跳变信号到来，就可以申请中断，这样的中断源可以唤醒睡眠中的单片机。

电平变化中断 RB4～RB7 的中断电路在初始化后，只要 QA 不等于之前锁存的 QB，就可以申请中断，这样的过程完全由中断电路完成，也是可以唤醒睡眠中的单片机的中断源。

下面用例 5-3 来说明如何在应用系统中加入睡眠功能，学习单片机被中断唤醒的过程。PICC 中用 SLEEP(); 函数表示汇编语句 SLEEP。

把主函数 main()的最后一句 while(1); }修改成 while(1)SLEEP(); }，即单片机复位后开始执行主函数的初始化部分，完成后就在上述语句进行主循环，等待主持人的外部中断或队伍的电平变化中断，这时单片机处在等待休闲状态，可以进入睡眠，所以修改后主循环部分一直处于睡眠状态。只要两个中断源中任意一个申请中断，单片机立刻被唤醒，从主循环处进入中断服务程序执行，返回主循环后，又遇到睡眠指令，单片机又进入睡眠状态。如此循环往复，有中断即醒来，执行中断程序后又睡眠。从使用者的角度，丝毫感觉不到单片机曾经睡眠过，这才是睡眠功能的正确应用。

可见睡眠指令一般添加在程序的主循环部分，而在设计单片机的应用程序时必须有一个无限循环的主循环，各个应用系统设计的各功能一般都以中断的方式实现，有时候称为任务，如例 5-3 的主持人任务和队伍的任务，没有任务请求时，单片机睡眠，有任务请求时单片机处理该任务，因此中断源越多的单片机性能越好。接下来的每一章，都是一个单片机外围功能模块，也是一个中断源，学习的方法与本章类似：学习模块电路功能，知道如何中断，如何进行应用系统设计。

单片机的睡眠
及中断唤醒

第 4 章的例 4-2 中，1×4 的键盘 K0～K3 连接在 RB0～RB3 上，利用主循环扫描的方式扫描键值，这种设计方法的缺陷是单片机不能睡眠，为了扫描键盘，主循环一刻都不能停止，不利于用电池供电场合的应用。

【例 5-4】把例 4-2 的键盘扫描改为中断，1×4 的键盘 K0～K3 连接在 RB4～RB7 上，利用电平变化中断方式扫描键值，只要键值发生电平变化，即刻申请中断，进入中断服务程序再查找具体是哪个按键发生键值变化。电路如图 5-8 所示，主循环中只有一条睡眠指令，实现低功耗设计的目的。

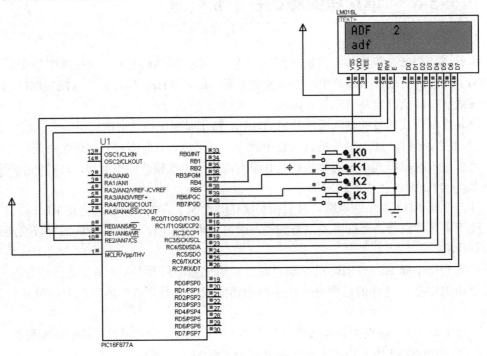

图 5-8　电平变化中断方式的 1×4 键盘电路

程序如下：

```
/********************

RS EQU 1            ;LCD 寄存器选择信号脚定义在 RE0 脚

RW EQU 2            ;LCD 读/写信号脚定义在 RE1 脚

E   EQU 3           ;LCD 片选信号脚定义在 RE2 脚

********************/

#include<pic.h>
```

```
__CONFIG(0xFF29);
static volatile char TABLE[16] = {0x30, 0x31, 0x32, 0x33, 0x34, 0x35,
0x36, 0x37, 0x38, 0x39, 0x41, 0x42, 0x43, 0x44, 0x45, 0x46};
char adh, adl, a, b, result;
void   DELAY()                    //延时子程序
{unsigned int i; for(i = 999; i > 0; i--); }
void ENABLE()                     //写入控制命令的子程序
{ RE0 = 0; RE1 = 0; RE2 = 0;   DELAY();   RE2 = 1; }
void ENABLE1()                    //写入字的子程序
{ RE0 = 1; RE1 = 0; RE2 = 0; DELAY(); RE2 = 1; }
void interrupt rb0()
{
    PORTC = 0x86; ENABLE();
    if (RB4 == 0)                 //判断 B0 是否按下
        result = 0x1;
    if (RB5 == 0)                 //判断 B1 是否按下
        result = 0x2;
    if (RB6 == 0)                 //判断 B2 是否按下
        result = 0x3;
    if (RB7 == 0)                 //判断 B3 是否按下
        result = 0x4;
    switch (result)              //根据 X 值的不同，跳转到相应的部分处理
    {
        case 0x1:      PORTC = TABLE[0]; ENABLE1(); break;   //B0
        case 0x2:      PORTC = TABLE[1]; ENABLE1(); break;   //B1
        case 0x3:      PORTC = TABLE[2]; ENABLE1(); break;   //B2
        case 0x4:      PORTC = TABLE[3]; ENABLE1(); break;   //B3
        case 0x8:      PORTC = 'X'; ENABLE1(); break;        //无键按下
    }
    PORTB = PORTB; RBIF = 0;
}
void main() //主程序
{ TRISB = 0XFF; nRBPU = 0; result = 8;
  TRISC = 0; TRISE = 0; ADCON1 = 7; GIE = 1; RBIE = 1; PORTB = PORTB; RBIF = 0;
  //定义 PIC 与 1602LCD 的数据驱动接口 PORTC 和命令控制接口 PORTE 为输出口
  PORTC = 0; RE2 = 1;                //当前数据输出口清 0
  DELAY();                           //调用延时，刚上电 LCD 复位不一定有 PIC 快
  PORTC = 1; ENABLE();               //清屏，调延时，因为 LCD 是慢速器件
  PORTC = 0x38; ENABLE();            //8 位 2 行 5×7 点阵
```

```
    PORTC = 0x0C; ENABLE();        //显示器开、光标开、闪烁开
    PORTC = 0x06; ENABLE();        //文字不动，光标自动右移
    PORTC = 0x80; ENABLE();        //光标指向第 1 行的位置
    PORTC = 'A'; ENABLE1();        //第一个字符"A"送 PORTC 显示
    PORTC = 'D'; ENABLE1();        //第二个字符"D"送 PORTC 显示
    PORTC = 0x46; ENABLE1();       //第三个字符"F"送 PORTC 显示
    PORTC = 0xC0; ENABLE();        //光标指向第 2 行的位置
    PORTC = 'a'; ENABLE1();        //第一个字符"a"送 PORTC 显示
    PORTC = 'd'; ENABLE1();        //第二个字符"d"送 PORTC 显示
    PORTC = 0x66; ENABLE1();       //第三个字符"f"送 PORTC 显示
loop:SLEEP();
    goto loop;
}
```

例 5-5

【例 5-5】 把例 4-3 4×4 键盘和 LCD 显示设计改为 RB4～RB7 电平变化中断方式，电路如图 5-9 所示，相应的程序如下。凡是下载与 RB7、RB6 有关的程序，程序下载到单片机后都要断开调试器与电路板的连线。

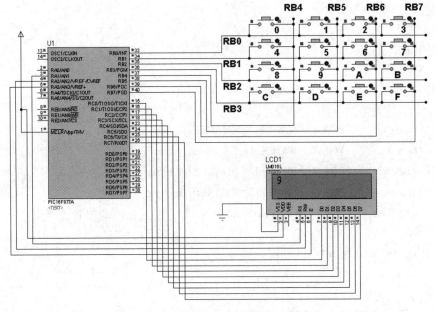

图 5-9 RB4～RB7 电平变化中断方式的 4×4 键盘和 LCD 显示

```
//矩阵键盘显示设计，利用 RB4～RB7 电平变化中断做矩阵键盘设计
//按下哪个按键，液晶显示哪个按键值
#include<pic.h>
char y, x, z, a;
static volatile char table[16] = {0x30, 0x31, 0x32, 0x33, 0x34, 0x35,
0x36, 0x37, 0x38, 0x39, 0x41, 0x42, 0x43, 0x44, 0x45, 0x46};
```

```
void DELAY()
{unsigned int i; for(i = 999; i > 0; i--); }
void DELAY1()
{unsigned int i; for(i = 99; i > 0; i--); }
void ENABLE()                    //写入控制命令的子程序
{ RA1 = 0; RA2 = 0; RA3 = 0; DELAY(); RA3 = 1; }
void ENABLE1()                   //写入字的子程序
{ RA1 = 1; RA2 = 0; RA3 = 0; DELAY(); RA3 = 1; }
void interrupt usart_seve()
{    PORTC = 0x80; ENABLE();      //光标指向第 1 行的位置
     y=y^PORTB;                   //判断列线
     TRISB = 0X0F;                // RBPU = 0;
     //PORTB = (~y)&0xf0;         //反转输出
     DELAY1();
     x = PORTB&0x0f;             //判断行线
     if(y == 0x10 && x == 0x0e)a = 0;
     if(y == 0x10 && x == 0x0d)a = 4;
     if(y == 0x10 && x == 0x0b)a = 8;
     if(y == 0x10 && x == 0x07)a = 0x0c;
     if(y == 0x20 && x == 0x0e)a = 1;
     if(y == 0x20 && x == 0x0d)a = 5;
     if(y == 0x20 && x == 0x0b)a = 9;
     if(y == 0x20 && x == 0x07)a = 0x0d;
     if(y == 0x40 && x == 0x0e)a = 2;
     if(y == 0x40 && x == 0x0d)a = 6;
     if(y == 0x40 && x == 0x0b)a = 0x0a;
     if(y == 0x40 && x == 0x07)a = 0x0e;
     if(y == 0x80 && x == 0x0e)a = 3;
     if(y == 0x80 && x == 0x0d)a = 7;
     if(y == 0x80 && x == 0x0b)a = 0x0b;
     if(y == 0x80 && x == 0x07)a = 0x0f;
     {PORTC = table[a]; ENABLE1(); };
     TRISB = 0XF0; PORTB = 0;
     y = PORTB; RBIF = 0;
}
main()
{    TRISC = 0; TRISA = 0; ADCON1 = 7;
     TRISB = 0XF0; nRBPU = 0;
     GIE = RBIE = 1; y = PORTB; RBIF = 0;
```

```
    PORTB = 0;
    DELAY();                   //调用延时，刚上电 LCD 复位不一定有 PIC 快
    PORTC = 1;                 //清屏
    ENABLE();
    PORTC = 0x38;              //8 位 2 行 5×7 点阵
    ENABLE();
    PORTC = 0x0C;              //显示器开、光标开、闪烁开
    ENABLE();
    PORTC = 0x06;              //文字不动，光标自动右移
    ENABLE();
loop:SLEEP();
    goto loop;
}
```

思考练习题

1. 以下程序是 PIC16F877A 单片机的外部中断程序，进入中断服务程序后 PORTD 端口的值自加一。根据以下程序说明单片机中断过程，什么是中断屏蔽？什么是断点入栈？入栈的断点地址将会是多少？为什么需要保护现场？保护哪些寄存器？什么是恢复现场？中断返回的汇编指令是哪句？该语句执行后 CPU 会完成哪两个关键动作？为什么程序中没有出现 INTF=1 的语句，而中断申请成功的一个重要因素就是 INTF=1，在何处完成？

```
---- #include<pic.h>
----
---- void interrupt rb()
0004 {
0027 PORTD++;
002B INTF=0;
002C }
---- void main()   //主程序
0015 {GIE=1;INTE=1;INTF=0;INTEDG=1;
001B TRISB0=1;nRBPU=0;
001D TRISD=0;PORTD=0;
---- loop:
0022 SLEEP();
0023 goto loop;
0024 }
```

2. 为什么电平变化中断标志位清 0 前必须读一次端口电平？如果没有读这次端口电平，那么后果将会是什么？

3. 不论是外部中断或是电平变化中断，对应的 PORTB 端口引脚方向为什么都必须定义为输入口？为什么要启用弱上拉功能？

4. 分别说明电平变化中断输入信号的前后两次电平变化时间间隔大于、小于该电平变化中断程序执行时间时对程序执行结果的影响。

5. 从本章的外部中断、电平变化中断源工作原理说明为什么中断标志位不由单片机自动清 0？

第 6 章　定时器/计数器 TMR0

定时器/计数器模块是单片机普遍配置的常用外围设备，PIC16F877A 单片机内部配置了三个，分别是定时器/计数器 0 模块 TMR0、定时器/计数器 1 模块 TMR1、定时器 2 模块 TMR2。本章介绍定时器/计数器 0 模块 TMR0，以下简称 TMR0 模块。

6.1　从数字电路中的定时器/计数器学习单片机

在数字电路的时序电路部分，我们学习了加一计数器，比如四位二进制加 1 计数器 74LS161，如图 6-1 所示，输出端 Q3～Q0 按二进制从 0000B 加一计数到 1111B，对输入引脚 CLK 的时钟信号进行加 1 计数，能完成这个过程的电路就是计数器，如果 CLK 外接的时钟频率是个定值，则该电路也称定时器。

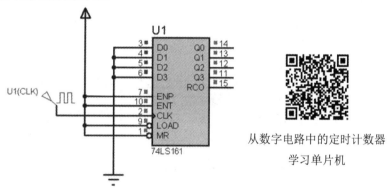

从数字电路中的定时计数器
学习单片机

图 6-1　74LS161 基本加一计数电路

接下来利用 74LS161 来学习单片机中定时器/计数器模块的三个基本概念：初值、模、溢出标志位。

图 6-1 加 1 计数从"初值"0000B 开始，对 CLK 信号加一计数，直到 1111B 为止，74LS161 完成了"模"为 16 的一个完整的加 1 计数过程，当输出 Q3～Q0 是 1111B 时，输出进位引脚 RCO 从"0"跳变为"1"，RCO 就是"溢出标志位"。

1. 修改初值改变计数器的模

如图 6-2 所示，电路利用 RCO 溢出信号预置 0110B 作为 74LS161 的初值，因此加 1

计数从"初值"0110B 开始,对 CLK 信号加 1 计数,直到 1111B 为止,74LS161 完成了"模"为 10 的一个加 1 计数过程。在单片机中把这个过程称为定时器/计数器"赋初值",目的就是通过改变初值的大小来得到我们需要的模,和图 6-2 相似,"赋初值"动作也是在溢出后进行。

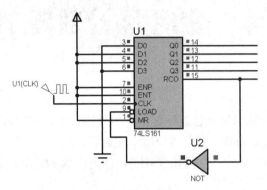

图 6-2　初值从 0110B 开始加 1 计数

通过"赋初值"动作,图 6-2 可以实现模为 16 及以下的各种计数功能,但是模超过 16 时,只能通过计数器级联实现。

2. 两片 74LS161 级联增加计数器的模

如图 6-3 所示,在 U1 的 CLK 输入信号前异步级联模为 16 的加 1 计数电路 U3,U3 和 U1 共同完成模为 $16 \times 10 = 160$ 的加 1 计数器。和图 6-3 类似,单片机的定时器/计数器模块也是分为两级异步级联,前级不能赋初值,通过选择分频比来选择前级的模,后级可以通过赋初值改变模的大小。

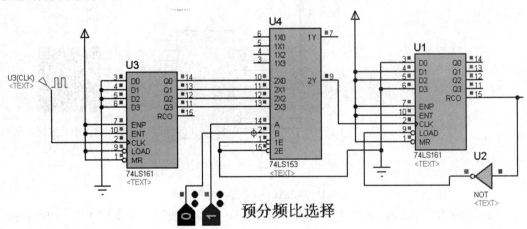

图 6-3　两片 74LS161 级联可以增加计数器的模

对于图 6-3 的前级计数器 U3,输出信号从 Q3 到 Q0 分别是时钟信号 ⧗ 的 16、8、4、2 分频,所以,从不同的输出端(U3 的 Q3 到 Q0),连线到 U1 的 CLK 端,就是选择了 U1 时钟信号前的分频器 U3 的分频比。因此 在 U1 和 U3 之间,U4 作为分频比选择器,当 U4 的通道选择端 B、A 分别是"0""1"时,即选择 U3 的 Q1 连线到 U1 的 CLK,则"预分频比"是 1:4。每 4 个 ⧗ 信号,U3 的 Q1 端产生一个从"0"到"1"的上跳变信号，经过 U4 的 2X1 引脚到 2Y 引脚后，送给 U1 的 CLK，作为计数时钟信号。

3. 单片机对"溢出标志位"的要求

如图 6-3 所示 U1 的 RCO 是该加一计数器电路的溢出标志位信号，若当前 U2 的通道选择端 B、A 分别是"1""1"时，选择预分频比为 1：16，每当 U3 的 CLK 输入第 144 到 159 个时钟信号时，U1 的 RCO 为"1"，否则为"0"，说明进位信号不是在计数值最大时产生的，同时电路会把 RCO 自动清"0"，这样的进位信号不符合单片机对"溢出标志位"的要求，因为单片机要求"溢出标志位"满足以下两点：

(1) "溢出标志位"只在第 159 个时钟时才能为"1"，其余的第 0 到 158 个时钟应该为"0"。

(2) "溢出标志位"不能被电路自动清"0"。单片机中这个"溢出标志位"是作为中断请求信号存在的，如果溢出时请求的中断不能马上被 CPU 响应，则这个中断请求应该一直有效，直到 CPU 处理为止，再由人工清"0"。这是单片机中定时器/计数器模块和数字电路最大的区别。

根据以上要求，图 6-3 的 U1 和 U3 的 RCO 经过图 6-4 电路中新增的 U7:B、U6 到 U7:A 后就能满足，其中 U7:A 的输出端 Q 就是"溢出标志位"，因为本章学习 TMR0 模块，所以图 6-4 中直接用该模块的溢出标志位 T0IF 命名。

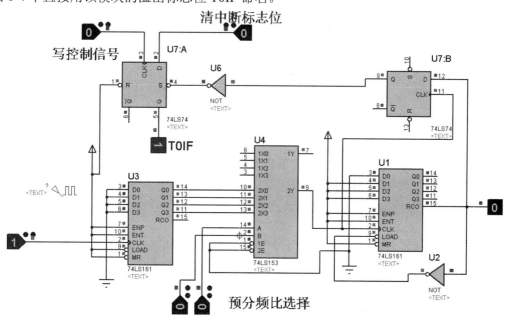

图 6-4   单片机中定时器/计数器对溢出标志位信号的要求

为方便分析，假设 U4 的选择端 B = 0，A = 0，即通过 U4 把 U3 的 Q0 送到 U1 的 CLK，因此，U3 就是 U1 的预分频电路，分频比是 1：2，同理 U1 的预置初值 D3～D0 = 1110B，因此每当对 U3 的 CLK 信号做 2 × (16 − 14) = 4，即 4 个时钟上跳变的计数时，应该把 T0IF 置"1"，这里的 16 是 U1 这个计数器的模，14 是预置的初值。

为了满足这个要求，在 U1 的 RCO 后加入 U7:B，把原来计数器输出为 1111B 时产生溢出信号的特性推迟一个 U1 的 CLK 周期，与 TMR0 的特性一致。因此，当 U1 预置初值

1110B 后，经过 2 个 U3 的 CLK 的时钟上跳变后，U1 的 RCO 为"1"，再经过 2 个上述时钟后，U7:B 的 Q 为"1"，反相后送 U7:A 的 S 端，直接置 Q 为"1"，即 T0IF = 1。

而后计数器 U3、U1 继续计数，图 6-4 的 U7 的直接置"1"信号 S 变回"0"，但是它的 Q 仍是"1"，满足以上两点要求，即前一次溢出后，标志位保持为高电平，后一轮的计数已经在进行中。

所谓人工清"0"，就是 CPU 执行 T0IF = 0 指令时，等号中的 0，就是加在 U7:A 的 D 端的低电平，因为是赋值指令，就是"写入"操作，指令执行时单片机会同时产生"写"控制信号，作用在 U7:A 的 CLK 端，指令执行后，U7:A 的 D 的低电平寄存到 U7:A 的输出端 Q，因此溢出标志位 T0IF 被清 0 且寄存。

从数字电路中的定时器/计数器学习单片机模型电路仿真

TMR0 模块每次溢出后如果不重新赋初值，则默认从 0 开始计数，图 6-4 是从预设的初值开始，在后续学习 TMR0 模块时必须注意。

6.2　TMR0 模块电路结构和工作原理

只要把图 6-4 电路的 U1、U3 改为 8 位二进制加一计数器，就基本形成 TMR0 模块的电路。

6.2.1　电路结构

如图 6-5 所示，其中"预分频器"和"TMR0 寄存器"分别对应图 6-4 的 U3 和 U1，暂时不讨论"与内部时钟同步"电路的作用，数据选择器 MUX1 做定时器或计数器的功能选择，MUX2 做是否需要预分频器的功能选择。所以这是一个多功能电路框图，具体做某特定功能使用时必须先做功能选择，即初始化。

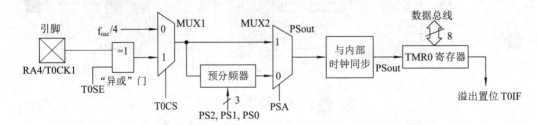

图 6-5　TMR0 模块方框图

数字电路也常常需要做初始化，这个动作通过对多功能芯片使能端加高或低电平实现，如图 6-4 中 U1、U3 的 ENP、ENT 引脚加高电平才能工作。虽然 TMR0 模块也是数字电路，但在做功能选择时并不是直接在引脚上加电平，如并不是在 MUX1 的 T0CS 引脚加低电平，而是通过语句 T0CS = 0 来实现，选择输入单片机的指令周期作为计数时钟，这时 TMR0 模块做定时器使用。同理语句 PSA = 0 定义了这时 TMR0 模块需要的预分频器。

6.2.2 TMR0 模块的工作原理

TMR0 模块电路
结构和工作原理

表 6-1 列出与 TMR0 模块初始化相关的寄存器。其中 INTCON 在中断系统部分学习，与之有关的位为 GIE、T0IE、T0IF。TRISA 在输入输出端口部分学习，与之有关的位为 TRISA4，本章主要学习 OPTION 和 TMR0。

表 6-1 与 TMR0 相关的寄存器

寄存器名称	寄存器符号	寄存器地址	寄 存 器 内 容							
			bit7	bit6	bit5	bit4	bit3	bit2	bit1	bit0
选项寄存器	OPTION-REG	81H/181H	$\overline{RBPU}$	INTEDG	T0CS	T0SE	PSA	PS2	PS1	PS0
中断控制寄存器	INTCON	0BH/8BH/ 10BH/18BH	GIE	PEIE	T0IE	INTE	RBIE	T0IF	INTF	RBIF
定时器/计数器 0	TMR0	01H/ 101H	8 位累加计数寄存器							
A 口方向寄存器	TRISA	85H				TRISA4				

从图 6-5 看出 OPTION 中的 bit5～bit0 都体现在电路功能选择位上，做初始化 TMR0 模块功能。

表 6-1 中的寄存器 TMR0 是一个能自动加一的 8 位二进制寄存器电路，如图 6-5 所示，它与内部数据总线相连，如通过语句 TMR0 = 96，对该 8 位二进制加一电路"赋初值"，这个语句同时意味着电路开始从 96 = 01100000B 起自动加一，每加一个计数时钟 TMR0 值随之加一，直到 TMR0 = 11111111B = 255 时，再加一个计数时钟，TMR0 = 00000000B = 0，"溢出标志位"T0IF = 1，作为中断请求信号，这时通过语句 TMR0 = 96，TMR0 模块从初值 96 起继续加一，循环往复。

需要注意的是，TMR0 模块在累加计数过程中，如果 CPU 执行一条往 TMR0 寄存器写入数据的指令，则累加计数器的加一操作将被推迟两个指令周期后才开始重新加一计数。

表 6-2 列出图 6-5 中预分频器电路的分频比选择位 PS2～PS0 和分频比的关系。

表 6-2 分频器分频比选择

PS2～PS0	分频比
000	1 : 2
001	1 : 4
010	1 : 8
011	1 : 16
100	1 : 32
101	1 : 64
110	1 : 128
111	1 : 256

【例 6-1】 利用 TMR0 模块设计一个波形产生电路，从 RC0 引脚输出周期是 320 μs 的对称方波，设单片机的 $f_{osc} = 4$ MHz。

(1) 设计思路。因为单片机 $f_{osc} = 4$ MHz，则指令周期是 1 μs，可以把 TMR0 模块设计为 $320 \div 2 = 160$ μs 的定时器，每次定时溢出时把 RC0 引脚电平取反即可。

(2) 初始化。初始化的步骤如下：

① RC0 引脚设置为输出口，TRISC0 = 0。

② 因为 TMR0 做定时器使用，T0CS = 0，所以 T0SE 可以任选，此处选 0B。

③ 根据图 6-5，TMR0 寄存器是 8 位二进制加一电路，模是 $2^8 = 256$，本题定时时间小于 256，不选择预分频器，PSA = 1，PS2～PS0 可以任选，此处选择 000B。

因此 OPTION = 0B10001000，其中 bit7 和 bit6 在 TMR0 模块未使用，按照使能无效原则填入 10B。

④ TMR0 初值应该是 $256 - 160 = 96$，语句 TMR0 = 96 同时启动 TMR0 模块。

⑤ 中断使能 GIE = 1，T0IE = 1，初始化中断标志位 T0IF = 0。

(3) 主循环。无内容。

(4) 中断。TMR0 = 96 赋初值，清中断标志位 T0IF = 0，RC0 引脚电平取反。

TMR0 模块电路
结构和工作原理
设计及仿真

(5) PICC 程序。完成上述功能的完整 PICC 程序如下：

```c
#include<pic.h>
void interrupt tmr0()
{
    TMR0 = 96; T0IF = 0;        //每次定时时间到时重新赋初值，记得清中断标志位
    RC0 =! RC0;
}
main()
{
    TRISC0=0;
    OPTION = 0B10001000;
    GIE = 1; T0IE = 1; T0IF = 0;
    TMR0 = 96;
    while(1);               //主循环部分保证单片机的 CPU 不停止工作，才能响应中断请求
}
```

(6) 几点说明。

① 按照定时器/计数器设计方法，理论上上述程序设计已经完成。在 MPLAB 软件中做跑马表仿真，在中断服务程序第一条指令处设断点，计时两次程序停留在断点处的时间差，是 171 μs，比设计程序时预计的 160 μs 多出 11 μs，这是单片机中断系统、PICC 程序进中断时保护现场及前述的 TMR0 赋初值等动作引起的，可以将 TMR0 的初值改为 TMR0 = 96 + 11 即可。

② 只要置 OPTION 的 T0CS = 1，上述设计就是一个计数器电路，由图 6-5 可知，因为计数信号从 RA4 输入，初始化定义 TRISA4 = 1，做输入口，高阻 RA4 端口电路的输出通道。若 T0SE = 0，则输入的计数信号不取反。这时 RC0 引脚上得到的方波周期是 320 × RA4 引脚输入的计数信号周期。

6.2.3 "与内部时钟同步"电路的作用

图 6-5 中 TMR0 寄存器前的"与内部时钟同步"电路在 TMR0 模块做定时器使用时可以忽略不计，做计数器时影响 TMR0 加 1 计数的时刻。

这个影响可以用图 6-6 来说明。图 6-6 中用 D 触发器代替"与内部时钟同步"电路，初始化为预分频比 1∶1 的加 1 计数电路，输入信号不取反。由于 D 触发器的作用，TMR0 寄存器加一计数时刻不是 RA4 引脚上的计数信号的上跳变，而是经过 $f_{osc}/4$ 的内部时钟同步后的计数时刻。因此该模块在单片机睡眠时，由于 $f_{osc} = 0$，失去同步时钟，不能溢出唤醒 CPU，因此不能工作在单片机睡眠状态下。

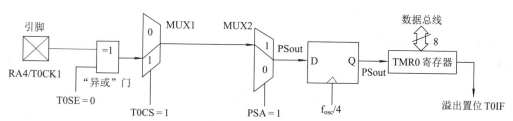

图 6-6　"与内部时钟同步"电路的作用

6.2.4 TMR0 模块的特点

定时器/计数器 TMR0 模块具有如下特点：

(1) TMR0 模块的最大模为 $2^8 × 2^8$，具有定时和计数功能，计数输入端口是 RA4。

(2) TMR0 模块是一个累加定时器/计数器，从某个初值开始加 1，溢出时刻是 TMR0 = FFH 后再加 1。

(3) 由于时钟信号通道有一个"与时钟同步电路"，因此 TMR0 计数器不能在无系统时钟信号的条件下进行加一计数，此时不可能溢出中断，也不能通过中断唤醒单片机。

(4) 一旦往 TMR0 寄存器赋初值，就启动了 TMR0 模块，但是无法停止该模块工作。

(5) 当 TMR0 模块初始化为计数器功能，且 TMR0 = 0XFF，预分频比选择 1∶1 时，该模块相当于一个外部中断源使用。

(6) 从表 2-3 可知，上电复位、欠压复位后，以及休眠、看门狗、$\overline{MCLR}$ 引脚复位后，OPTION 寄存器值全"1"，单片机默认 TMR0 模块是计数器功能，特别注意 bit7 是 $\overline{RBPU}$，即 RB 端口的弱上拉功能，复位后默认启用，bit6 是外部中断的边沿选择，默认上跳变。休眠唤醒时，值不变，但是 TMR0 模块本身不能唤醒单片机。

(7) 从表 2-3 可知，上电复位、欠压复位后 TMR0 初值未知，其他情况下的复位，其值不变。

6.3　TMR0 模块设计举例——车辆里程表

加快发展方式绿色转型，推动绿色发展，促进人与自然和谐共生，积极稳妥推进碳达峰碳中和。推动经济社会发展绿色化、低碳化是实现高质量发展的关键环节。以车辆里程表为例，已知：

(1) 车轮直径 43 cm；

(2) 行走 1 km 740 圈；

(3) 磁敏传感器检测车轮转数。

设计要求：

(1) 车轮转数的计数——TMR0 模块，每计数 740 溢出一次；

(2) 里程表显示，如要求最大显示 600 000(= 927C0H)km；

(3) 当前的公里数掉电后不丢失。设单片机的 $f_{osc} = 4 MHz$。

根据上述要求画出设计框图如图 6-7 所示，磁敏传感器检测的车轮转数以脉冲信号从 RA4 引脚输入到单片机 TMR0 模块的计数输入端；TMR0 模块初始化为模 740 的加一计数器；在 RAM 中定义 long 的长整型变量 count，每次 TMR0 计数器溢出时 count 自加一；把 count 值转换为十进制显示在 1602LCD 上；每当 count 值发生变化，同时把该值存储在 EEPROM 中；每次车辆里程表开机时从 EEPROM 取出里程值存入 count 中；以上动作循环往复，实现车辆里程表的设计。

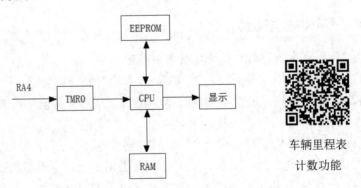

车辆里程表
计数功能

图 6-7　车辆里程表设计框图

6.3.1　TMR0 模块初始化为模 740 的加 1 计数器

如图 6-5 所示，TMR0 寄存器的模是 256，当计数值大于 256 时，需要启用预分频器，按照 $740 = N \times (256 - TMR0)$ 式子计算预分频比 N 和 TMR0 寄存器初值，先设 TMR0 = 0，计算 N，N = 740 / 256 = 2.890625，查表 6-2，取预分频比 1：4，即 N = 4，代入 740 = 4 × (256 − TMR0)，得 TMR0 = 71。因此 OPTION = 10100001B。

按照以上要求，设计的程序如下：

```
#include<pic.h>
long count;
void interrupt tmr0_serve()
{
    count++;            //里程计数
    if(count == 0x927c0)RA0 = 1; //当车辆里程计数到 60 万公里时置标志信号 RA0=1
        TMR0 = 71;
        T0IF = 0;
}
main()
{
    TRISA4 = 1; count = 0; TRISA0 = 0; RA0 = 0;
    OPTION_REG = 0B10100001; TMR0 = 71;
    GIE = 1; T0IE = 1; T0IF = 0;
    while(1);
}
```

把里程变量 count
转换为十进制数

变量 count 作为车辆里程计数单元，计数值以二进制方式加一计数，输出到 LCD 显示时应该把 count 的值转换为十进制方式。

二-十进制转换的计算方法是根据 count 的最大表示范围，即小于 600 000，以当前 count 为 927BFH = 599 999，分别做以下运算：

(1) 把 count 除以 100 000，得十万位 a，a 的值在 0 到 5 之间，属性设为 char。

(2) 把 count − a × 100 000，得余数 x，本次余数是 99 999 = 1869FH，因此 x 属性是 long。

(3) 把 x 除以 10 000，得万位 b，b 的值在 0 到 9 之间，属性设为 char。

(4) 计算 x − b × 10 000，得余数 y，本次余数是 9999 = 27F0H，因此 y 属性是 int。

(5) 把 y 除以 1000，得千位 c，c 的值在 0 到 9 之间，属性设为 char。

(6) 计算 y − c × 1000，得本次余数是 999 = 3E7H，因此仍可以用 y 做余数存储单元。

(7) 把 y 除以 100，得百位 d，d 的值在 0 到 9 之间，属性设为 char。

(8) 计算 y − d × 100，得本次余数是 99 = 63H，因此用 z 做余数存储单元，属性设为 char。

(9) 把 z 除以 10，得十位 e，e 的值在 0 到 9 之间，属性设为 char。

(10) 计算 z − e × 10，得本次余数是 9，是转换结果十进制数的个位数 f，f 的值在 0 到 9 之间，属性设为 char。

根据以上思路，在上述程序中添加 count 变量的二-十进制转换程序子函数后，程序修改如下：

```
#include<pic.h>
long count, x;
int y;
char z, a, b, c, d, e, f;
void div()   //count 变量的二-十进制转换程序子函数
```

```
{
    a = count/100000; x = count-a*100000;
    b = x/10000; y = x-b*10000;
    c = y/1000; y = y-c*1000;
    d = y/100; z = y-d*100;
    e = z/10; f = z-e*10;
}
void interrupt tmr0_serve()
{
    count++;        //里程计数
    if(count == 0x927c0){T0IE = 0; RA0 = 1; };
    //当车辆里程计数到 60 万公里时, 不再做里程加一动作, 置标志信号 RA0 = 1
    TMR0 = 71;
    T0IF = 0;
}
main()
{
    TRISA4 = 1; count = 0; TRISA0 = 0; RA0 = 0;
    OPTION_REG = 0B10100001; TMR0 = 71;
    GIE = 1; T0IE = 1; T0IF = 0;
    while(1)
    div();
}
```

添加 1602LCD
显示里程值

在此基础上添加 LCD 显示功能, 包含 LCD 初始化(添加在程序的初始化部分)和 LCD 数据显示(添加在主循环部分)两个部分, 程序如下(用下画线表示添加的与 LCD 有关的部分):

```
#include<pic.h>
long count, x;
int y;
char z, a, b, c, d, e, f;
static volatile char table[10] = {0x30, 0x31, 0x32, 0x33, 0x34, 0x35,
0x36, 0x37, 0x38, 0x39};
void DELAY()
{unsigned int i; for(i = 999; i > 0; i--); }
void ENABLE()        //写入控制命令的子程序
{ RE2 = 0; RE1 = 0; RE0 = 0; DELAY(); RE0 = 1; }
void ENABLE1()       //写入字的子程序
{ RE2 = 1; RE1 = 0; RE0 = 0; DELAY(); RE0 = 1; }
```

```
void div()
{
    a = count/100000; x = count-a*100000;
    b = x/10000; y = x-b*10000;
    c = y/1000; y = y-c*1000;
    d = y/100; z = y-d*100;
    e = z/10; f = z-e*10;
}
void interrupt tmr0_serve()
{
    count++;          //里程计数
    if(count == 0x927c0){T0IE = 0; RA0 = 1; };
    //当车辆里程计数到 60 万公里时置标志信号 RA0 = 1
    TMR0 = 71;
    T0IF = 0;
}
main()
{   TRISD = 0; TRISE = 0;          //定义端口方向
    DELAY();                       //调用延时，刚上电 LCD 复位不一定有 PIC 快
    PORTD = 1; ENABLE();           //清屏
    PORTD = 0x38; ENABLE();        //8 位 2 行 5 × 7 点阵
    PORTD = 0x0c; ENABLE();        //显示器开、光标不开、闪烁不开
    PORTD = 0x06; ENABLE();        //文字不动，光标自动右移
    TRISA4 = 1; count = 0; TRISA0 = 0; RA0 = 0;
    OPTION_REG = 0B10100001; TMR0 = 71;
    GIE = 1; T0IE = 1; T0IF = 0;
    while(1)
    {
        div();
        PORTD = 0x80; ENABLE();          //光标指向第 1 行的位置
        PORTD = table[a]; ENABLE1();     //送第 1 行第 1 数字十万位
        PORTD = table[b]; ENABLE1();     //送第 1 行第 2 数字万位
        PORTD = table[c]; ENABLE1();     //送第 1 行第 3 数字千位
        PORTD = table[d]; ENABLE1();     //送第 1 行第 4 数字百位
        PORTD = table[e]; ENABLE1();     //送第 1 行第 5 数字十位
        PORTD = table[f]; ENABLE1();     //送第 1 行第 6 数字个位
    }
}
```

到此为止，车辆里程表的设计基本完成，能进行车辆里程加 1；用 LCD 显示当前车辆里程值；里程值达 60 万时置 RA0 输出为 1，同时里程表不再加 1 计数，LCD 一直显示60 万。

但是实际的车辆里程表还应该具有里程值掉电不丢失功能，上述的设计每次开机 count都从 0 里程开始计数。应该把新的里程值存入单片机内部的 EEPROM 中，即使单片机掉电，EEPROM 内部的里程值也不会丢失，每次开机初始化时 count 的初值应该从 EEPROM 对应单元读出最近的那次被保存的里程值。

单片机的每个 EEPROM 单元都是 8 位数据，要把 long 型的 count 变量值存入 EEPROM，可以利用 EEPROM 写入、读出函数，但是每次的读写动作只能做 8 位数据。

6.3.2　里程变量 count 与 EEPROM 之间的关系

由于里程值最大计数到 600 000(＝ 927C0H) km，在 PICC 中需要定义一个长整型变量count，共 4 字节，其中最高字节为 0。单片机 EEPROM 的基本单元是字节，在 PICC 中提供两个字节读、写函数 EEPROM_READ()和 EEPROM_WRITE()，所以应该为 count 变量定义一个共用体 union li_cheng，以便对 EEPROM 读写。

```
union
{   unsigned long count;        //长整型变量 count 存里程值
    char da_ta[3];              //字节型变量 da_ta[2]、da_ta[1]、da_ta[0]对应 count 的低 3 字节
}li_cheng;
```

它们之间的关系用下述 6 个语句表达：

(1) 以下 3 个 EEPROM 读函数，分别从 EEPROM 的地址 02H、01H、00H 读取当前值，存入共用体的低 3 字节中，即 count 的低 3 字节。这是车辆里程表开机时从 EEPROM 读取原里程值的动作。

```
li_cheng.da_ta[0] = eeprom_read(0x02);
li_cheng.da_ta[1] = eeprom_read(0x01);
li_cheng.da_ta[2] = eeprom_read(0x00);
```

(2) 以下 3 个 EEPROM 写入函数分别把当前共用体低 3 字节的值写入 EEPROM 的 02H、01H、00H 单元中。

添加 EEPROM 里程值
掉电不丢失功能

```
eeprom_write(0x02, li_cheng.da_ta[2]);
eeprom_write(0x01, li_cheng.da_ta[1]);
eeprom_write(0x00, li_cheng.da_ta[0]);
```

利用函数__EEPROM_DATA(0, 0, 0, 0, 0, 0, 0, 0); 把 EEPROM 的最低 8 个字节地址的内容清 0，表示第一次开机时里程表初值是零里程。

6.3.3　车辆里程表电路图

车辆里程表电路图如图 6-8 所示，从 RA4 引脚输入磁敏传感器检测的车轮转数，PORTD和 PORTE 做 1602LCD 的数据和功能驱动口，当前显示里程是 17 km。

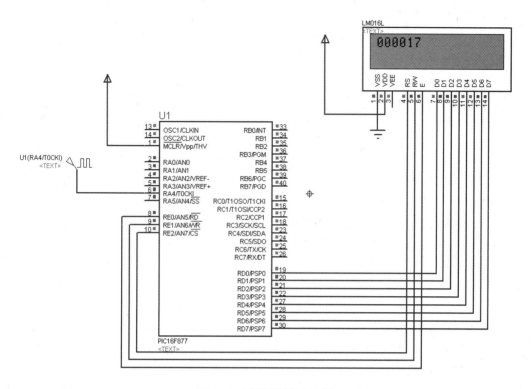

图 6-8　车辆里程表电路图

6.3.4　车辆里程表的 PICC 程序

图 6-8 对应的车辆里程表程序主架构分为三段式：主函数 main()初始化部分，完成单片机端口方向定义、1602LCD 初始化、从 EEPROM 取初值到里程值 count、TMR0 模块初始化、中断模块的初始化；主函数 main()主循环部分，完成里程值 count 二-十进制转换、结果送 1602LCD 显示，由于程序的循环执行，1602LCD 总是能把新的里程值显示出来；中断服务函数 interrupt tmr0_serve()，程序进入中断意味着里程应该加 1，完成 TMR0 寄存器赋初值、清 T0IF 标志位、里程值 count 自加 1、新的里程值存入 EEPROM。

程序中添加的与 EEPROM 有关的部分用下画线表示。

```
//车辆里程表设计，具有断电记忆功能
//RS EQU 1 ; LCD 寄存器选择信号脚定义在 RE2 脚
//RW EQU 2 ; LCD 读/写信号脚定义在 RE1 脚
//E EQU 3 ; LCD 片选信号脚定义在 RE0 脚
#include<pic.h>
__CONFIG(0xFF29);
__EEPROM_DATA(0, 0, 0, 0, 0, 0, 0, 0);
long x;
int y;
```

```
char z, a, b, c, d, e, f;
static volatile char table[10] = {0x30, 0x31, 0x32, 0x33, 0x34, 0x35,
0x36, 0x37, 0x38, 0x39};
union
{   unsigned long count;
    char da_ta[3];
}li_cheng;   //定义一个共用体，存放里程
void DELAY()
{unsigned int i; for(i = 999; i > 0; i--); }
void ENABLE()        //写入控制命令的子程序
{ RE2 = 0; RE1 = 0; RE0 = 0; DELAY(); RE0 = 1; }
void ENABLE1()       //写入字的子程序
{ RE2 = 1; RE1 = 0; RE0 = 0; DELAY(); RE0 = 1; }
void div()
{
    a = li_cheng.count/100000; x = li_cheng.count-a*100000;
    b = x/10000; y = x-b*10000;
    c = y/1000; y = y-c*1000;
    d = y/100; z = y-d*100;
    e = z/10; f = z-e*10;
}
void interrupt tmr0_serve()
{
    li_cheng.count++;         //里程计数
    if(li_cheng.count == 0x927c0){T0IE = 0; RA0 = 1; };
    //当车辆里程计数到 60 万公里时置标志信号 RA0 = 1
    TMR0 = 71;
    eeprom_write(0x02, li_cheng.da_ta[2]);
    eeprom_write(0x01, li_cheng.da_ta[1]);
    eeprom_write(0x00, li_cheng.da_ta[0]);
    T0IF = 0;
}
main()
{   TRISD = 0; TRISE = 0;      //定义端口方向
    DELAY();                   //调用延时，刚上电 LCD 复位不一定有 PIC 快
    PORTD = 1; ENABLE();       //清屏
    PORTD = 0x38; ENABLE();    //8 位 2 行 5×7 点阵
    PORTD = 0x0c; ENABLE();    //显示器开、光标不开、闪烁不开
    PORTD = 0x06; ENABLE();    //文字不动，光标自动右移
```

```
        TRISA4 = 1;
        li_cheng.da_ta[0] = eeprom_read(0x00);
        li_cheng.da_ta[1] = eeprom_read(0x01);
        li_cheng.da_ta[2] = eeprom_read(0x02);
        TRISA0 = 0; RA0 = 0;
        OPTION_REG = 0B10100001; TMR0 = 71;
        GIE = 1; T0IE = 1; T0IF = 0;
        while(1)
        {   div();
            PORTD = 0x80; ENABLE();          //光标指向第 1 行的位置
            PORTD = table[a]; ENABLE1();      //送第 1 行第 1 数字十万位
            PORTD = table[b]; ENABLE1();      //送第 1 行第 2 数字万位
            PORTD = table[c]; ENABLE1();      //送第 1 行第 3 数字千位
            PORTD = table[d]; ENABLE1();      //送第 1 行第 4 数字百位
            PORTD = table[e]; ENABLE1();      //送第 1 行第 5 数字十位
            PORTD = table[f]; ENABLE1();      //送第 1 行第 6 数字个位
        }
    }
```

可以把主函数 main()主循环部分的程序全部放在中断服务函数中，这时主循环部分没有内容，区别是后者只在里程加 1 时才做 count 二-十进制转换、结果送 1602LCD 显示，适合静态显示的设计。而前者是每次主循环不论里程有没有变化都做一次上述动作，适合动态显示的设计。

由于 EEPROM 写入需要较长时间，相关程序如果改为数码管动态显示，则在中断服务函数里程加 1 时，较长时间的 EEPROM 写入延时将会导致数码管动态扫描不及时而出现视觉上的闪烁。

6.4　利用外部中断设计车辆里程表

利用外部中断设计车辆里程表

外部中断源 RB0/INT 可以利用输入信号的上跳变或下跳变申请中断，进入中断服务程序后，对某变量 count_temp 自加 1，每当该变量自加一到 740 时，count 自加 1，同样能实现车辆里程计数。按照以上要求，设计的程序如下：

```
#include<pic.h>
long count;
int count_temp;
void interrupt int_serve()
{
```

```
    count_temp++;              //公里计数
    if(count_temp == 740)
    {count++; count_temp = 0; };
    if(count == 0x927c0)RA0 = 1;  //当车辆里程计数到 60 万公里时置标志信号 RA0=1
        INTF = 0;
}
main()
{
    TRISB0 = 1; count_temp = 0; count = 0; TRISA0 = 0; RA0 = 0;
    OPTION_REG = 0B01100000;
    GIE = 1; INTE = 1; INTF = 0;
    while(1);
}
```

仿真时可以在初始化设 count_temp = 735; count = 599999; 以便验证程序正确性，此时在中断程序第一条指令处设断点，从 RB0/INT 引脚输入 10 Hz 的方波信号，全速运行后，只要遇到方波信号的上跳变，程序就会停止在断点处，再进行单步运行，重复上述动作，验证程序。

当调试验证上述程序功能无误后，加入二-十进制转换、EEPROM 功能，得到完整的电路如图 6-9 所示。

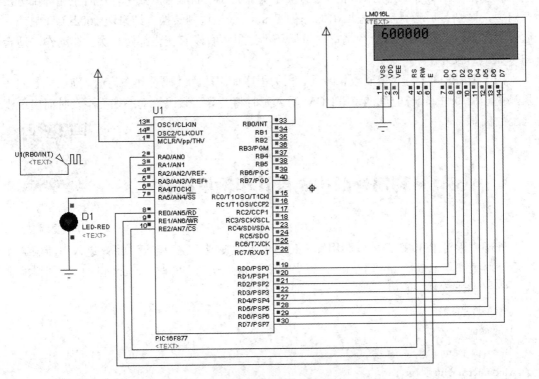

图 6-9　用外部中断设计车辆里程表的电路图

图 6-9 中把里程输入信号修改到 RB0/INT 引脚，外接时钟信号还是 1 kHz，修改

__EEPROM_DATA(0xb0, 0x27, 9, 0, 0, 0, 0, 0); 的初值，仿真车辆里程已经达到 599 984 km 时，开机后，车辆里程很快到达 60 万公里的结果，这时标志指示 RA0 为高电平。

程序如下：

```
#include<pic.h>
__CONFIG(0xFF29);
__EEPROM_DATA(0xb0, 0x27, 9, 0, 0, 0, 0, 0);
long x;
int y; int count_temp;
char z, a, b, c, d, e, f;
static volatile char table[10] = {0x30, 0x31, 0x32, 0x33, 0x34, 0x35,
0x36, 0x37, 0x38, 0x39};
union
{   unsigned long count;
    char da_ta[3];
}li_cheng;                //定义一个共用体，存放里程
void DELAY()
{unsigned int i; for(i = 999; i > 0; i--); }
void ENABLE()            //写入控制命令的子程序
{ RE2 = 0; RE1 = 0; RE0 = 0; DELAY(); RE0 = 1; }
void ENABLE1()           //写入字的子程序
{ RE2 = 1; RE1 = 0; RE0 = 0; DELAY(); RE0 = 1; }
void div()
{   a = li_cheng.count/100000; x = li_cheng.count-a*100000;
    b = x/10000; y = x-b*10000;
    c = y/1000; y = y-c*1000;
    d = y/100; z = y-d*100;
    e = z/10; f = z-e*10;
}
void interrupt int_serve()
{   count_temp++;     //公里计数
    if(count_temp == 740){li_cheng.count++; count_temp = 0; };          //里程计数
    if(li_cheng.count == 0x927c0){INTE = 0; RA0 = 1; };
    //当车辆里程计数到 60 万公里时，置标志信号 RA0 = 1，显示值停留在 60 万
    INTF = 0;
}
main()
{   TRISD = 0; TRISE = 0;       //定义端口方向
    DELAY();                    //调用延时，刚上电 LCD 复位不一定有 PIC 快
```

```
    PORTD = 1; ENABLE();          //清屏
    PORTD = 0x38; ENABLE();       //8 位 2 行 5×7 点阵
    PORTD = 0x0c; ENABLE();       //显示器开、光标不开、闪烁不开
    PORTD = 0x06; ENABLE();       //文字不动，光标自动右移
    li_cheng.da_ta[0] = eeprom_read(0x00);
    li_cheng.da_ta[1] = eeprom_read(0x01);
    li_cheng.da_ta[2] = eeprom_read(0x02);
    TRISB0 = 1; count_temp = 0; TRISA0 = 0; RA0 = 0;
    OPTION_REG = 0B01000000;
    GIE = 1; INTE = 1; INTF = 0;
    while(1)
    {   div();
        PORTD = 0x80; ENABLE();              //光标指向第 1 行的位置
        PORTD = table[a]; ENABLE1();         //送第 1 行第 1 数字十万位
        PORTD = table[b]; ENABLE1();         //送第 1 行第 2 数字万位
        PORTD = table[c]; ENABLE1();         //送第 1 行第 3 数字千位
        PORTD = table[d]; ENABLE1();         //送第 1 行第 4 数字百位
        PORTD = table[e]; ENABLE1();         //送第 1 行第 5 数字十位
        PORTD = table[f]; ENABLE1();         //送第 1 行第 6 数字个位
        eeprom_write(0x02, li_cheng.da_ta[2]);
        eeprom_write(0x01, li_cheng.da_ta[1]);
        eeprom_write(0x00, li_cheng.da_ta[0]);
    };
}
```

由于 3 个 EEPROM 的写入操作需要毫秒级的时间，改为外部中断计数里程后，车轮每旋转一圈就会进入一次中断，为了快速响应每次的车轮动作，中断服务程序的执行时间尽量控制在最短时间内，因此上述程序把 3 个 eeprom_write() 放置在程序的主循环部分。

6.5　具有车辆里程及速度测量功能的里程表设计

通过 6.4 节的设计，把 TMR0 模块从车辆里程表中释放出来，利用外部中断和 TMR0 的计时功能，可以在里程表基础上增加车辆速度计数功能。

设该速度计数器可以测量的速度范围是 0～200 km/h，车轮的直径是 43 cm，周长是 135.1 cm。

具有车辆里程及速度测量功能的里程表设计

1. 速度在 1～200 km/h 范围时车轮旋转一周的时间

(1) 以 200 km/h 的速度为例，此时对应车轮旋转一圈的时间为

$$\frac{200 \times 1000 \times 100}{1 \times 3600 \times 10^6} = \frac{135.1}{车轮旋转 1 周的时间}$$

因此，车轮旋转一圈的时间就是

$$\frac{360 \times 135.1}{2} = 24\ 318\ \mu s$$

(2) 以 1 km/h 的速度为例，此时对应车轮旋转一圈的时间为

$$\frac{1 \times 1000 \times 100}{1 \times 3600 \times 10^6} = \frac{135.1}{车轮旋转 1 周的时间}$$

因此，车轮旋转一圈的时间就是

$$135.1 \times 36000 = 4\ 863\ 600\ \mu s$$

可见，当速度是 200 km/h 时，车轮旋转一圈用时 24 318 μs；当速度为 1 km/h 时，车轮旋转一圈用时 4 863 600 μs。可以利用外部中断功能，测量前后两次中断的时间差，用车轮周长除以这个时间差，即可换算出速度。

2. 低速时 TMR0 计时溢出问题

当速度较低时，车轮旋转一圈的时间超过 TMR0 的一次定时最大值，以晶体振荡器频率 4 MHz 为例，TMR0 设置为最大预分频比及最小初值时的定时时间是 65 536 μs，如计时 4 863 600 μs，TMR0 溢出超过 74 次，所以应该利用某变量计数 TMR0 的溢出次数。

对于 TMR0 模块来说，一旦执行 TMR0 = 0; 语句，即可启动定时功能，但是该模块没有停止定时功能的控制位，启动 TMR0 后将会循环往复地进行定时加 1 和溢出动作，如同我们日常生活使用的时钟一样。

因此，应该在外部中断的前后两次测量时间点上都读一次当前 TMR0 的值，如定义变量 tmr01 用来读取起始时刻的 TMR0 值，定义变量 tmr02 用来读取结束时刻的 TMR0 值，最终车轮旋转一圈的时间是溢出次数乘以 65 536 μs 加上(tmr02 − tmr01) × 256 的值。

3. 速度测量时刻及测量结果换算

实际应用时没有必要在车轮旋转的每个周期都测量一次速度，设 char 型变量 m，初始化 m = 250;，每次外部中断时 m 自加 1，当 m = 0 时开始测量速度，m = 1 时停止速度测量。车辆启动行驶 6÷740 km 后开始测量速度，当 m = 0 时，清 TMR0 溢出次数计数值 n，使能 T0IE = 1; T0IF = 0;，允许 TMR0 中断，读取当前 TMR0 的值到 tmr01，当 m = 1 时，置 T0IE = 0;，不再允许 TMR0 中断，读取当前 TMR0 的值到 tmr02，根据式子 t_speed = n × 65536 + (tmr02 − tmr01) × 256; 计算本次车轮旋转一圈的时间，其中 t_speed 是 int 型时间变量。

增加 TMR0 定时中断服务程序，优先权比外部中断高，程序中只有 n++; T0IF = 0; 两条语句，做溢出次数计数。

速度换算过程为

$$\frac{135.1 \times 10^{-2} \times 10^{-3}}{(65536 \times n + (tmr02 - tmr01) \times 256) \times 10^{-6} \div 3600}$$

$$= \frac{1351}{(65536 \times n + (tmr02 - tmr01) \times 256) \div 3600}$$

$$= \frac{4863600}{65536 \times n + (tmr02 - tmr01) \times 256}$$

$$= \frac{18998}{n \times 256 + (tmr02 - tmr01)} (km / h)$$

计算后的速度是二进制数，还应该通过二-十进制转换为十进制送 LCD 显示。

当速度是 200km/h 时，车轮旋转一圈用时 24318 μs，代入上式 $\frac{4863600}{24318} = 200km / h$ 。

速度为 1km/h 时，车轮旋转一圈用时 4 863 600 μs，代入上式 $\frac{4863600}{4863600} = 1\ km / h$ 。如果不计速度的小数点以下的值，则这个二-十进制转换计算只进行到百位即可。

具有里程及速度计数功能的车辆里程表设计电路如图 6-10 所示，其中 RB0/INT 外接 41 Hz 的方波信号，LCD 的第一行显示当前里程，第二行显示当前速度。

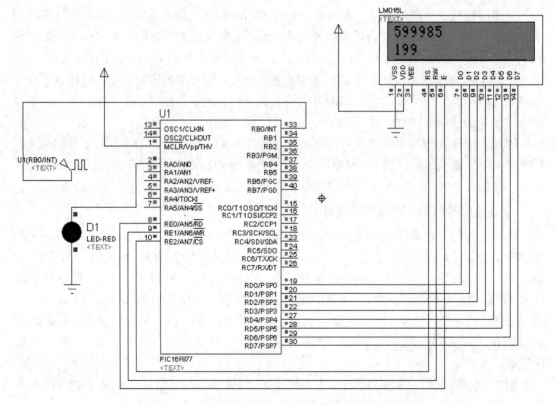

图 6-10　具有里程及速度计数功能的车辆里程表

4. 程序设计

添加相应功能后的程序如下：

```c
#include<pic.h>
__CONFIG(0xFF29);
__EEPROM_DATA(0xb0, 0x27, 9, 0, 0, 0, 0, 0);
int count_temp, n, t_speed;
char a, b, c, d, e, f, tmr01, tmr02, speed, d1, e1, f1, m;
static volatile char table[10] = {0x30, 0x31, 0x32, 0x33, 0x34, 0x35, 0x36, 0x37, 0x38, 0x39};
union
{
    unsigned long count;
    char da_ta[3];
}li_cheng;                      //定义一个共用体，存放里程
void DELAY()
{unsigned int i; for(i = 999; i > 0; i--); }
void ENABLE()           //写入控制命令的子程序
{ RE2 = 0; RE1 = 0; RE0 = 0; DELAY(); RE0 = 1; }
void ENABLE1()          //写入字的子程序
{ RE2 = 1; RE1 = 0; RE0 = 0; DELAY(); RE0 = 1; }
void div()
{
    long x; int y; char z;
    a = li_cheng.count/100000; x = li_cheng.count-a*100000;
    b = x/10000; y = x-b*10000;
    c = y/1000; y = y-c*1000;
    d = y/100; z = y-d*100;
    e = z/10; f = z-e*10;
}
void speed_calculate()
{
    char z;
    speed = 18998/t_speed;
    d1 = speed/100; z = speed-d1*100;
    e1 = z/10; f1 = z-e1*10;
}
void interrupt int_serve()
{
    if(T0IF == 1){n++; T0IF = 0; }
    else
```

```
    {
        count_temp++;  //公里计数
        if(count_temp == 740){li_cheng.count++; count_temp=0; };    //里程计数
        if(li_cheng.count == 0x927c0){INTE = 0; RA0 = 1; };
        //当车辆里程计数到 60 万公里时，置标志信号 RA0 = 1
        m++;
        if(m == 0)
        {n = 0; tmr01 = TMR0; T0IE = 1; T0IF = 0; };
        if(m == 1)
        {tmr02 = TMR0; T0IE = 0; t_speed = n*256+(tmr02-tmr01); };
        INTF = 0;
    }
}
main()
{
    TRISD = 0; TRISE = 0;              //定义端口方向
    DELAY();                           //调用延时，刚上电 LCD 复位不一定有 PIC 快
    PORTD = 1; ENABLE();               //清屏
    PORTD = 0x38; ENABLE();            //8 位 2 行 5×7 点阵
    PORTD = 0x0c; ENABLE();            //显示器开、光标不开、闪烁不开
    PORTD = 0x06; ENABLE();            //文字不动，光标自动右移
    li_cheng.da_ta[0] = eeprom_read(0x00);
    li_cheng.da_ta[1] = eeprom_read(0x01);
    li_cheng.da_ta[2] = eeprom_read(0x02);
    m = 250; n = 0;
    TRISB0 = 1; count_temp = 0; TRISA0 = 0; RA0 = 0;
    OPTION_REG = 0B01000111; T0IF = 0; TMR0 = 0;
    GIE = 1; INTE = 1; INTF = 0;
    while(1)
    {   div();
        PORTD = 0x80; ENABLE();                //光标指向第 1 行的位置
        PORTD = table[a]; ENABLE1();           //送第 1 行第 1 数字十万位
        PORTD = table[b]; ENABLE1();           //送第 1 行第 2 数字万位
        PORTD = table[c]; ENABLE1();           //送第 1 行第 3 数字千位
        PORTD = table[d]; ENABLE1();           //送第 1 行第 4 数字百位
        PORTD = table[e]; ENABLE1();           //送第 1 行第 5 数字十位
        PORTD = table[f]; ENABLE1();           //送第 1 行第 6 数字个位
        eeprom_write(0x02, li_cheng.da_ta[2]);
        eeprom_write(0x01, li_cheng.da_ta[1]);
```

```
        eeprom_write(0x00, li_cheng.da_ta[0]);
        speed_calculate();
        PORTD = 0xc0; ENABLE();              //光标指向第 2 行的位置
        PORTD = table[d1]; ENABLE1();        //送第 2 行数字百位
        PORTD = table[e1]; ENABLE1();        //送第 2 行数字十位
        PORTD = table[f1]; ENABLE1();        //送第 2 行数字个位
    };
}
```

5. 验证计算

(1) 当速度是 200 km/h 时，车轮旋转一圈用时 24 318 μs，外加 RB0/INT 引脚的方波信号频率是 41.1218 Hz。

(2) 调整方波频率为 35 Hz，说明车轮旋转一圈用时 28 571 μs，代入换算公式

$$\frac{4\,863\,600}{28\,571} = 170 \text{ km/h，LCD 显示 } \boxed{169}。$$

(3) 调整方波频率为 4 Hz，说明车轮旋转一圈用时 250 000 μs，代入换算公式

$$\frac{4\,863\,600}{250\,000} = 19 \text{ km/h，LCD 显示 } \boxed{019}。$$

(4) 调整方波频率为 1 Hz，说明车轮旋转一圈用时 1 000 000 μs，代入换算公式 $\frac{4\,863\,600}{1\,000\,000} = 4.8$ km/h，LCD 显示 $\boxed{004}$。

请扫码观看：具有车辆里程及速度测量功能的里程表设计_中断程序分析及仿真调试视频，分为 A 段和 B 段。

具有车辆里程及速度测量功能的里程表　　　　　　具有车辆里程及速度测量功能的里程表
设计_中断程序分析及仿真调试 A 段　　　　　　　设计_中断程序分析及仿真调试 B 段

在微机课程学习中，仿真能力和设计能力同等重要。会设计但怎么证明设计结果是否正确，最快捷的办法就是仿真。通过仿真分析，找出问题并解决，才能设计出正确的微机应用系统。

6.6 给车辆里程表增加一个频率可调的信号源

如图 6-11 所示，利用单片机 U2 设计一个频率可调的方波信号源，方波信号从 RC6 引脚输出，给单片机 U1 做车辆里程信号，利用 U2 的 TMR0 模块的定时器功能，每次定

时时间到就把 RC6 取反，晶体振荡器频率为 4 MHz，其中 U2 的 RB0/INT 外部中断源做 TMR0 模块预分频比调整，RB4 的电平变化中断源做 TMR0 的初值调整。图 6-11 中表示当前 TMR0 模块预分频比 1 : 256，初值为 1，测量速度是 37 km/h。

验证计算：

$$256 \times (256 - 1) \times 2 = 130\,560$$

$$\frac{4\,863\,600}{130\,560} = 37$$

由于车辆里程表速度计算范围有限，因此信号源的输出频率应该有所限制，读者可自行设计信号源程序。

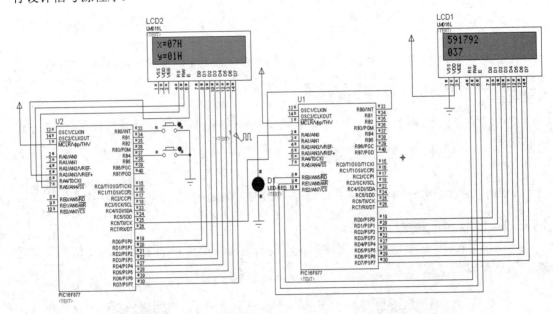

图 6-11   有信号源的车辆里程表设计电路

6.7   工作在中断唤醒、看门狗开启时的 TMR0 模块

利用 6.3 节的车辆里程表，学习 TMR0 模块在中断唤醒以及看门狗开启时的结果。由前述分析得知，由于该模块受"与时钟同步电路"的影响，不能在应用设计中使用睡眠功能，否则无法唤醒单片机。

在主函数的最后一条语句后添加 SLEEP(); 指令如下：

```
PORTD = table[f]; ENABLE1();        //送第 1 行第 6 数字个位
SLEEP();
```

在 MPLAB 软件中重新编译后，回到 Proteus 软件进行仿真，原本可以在 LCD 上看到里程加 1，现在的 LCD 只停留在初始里程上，不再加 1，可见程序主循环的最后一条睡眠语句使得单片机的系统时钟为 0，TMR0 模块不能加 1，也就不能溢出唤醒单片机。但是单片机睡眠不意味着引脚电平全部输出低电平，而是保持睡眠前的状态。

6.7.1　PIC16F87X 配置位

在开启看门狗前，先学习一下单片机配置位的概念。器件的配置位允许用户根据应用需要配置器件。当器件上电时，这些位的状态决定了器件的工作模式。配置位的程序存储器映射位置为 2007H。器件正常运行时，无法对该位置进行存取(只能在编程模式下存取)。

打开 6.3 节的车辆里程表工程，在 MPLAB 软件界面菜单 Configure 处下拉至 Configuration Bits... ，打开该界面，如图 6-12 所示，先把 ☑ Configuration Bits set in code. 的小勾去除，然后修改默认值。其中"OSC"晶体振荡器选择"XT"，"WDT"选择"On"等，所以"Value"当前是"FF2D"。

Configuration Bits				
☑ Configuration Bits set in code.				
Address	Value	Field	Category	Setting
2007	FF2D	OSC	Oscillator	XT
		WDT	Watchdog Timer	On
		PUT	Power Up Timer	Off
		BODEN	Brown Out Detect	Off
		LVP	Low Voltage Program	Disabled
		CPD	Data EE Read Protect	Off
		WRT_ENABLI	Flash Program Write	Write Protection Off
		CP	Code Protect	Off

图 6-12　配置位示意图

为了便于在 MPLAB 软件中仿真操作，修改主函数的 PTION_REG = 0B10000001; ，把 TMR0 模块改为定时器，便于仿真。

编译后，在中断服务程序第一条指令 Ⓑ {li_cheng.count++; 处设断点。在主界面菜单 Debugger 处下拉至 Select Tool ，选择为 √ 4 MPLAB SIM ，即软件仿真，随即在主界面出现 ▷ ▌▌ ▶▶ ↻ ⅋ ⅌ 眉 Ⓑ ，即仿真快捷键，单击其中的 ▷ ，全速运行，观察仿真结果。

每次单击 ▷ ，指针停留在断点处，说明程序进入中断。当单击到第 3 次时，出现如图 6-13 所示的提醒框，说明看门狗溢出了，提醒用户不使能看门狗，这时只要将图 6-12的"WDT"选择不使能，重新编译，重复上述仿真动作，就不会再出现如图 6-13 所示的提醒。

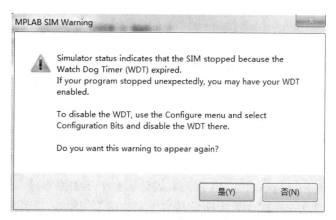

图 6-13　看门狗仿真提醒

但是应用系统设计使能看门狗的好处是在无人参与情况下自动保护系统，因此在启用看门狗的前提下，又不能让看门狗溢出。

6.7.2　清看门狗指令应用

PICC 中用 CLRWDT(); 函数表示汇编语句 CLRWDT，看门狗定时器只要不溢出，就不会复位单片机，所以应该在程序中添加上述指令，一般都添加在延时函数或运行时间超出看门狗定时时间的函数中。

查看 6.3 节的车辆里程表程序，void DELAY()延时时间较长，现在修改为

```
void DELAY()
{
    unsigned int i;
    for(i = 999; i > 0; i--)CLRWDT();
}
```

在循环 for 语句中加入 CLRWDT(); 后，重新编译后仿真，发现仍然会出现如图 6-13 所示的提醒，问题出在中断服务程序的几个 eeprom_write 函数上，因为 EEPROM 的写入动作持续时间超出看门狗的溢出时间，这时暂时把 3 个 eeprom_write 函数用"//"屏蔽后，进行编译，去掉中断服务程序中的断点，全速运行，这时程序在启用看门狗的前提下，如果软件不再提醒看门狗关闭，则说明清看门狗指令安排已经满足要求，程序正常运行时看门狗不会溢出了。

解决 eeprom_write 函数超时问题，必须进入 PICC 中有关该函数的文件，进行修改，此处不再介绍。提示：可以通过 MPLAB 软件的 EEPROM 超时提示框目录，找到相应的文件，在写入等待语句中添加清看门狗指令。

PICC 程序中配置位定义格式是：__CONFIG(0xFF2D);，其中 0XFF2D 是参照图 6-12 的配置结果得到的。如果要关闭看门狗，则可以把图中看门狗选项不使能后，再次编译，查看配置字，是 0XFF29，只要把 __CONFIG(0xFF29); 语句添加到程序的#include<pic.h> 之后，经过编译，软件自动修改图 6-12 为配置位指定的设置。

6.8　利用 EDA 技术模拟 TMR0 电路

通过本章的学习可知，外围模块是在单片机内核之外的多功能电路，通过 OPTION、INTCON、TMR0 等寄存器进行初始化后，在特定功能下进行工作，当 T0IF = 1 时，定时或计数溢出，申请中断。

图 6-14 模拟 TMR0 模块，用 EDA 的方式设计了一个 TMR0 电路，通过该电路的学习，既能掌握初始化的含义，又能学习中断及其清标志位的工作原理，还能学习外围模块电路的 EDA 设计方法，为后续在单片机外接口 FPGA 电路或进行片上系统设计打下基础。

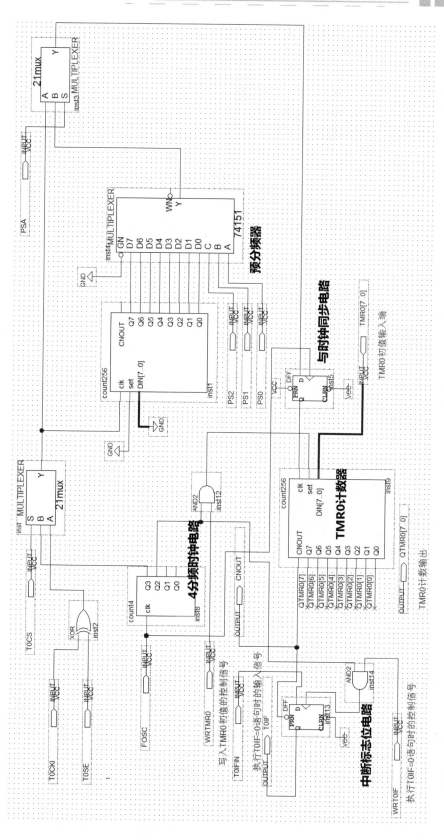

图 6-14 用 EDA 方法模拟 TMR0 电路

模拟图 6-5 的 TMR0 电路结构，画出图 6-14 顶层电路图，其中 COUNT4 是 4 分频的电路，把晶体振荡频率 f_{osc} 分频为 Q3、Q2、Q1、Q0，程序代码如下：

```
LIBRARY IEEE;
USE IEEE.STD_LOGIC_1164.ALL;
USE IEEE.STD_LOGIC_ARITH.ALL;
USE IEEE.STD_LOGIC_UNSIGNED.ALL;
--*********************************************
ENTITY   count4    is
PORT(    clk:in std_logic;
         Q3, Q2, Q1, Q0:OUT std_logic);
END count4   ;
--*********************************************
ARCHITECTURE abc OF     count4 IS
signal timer    :std_logic_vector(1 downto 0);
BEGIN
PROCESS(CLK, timer)
BEGIN
    IF(CLK'EVENT AND CLK = '1')then
        timer <= timer+1;
        IF timer = "11" then Q3 <= '1';
        ELSE Q3 <= '0';
        end if;
        IF timer = "10" then Q2 <= '1';
        ELSE Q2 <= '0';
        end if;
        IF timer="01" then Q1 <= '1';
        ELSE Q1 <= '0';
        end if;
        IF timer = "00" then Q0 <= '1';
        ELSE Q0 <= '0';
        end if;
    end if;
  END PROCESS ;
  end abc;
```

COUNT256 是模为 256 的加 1 计数器电路,其中 inst9 模块模拟图 6-5 的 TMR0 计数器,inst1 模块配合 inst4 模块的 74151,模拟预分频器电路,它的代码如下：

```
LIBRARY IEEE;
USE IEEE.STD_LOGIC_1164.ALL;
USE IEEE.STD_LOGIC_ARITH.ALL;
```

```
USE IEEE.STD_LOGIC_UNSIGNED.ALL;
--*****************************************
ENTITY    count256    is
PORT(   clk, set  :in std_logic;
        DIN         :in std_logic_vector(7 downto 0);
        CNOUT , Q7, Q6, Q5, Q4, Q3, Q2, Q1, Q0:OUT std_logic);
END count256   ;
--*****************************************
ARCHITECTURE abc OF     count256 IS
signal timer    :std_logic_vector(7 downto 0);
BEGIN
PROCESS(CLK, set, DIN, timer)
BEGIN
    if set = '1' then timer <= DIN;
        ELSIF(CLK'EVENT AND CLK='1')then
            timer <= timer+1;
            IF timer = "11111111" then CNOUT <= '0';
            ELSE CNOUT <= '1';
            end if;
        end if;
        Q7 <= timer(7); Q6 <= timer(6); Q5 <= timer(5);
        Q4 <= timer(4); Q3 <= timer(3); Q2 <= timer(2);
        Q1 <= timer(1); Q0 <= timer(0);
END PROCESS ;
end abc;
```

图 6-14 中 inst 和 inst3 是 2 选 1 的数据选择器，模拟图 6-5 的两个对应电路，inst5 的 D 触发器模拟"与时钟同步电路"，inst13 和 inst14 配合，模拟中断标志位 T0IF 的保持和清 0 电路。

作为定时器时的仿真波形如图 6-15 所示，参考图 6-5 的功能，图 6-15 中 T0CS = 0; PS0 = 1; ，电路工作在前分频为 4 的定时器状态，起始 T0IF = 1; ，QTMR0 的计数值按照加 1 规律，从 FE→FF 直到 00H，每个计数状态包含 16 个时钟，即 4×4，前 4 分频是 COUNT4 完成的，后 4 分频由预分频器完成。

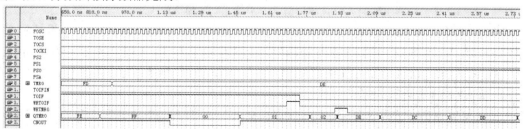

图 6-15　作为定时器时的仿真波形

图 6-15 中从左到右，当 WRT0IF = 1 时，当前 T0IFIN = 0，模拟执行语句(T0IF = 0;)后，图中的 T0IF 从 1 变为 0，清除中断标志，之后 WRTMR0 = 1，把初值 TMR0 的 DBH 写入 QTMR0 中，模拟执行语句(TMR0 = 0XDB;)，把当前计数值从 02H 改为 DBH，相当于中断程序中对 TMR0 重新赋初值，之后从 DBH 加 1 计数。需要说明的是：图 6-5 模块电路在 CPU 内核控制下，WRT0IF = 1 和 WRTMR0 = 1 的时刻由语句(T0IF = 0;)和(TMR0 = 0XDB;)执行时生成，在指令周期的 Q3 时段出现，图 6-15 的仿真波形中，并没有按照这个要求设置，为了能满足图 6-14 中 inst12、inst14 的与门输出为 1，所以图 6-15 中这两个控制信号为 1 的时间设置得比较长，确保能在 FOSC 信号对应的 Q3 时段为 1。

如图 6-16 所示，当计数器再次加 1 计数到 00H 时，没有清中断标志位，也没有赋初值，计数器从 00H 继续加 1 计数，T0IF 一直都是 1，模拟进中断后不赋初值也不清中断标志位的结果，计数器继续加 1，在此期间会一直进中断，但是不影响计数器的加 1 动作。

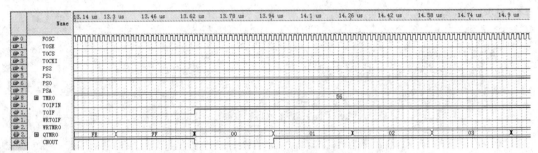

图 6-16　再次加 1 计数到 00H 时

如图 6-17 所示，当初始化 TMR0 为计数器功能，图中 T0CS = 1，T0CKI 的时钟频率是 FOSC 的 1/2，提前清 T0IF，赋初值为 FEH，之后按照 T0CKI 的频率进行加 1 计数，到 00H 时 T0IF 自动为 1，计数器继续从 00H 加 1 计数，观察图中的计数结果，在 T0CS = 0 时，每 16 个 f_{osc} 时钟加 1，当 T0CS = 1 后，每 4 个 T0CKI 时钟加 1，这是为什么？

图 6-17　初始化 TMR0 为计数器功能的仿真结果

图 6-17 中，在 7.87 μs 附近，f_{osc} = 0，模拟单片机睡眠，QTMR0 = 03H，不再加 1，是图 6-5 的"与时钟同步电路"的作用结果，对应图 6-14 的 inst5 模块的 D 触发器功能。从 8.51 μs 开始，T0CS = 0，又回到定时器功能，计数值加 1 规律不变，但是加 1 的周期不再和 T0CKI 时钟有关。

读者可以模仿本节内容，进行其他功能的仿真。如果图 6-14 的电路是 16 位 CPU 的外围模块，则应该如何修改，才能和该 CPU 匹配？

思考练习题

1. 根据图 6-18 阅读下述程序。

```c
#include<pic.h>
main()
{
    TRISA4 = 1;
    TRISC = 0;
    OPTION = 0B10101000;
    TMR0 = 254;
    while(1)
    {   PORTC = TMR0;
        if(T0IF == 1)
        {TMR0 = 254; T0IF = 0; }
    }
}
```

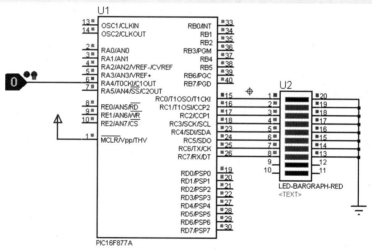

图 6-18　练习题 1 电路图

(1) 为什么程序要执行过 TRISC = 0 语句后，PORTC 外接的 LED 灯才会亮？如果显示值是 PORTC = 0X01，则与本程序有什么关系？

(2) 设在 {TMR0 = 254; T0IF = 0;} 语句处设断点，当程序执行到 PORTC = TMR0 语句后，PORTC 外接的 LED 灯如图 6-18 所示，PORTC = 0B11111110，全速运行，再把 RA4 外接的逻辑电平改为"1"，结果如何？经过几次电平改变后停在断点处？为什么？此时 PORTC 为多少？

(3) 自行在主函数添加使能 TMR0 模块中断语句，将程序改为中断模式，如果中断服务程序分别为以下程序部分，执行结果 PORTC 为多少？为什么？

① void interrupt tmr0_serve()

{ TMR0 = 254; T0IF = 0; PORTC = TMR0; }

② void interrupt tmr0_serve()

{ PORTC = TMR0; TMR0 = 254; T0IF = 0; }

2. 在 RA4 端口中，分析为什么 TMR0 模块和 TRISA 寄存器有关？如何设置 TRISA4？

3. TMR0 模块的最大模是多少？设 $f_{osc} = 4\,MHz$，要求定时时间是 50 000 μs，写出初始化时 OPTION 和 TMR0 的值。模仿例 5-1，设计一个每隔 1.5 s 使 RC0 引脚外接的 LED 灯状态变化一次的完整 PICC 程序。

4. 模仿例 5-3 的图 5-7，画出本章 6.3 节的车辆里程表的设计流程图。

5. 把本章 6.3 节的车辆里程表改为动态显示，设 PORTD 驱动数码管的笔段，PORTC 驱动数码管共阳或阴极。如果有实验板，则可以根据实验板上的电路接口修改，观察里程自加一时数码管闪烁的现象。

第 7 章　定时器/计数器 TMR1

本章介绍定时器/计数器 1 模块 TMR1，以下简称 TMR1 模块。与 TMR0 相比，TMR1 的功能更加全面，具体如下：

(1) TMR1 为 16 位宽，预分频器为 3 位宽，最大模为 $2^3 \times 2^{16}$，具有更宽的计数范围。

(2) 自带低频时基振荡器，用来记录和计算真实的年、月、日、时、分、秒。

(3) 与 CCP 模块配合，可实现输入捕捉或输出比较功能。

(4) 计数模式可以选择工作在单片机睡眠状态下。

(5) 与 TMR0 启动后不能停止相比，TMR1 的定时或计数功能可以被停止。

(6) 与 TMR1 有关的引脚是 RC0、RC1。

7.1　与 TMR1 模块相关的寄存器

与 TMR1 相关的寄存器如表 7-1 所示。前 3 个寄存器与中断相关，查看图 5-1 可知，TMR1 模块的中断属第二梯队，需要使能第二梯队的控制端 PEIE，如图 5-1 中的 AND2 所示，同理使能全局中断 GIE。TMR1 的中断使能位是 TMR1IE，中断标志位是 TMR1IF。后 3 个寄存器与 TMR1 有关，TMR1H 和 TMR1L 组成 16 位的寄存器对，作为计数寄存器使用，T1CON 是学习 TMR1 模块的关键。

表 7-1　与 TMR1 相关的寄存器

寄存器名称	寄存器符号	寄存器地址	寄存器内容							
			bit7	bit6	bit5	bit4	bit3	bit2	bit1	bit0
中断控制寄存器	INTCON	0BH/8BH/10BH/18BH	GIE	PEIE	T0IE	INTE	RBIE	T0IF	INTF	RBIF
第 1 外设中断标志寄存器	PIR1	0CH	PSPIF	ADIF	RCIF	TXIF	SSPIF	CCP1IF	TMR2IF	TMR1IF
第 1 外设中断屏蔽寄存器	PIE1	8CH	PSPIE	ADIE	RCIE	TXIE	SSPIE	CCP1IE	TMR2IE	TMR1IE
TMR1 低字节	TMR1L	0EH	16 位 TMR1 计数寄存器的低字节寄存器							
TMR1 高字节	TMR1H	0FH	16 位 TMR1 计数寄存器的高字节寄存器							
TMR1 控制寄存器	T1CON	10H	—	—	T1CKPS1	T1CKPS0	T1OSCEN	$\overline{\text{T1SYNC}}$	TMR1CS	TMR1ON

其中 T1CON 是 6 位可读/写寄存器，最高 2 位未用，读出时返回 "0"，其他各位含义如下：

(1) T1CKPS1、T1CKPS0：前分频器分频比选择位，如表 7-2 所示。

表 7-2　分频器分频比选择位

T1CKPS1、T1CKPS0	分频比
00	1：1
01	1：2
10	1：4
11	1：8

(2) T1OSCEN：TMR1 自带振荡器使能位。1 = 允许振荡器起振，0 = 禁止振荡器起振。

$\overline{\text{T1SYNC}}$：TMR1 外部输入时钟与系统时钟同步控制位。

TMR1 工作于计数模式(TMR1CS = 1)时：1 = 不同步，0 = 同步。

TMR1 工作于定时模式(TMR1CS = 0)时，该位不起作用。

(3) TMR1CS：时钟源选择位。1 = 选择外部时钟或自带振荡器，0 = 选择内部时钟即指令周期作时钟。

(4) TMR1ON：TMR1 使能控制位。1 = 启用 TMR1 进入活动状态，0 = 关闭 TMR1，以节省功耗。

7.2　TMR1 模块的电路结构

TMR1 模块电路结构如图 7-1 所示，包含 8 个组成部分。

(1) 寄存器对 TMR1H 和 TMR1L 构成的 16 位宽的累加计数器，初值可以在 0000H ～ FFFFH 范围内任意设定。

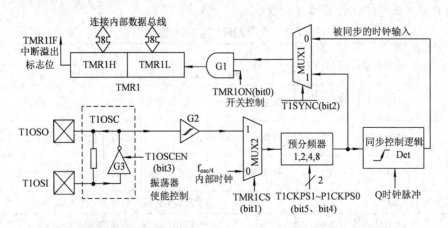

图 7-1　TMR1 模块的电路结构

(2) 与寄存器对相连的与门，通过 TMR1ON 端控制着寄存器对输入时钟的通道。

TMR1ON＝1 时通道打开，计数寄存器对能加一计数，TMR1ON＝0 时通道关闭，计数寄存器对不能加一计数。

(3) 由 $\overline{\text{T1SYNC}}$ 控制的 2 选 1 的数据选择器，让用户可以选择输入的计数脉冲信号要不要与内部时钟同步，如果选择 1 通道，则不与内部时钟同步，TMR1 模块就可以工作在单片机睡眠状态下，当计数溢出时中断唤醒 CPU，此模式能让单片机工作在省电状态。

(4) 同步控制逻辑：将经过外部引脚输入的信号(TMR1CS＝1 时)，与单片机内部时钟进行同步，实际上是一个上升沿检测电路，此时应该置 $\overline{\text{T1SYNC}}$＝0。

(5) 预分频器电路：参看表 7-2，通过 T1CKPS1、T1CKPS0 的赋值，有 4 种分频比可选。

(6) 由 TMR1CS 控制的 2 选 1 的数据选择器，选择 TMR1 模块的定时或计数模式，TMR1CS＝0 为定时器，TMR1CS＝1 为计数器。

(7) 施密特整形电路 G2 门，对来自引脚的信号进行整形，主要是信号边沿的整形。

(8) T1OSCEN 控制的低频振荡电路，如图 7-2 所示，利用两只外接引脚跨接石英晶体，构成电容三点式振荡电路。电容 C1、C2 与频率的关系如表 7-3 所示。启用该电路时置 T1OSCEN＝1。

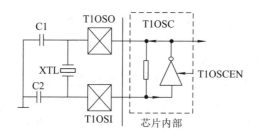

TMR1 工作原理分析

图 7-2　TMR1 自带振荡器电路

表 7-3　TMR1 振荡器电容与频率的关系

频率/kHz	C1/pF	C2/pF
32	33	33
100	15	15
200	15	15

从表 7-3 可见，该频率最高达 200 kHz。选择外接 32.768 kHz 的电子表通用微型石英晶体，分频后，可得秒时基信号，利用这个独立的不受单片机睡眠影响的时钟信号，可以为单片机应用产品添加实时时钟功能。

7.3　TMR1 模块的工作原理

TMR1 有两种工作模式：定时器模式 TMR1CS＝0，计数器模式 TMR1CS＝1。计数器模式分为同步计数器 $\overline{\text{T1SYNC}}$＝0 和异步计数器 $\overline{\text{T1SYNC}}$＝1。TMR1 有四种时钟信号或

触发信号：

(1) 指令周期作为时钟信号，此时 TMR1 工作在定时器模式。

(2) 从 RC0 引脚获取触发信号，此时 TMR1 工作在计数器模式。

(3) 从 RC1 引脚获取触发信号，此时 TMR1 工作在计数器模式。

(4) 自带振荡器产生的信号，此时 TMR1 工作在计数器模式。一旦启用该模式 (T1OSCEN = 1)，RC0、RC1 引脚自动设定为专用引脚，TRISC0、TRISC1 的值被忽视。

7.3.1 定时器工作模式

TMR1 利用指令周期作时钟源时，称为定时器。定时器模式不能工作在单片机睡眠状态下。结合表 7-1、表 7-2 和图 7-1，当 TMR1 工作在定时器模式时，需做如下定义：

(1) TMR1CS = 0，利用指令周期作时钟源，即 $f_{osc}/4$。

(2) 根据定时需要选择适当的预分频比，定义 T1CKPS1、T1CKPS0。

(3) 由于是定时器模式，$\overline{T1SYNC}$ 不论取 1 或 0 都可以。

(4) 启动 TMR1 模块，TMR1ON = 1。

例 7-1 分析设计

(5) 根据定时需要置寄存器对 TMR1H、TMR1L 的初值。

【例 7-1】 利用 TMR1 模块设计一个波形产生电路，从 RC2 引脚输出周期是 3200 μs 的对称方波，设单片机的 f_{osc} = 4 MHz。

设计思路：因为单片机 f_{osc} = 4 MHz，则指令周期是 1 μs，可以把 TMR1 模块设计为 3200 ÷ 2 = 1600 μs 的定时器，每次定时溢出时把 RC2 引脚电平取反即可。

(1) 初始化。初始化的步骤如下：

① RC2 引脚设置为输出口，TRISC2 = 0。

② 因为 TMR1 做定时器使用，所以 TMR1CS = 0，$\overline{T1SYNC}$ 可以任选，此处选 $\overline{T1SYNC}$ = 0。

③ 根据图 7-1，TMR1 寄存器是 16 位二进制加一电路，模是 2^{16} = 65 536，本题定时时间小于该值，预分频比选择为 1 : 1，因此 T1CKPS1、T1CKPS0 都取 0，因此 T1CON = 0B00000001。其中 bit0 是 TMR1ON = 1，启动 TMR1 模块。

④ TMR1 寄存器对的初值应该是 65536-1600 = 63936 = F9C0H，即 TMR1H = 0xF9，TMR1L = 0xC0。

⑤ 中断使能 GIE = 1，PEIE = 1，TMR1IE = 1，初始化中断标志位 TMR1IF = 0。

(2) 主循环。无内容。

(3) 中断。赋初值 TMR1H = 0xF9，TMR1L = 0xC0，清中断标志位 TMR1IF = 0，RC2 引脚电平取反。

(4) 程序设计。完成上述功能的完整 PICC 程序如下：

例 7-1 仿真分析

```
#include<pic.h>
void interrupt tmr1()
{
    TMR1H = 0XF9; TMR1L = 0XC0; TMR1IF = 0;
```

```
//每次定时时间到时重新赋初值，记得清中断标志位
RC2 =! RC2;
}
main()
{ TRISC2 = 0;
    GIE = 1; PEIE = 1; TMR1IE = 1; TMR1IF = 0;          //使能 TMR1 的中断
    TMR1H = 0XF9; TMR1L = 0XC0;          //计数寄存器对赋初值
    T1CON = 0B00000001;                  //最后定义控制寄存器，同时启动 TMR1 定时器
    while(1);              //主循环部分保证单片机的 CPU 不停止工作，才能响应中断请求
}
```

7.3.2　计数器工作模式

TMR1 利用外部触发信号作时钟源时，称为计数器，触发信号从 RC0 或 RC1 输入，当 $\overline{\text{T1SYNC}}=0$ 时，是同步计数模式，不能工作在单片机睡眠状态下，当 $\overline{\text{T1SYNC}}=1$ 时，是异步计数模式，可以工作在单片机睡眠状态下。结合表 7-1、表 7-2 和图 7-1，当 TMR1 工作在计数器模式时，需做如下定义：

(1) TMR1CS = 1，利用外部触发信号作时钟源。

(2) 根据计数需要选择适当的预分频比，定义 T1CKPS1、T1CKPS0。

(3) 由于是计数器模式，根据同步或异步计数的设计需要，选择 $\overline{\text{T1SYNC}}$ 取 0 或 1。

(4) 启动 TMR1 模块，TMR1ON = 1。

(5) 根据计数需要置寄存器对 TMR1H、TMR1L 的初值。

【例 7-2】　利用 TMR1 模块自带振荡器，设计一个秒计时器，最大计时至 255 s 后清 0，重新开始计时，利用按键 key 控制计时器的启、停计时，启动时总是从 0 开始。振荡器晶振频率选择 32.768 kHz，用 1602LCD 做计时显示。

(1) 设计思路。

① TMR1 模块设计成自带振荡器的计数器，振荡器频率为 32.768 kHz，即每秒计数 32 768 = 0x8000 个时钟，因此 TMR1 计数寄存器对的初值 = 0x10000 − 0x8000 = 0x8000。初始化 TMR1 模块时不使能 TMR1ON 位。

② 利用外部中断设计按键 key 的启停控制，设比特变量 a 作为启停标志，初值为 0，key 第一次动作是启动，进入外部中断后对 a 取反。因此，a = 1 时是启动控制，a = 0 时是停止控制。

③ 在外部中断程序中，如果 a = 1，则启动控制，计数器从 0 开始计数，使能 TMR1 模块的 TMR1ON 位，如果 a = 0，则停止控制，计数器停止计数，置 TMR1 模块的 TMR1ON 位为 0。

④ TMR1 计数中断程序主要完成对 8 位变量 x 的自加一，因为计数器设计成每秒一次的中断，所以 x 变量的每次加一动作体现了秒的计时。为不增加程序复杂程度，直接将 x 的值送 LCD 显示。

例 7-2 讲解 1_转

(2) 流程图设计。根据以上设计思路所画出的流程图如图 7-3 所示。

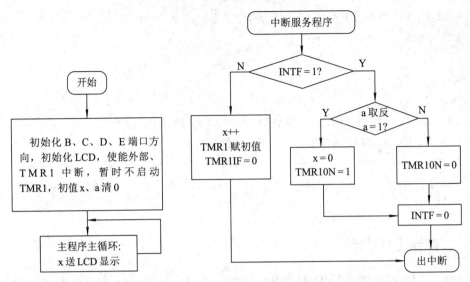

图 7-3 例 7-2 设计流程图

(3) 电路图设计。设计的电路如图 7-4 所示。LCD 显示的 23H，就是 35 s。

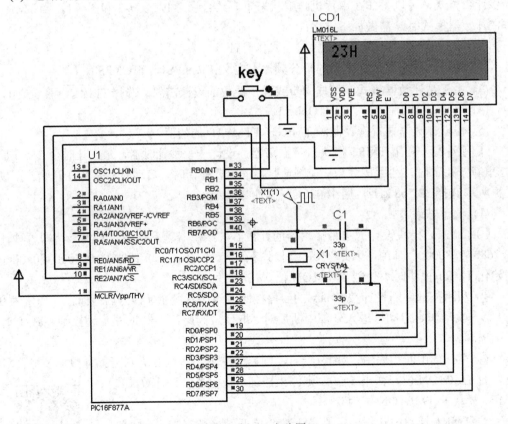

图 7-4 例 7-2 电路图

由于 Proteus 仿真软件振荡器电路元件理想化，不易起振，因此图中与 RC0 相连的振荡器电路外接一个信号源，频率选择为 32.768 kHz，与电路图中的频率一致。

(4) 程序设计。根据流程图及电路图所设计的程序如下：

```
#include<pic.h>

__CONFIG(0xFF29);

char x;

 bit a;

static volatile char table[16] = {0x30, 0x31, 0x32, 0x33, 0x34, 0x35,

0x36, 0x37, 0x38, 0x39, 0x41, 0x42, 0x43, 0x44, 0x45, 0x46};

void DELAY()                        //延时子程序

{unsigned int i; for(i = 999; i > 0; i--); }

void ENABLE()                       //写入控制命令的子程序

{ RE0 = 0; RE1 = 0; RE2 = 0; DELAY(); RE2 = 1; }

void ENABLE1()                      //写入字的子程序

{ RE0 = 1; RE1 = 0; RE2 = 0; DELAY(); RE2 = 1; }

void lcd()

{

    TRISD = 0; TRISE = 0;   //定义 PIC 与 1602LCD 的数据驱动接口 PORTD 和命令控制接口

    PORTD = 0;                      //当前数据输出口清 0

    DELAY();                        //调用延时，刚上电 LCD 复位不一定有 PIC 快

    PORTD = 1; ENABLE();            //清屏，调延时，因为 LCD 是慢速器件

    PORTD = 0x38; ENABLE();  //8 位 2 行 5×7 点阵

    PORTD = 0x0c; ENABLE();  //显示器开、光标不开、闪烁不开

    PORTD = 0x06; ENABLE();  //文字不动，光标自动右移

}

void interrupt tmr1()

{

    if(INTF == 1){a =! a; if(a == 1){x = 0; TMR1ON = 1; }else TMR1ON = 0; INTF = 0; }

    else

    { x++;                 //秒变量自加 1

      TMR1ON = 0;  TMR1H = 0X80; TMR1L = 0; TMR1ON = 1;   //赋初值过程

      TMR1IF = 0;

    }

}

main()

{   lcd();                          //LCD 初始化

    TRISB0 = 1; nRBPU = 0;          //使能 RB0 为输入，启用弱上拉功能

    x = 0; a = 0;                   //变量赋初值

    GIE = 1; PEIE = 1; TMR1IE = 1; TMR1IF = 0;       //使能 TMR1 的中断

    INTE = 1; INTF = 0;             //使能外部中断

    TMR1H = 0X80; TMR1L = 0;        //计数寄存器对赋初值
```

```
T1CON = 0B00001110;              //最后定义控制寄存器，不启动 TMR1 定时器
while(1)                         //主循环部分保证单片机的 CPU 不停止工作，才能响应中断请求
{   PORTD = 0x80; ENABLE();      //光标指向第 1 行的位置
    PORTD = table[x>>4]; ENABLE1();    //送 x 的高位显示
    PORTD = table[x&0x0f]; ENABLE1();  //送 x 的低位显示
    PORTD = 'H'; ENABLE1();
}
}
```

为了减轻 Proteus 软件仿真时的计算量，看到比较实时的仿真结果，可把 X1(1) EXT 频率设置为 1 Hz，主程序和中断服务程序中 TMR1H = 0X80; TMR1L = 0; 初值都改为 0xFF。每 1 Hz 都使 TMR1 溢出进中断，可看到 LCD 加 1 的结果。

7.3.3　TMR1 模块应用设计注意事项

TMR1 模块在应用设计时，需注意以下事项：

(1) 当 TMR1CS = 1 时，TMR1 模块工作在计数器模式，时钟来源于外部引脚或自带振荡器，在开始增量之前，要有一个下降沿打头阵，TMR1 随着外部触发信号递增时刻发生在这个下降沿之后的第一个上升沿。如图 7-5 所示，图中左边第一个上升沿是第一个计数时刻。

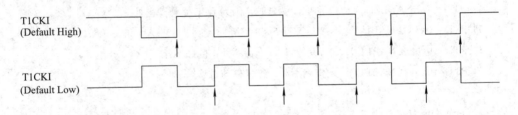

图 7-5　TMR1 计数器的第一个计数时刻示意图

(2) 由于 TMR1 的计数寄存器是 16 位的，而 CPU 只有 8 位，因此对寄存器对赋初值的动作分两次进行，不论是先赋初值给低 8 位还是高 8 位，建议暂停 TMR1 计数(TMR1ON = 0)后进行，赋初值后再启动(TMR1ON = 1)，以免出现意外。比如某设计需要赋的初值是 00FFH，如果先赋初值给低 8 位 TMR1L = 0XFF;，再赋初值给高 8 位 TMR1H = 0;，则这个过程中可能出现低 8 位赋值后自加 1，结果是 TMR1L = 0，虽然发生进位，但高 8 位此时处在被赋初值之中，最终赋的初值是 0000H。

(3) 对寄存器对 TMR1H、TMR1L 的写操作时，预分频器被复位。

(4) 当 TMR1 在运行过程中，对寄存器对 TMR1H、TMR1L 的值进行修改操作，可能会写入不希望的值，此时应该先置 TMR1ON = 0，再修改，再置 TMR1ON = 1。

(5) 对于单片机的任何一种复位操作，寄存器对 TMR1H、TMR1L 的值保持原状。

(6) 上电复位或掉电复位时，T1CON = 00H，关闭 TMR1 模块，其他复位时不影响 T1CON 的值。

(7) TMR1 模块被设计成与 CCP 模块配合使用，配合时需要注意的问题待第 9 章介绍，此处先做提醒。

7.4   TMR1、TMR0 和外部中断模块的综合应用设计

随着学习的 PIC 单片机外围模块越来越多，可以通过几个模块的综合应用，设计出功能更多的系统。TMR1 和 TMR0 都是定时器/计数器模块，但是工作原理不同，TMR1 可以通过 TMR1ON 启动或停止，利用这个功能，模仿例 7-2 外部中断对 TMR1 定时器的启停控制，把"6.3 TMR0 模块设计举例——车辆里程表"设计成具有速度显示功能的系统。

【例 7-3】 设计一个具有车辆里程和速度显示功能的系统，利用 1602LCD 显示，第一行显示当前里程，单位为 km，第二行显示速度，单位为 km/h。设单片机的 $f_{osc} = 4\,MHz$。

(1) 设计思路。

① 在原来设计基础上添加速度测量功能，选择用外部中断感知一个车轮周长的距离，配合 TMR1 定时功能进行速度测量。

②
$$
\begin{aligned}
速度 &= \frac{车辆行驶一个周长距离}{所用的时间} \\
&= 1 \times \frac{车辆周长(km)}{当前TMR1的计时时间(h)} \\
&= \frac{3.14 \times 0.43(m) \times 60 \times 60 \times 1\,000\,000}{当前TMR1的计时时间(\mu s) \times 1000}
\end{aligned}
$$

例 7-3 车辆里程表设计

③ 如果 TMR1 定时器的预分频器选择为 1∶8，则
$$
上式 = \frac{4\,860\,720}{65536\ \mu s \times 8} = 9.27\ km/h\ 为最小可测速度
$$
$$
上式 = \frac{4\,860\,720}{1\ \mu s \times 8} = 607\,590\ km/h\ 为最大可测速度
$$

④ 利用周长除以当前车轮旋转一周所需要的时间，可以得到车辆速度，如降低单片机的晶振频率为 1 MHz，可以测量的最低速度降到 9.27 km/h ÷ 4 = 2.3175 km/h。PIC16f87X 单片机晶振频率选择范围可以从 0 开始到 20 MHz，继续降低晶振频率，能测量的最低速度可以到 1 km/h 以下。

⑤ 由于 6.3 节中利用车轮旋转产生的脉冲信号作为里程计数的信号源，因此此处利用这个信号源作为车辆周长的测量依据。用外部中断，连续检测相邻的两次上跳变，即一个车轮周长的距离，第一次上跳变启动 TMR1 模块定时器从 0 开始计时，第二次上跳变停止定时器，此时车辆速度 = 4 860 720/(TMR1 寄存器对的值 μs × 8)。

⑥ 本设计用到 TMR0 模块做里程计数，用外部中断感知周长信号，用 TMR1 模块测量车辆行驶一个周长距离所用的时间，TMR1 不使能中断，由外部中断控制它的启停，其他两个中断源必须安排一下中断优先权：外部中断先，TMR0 计数中断后。

(2) 根据设计思路画出程序设计流程图，如图 7-6 所示。

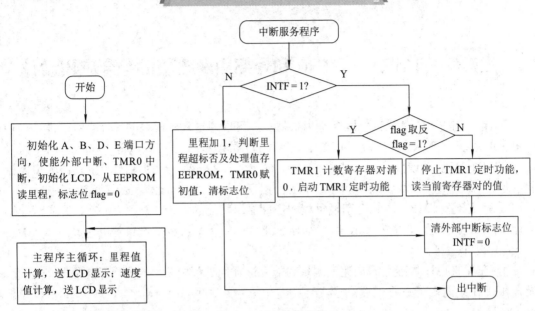

图 7-6　例 7-3 流程图

(3) 画出电路图，如图 7-7 所示。图中 $^{U1(RB0/INT)}_{<TEXT>}$ ⊿ ⊓⊔ 的频率是 10 Hz，作为速度测量信号源。根据流程图设计程序。

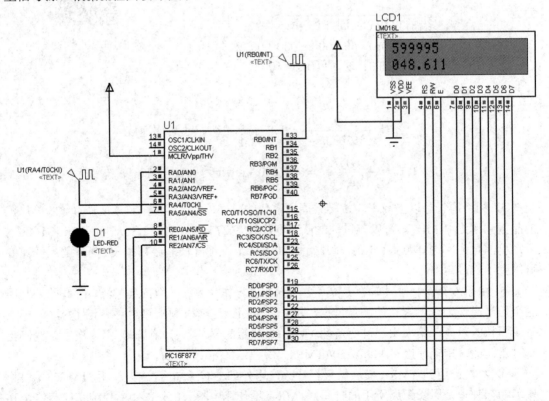

图 7-7　例 7-3 电路图

(4) 验证设计是否正确。

① 以 10 Hz 输入信号为例：

$10\ \mathrm{Hz}$ 的周期 $T = \dfrac{1}{10} = 0.1\ \mathrm{s}$

车轮周长 $= 3.14 \times 0.43\ \mathrm{m} = 1.3502\ \mathrm{m}$

速度 $= 1.3502\ \mathrm{m}/0.1\ \mathrm{s} = 13.502\ \mathrm{m/s} = \dfrac{13.502 \times 60 \times 60}{1000\ \mathrm{km/h}} = 48.607\ \mathrm{km/h}$

从图 7-7 中可看出，LCD 显示的速度是 48.611 km/h，比计算值大，这是由于测量时间偏小，造成速度偏大。当外部中断检测到第一个上升沿时，进入外部中断服务程序后才启动 TMR1 定时功能，这段时间会造成测量误差。如果把 TMR1 的初值从 0 改为 1，即程序修改为 if(flag == 1){TMR1H = 0; TMR1L = 1; TMR1ON = 1; }，则可以得到 48.607 的速度显示。

② 以 20 Hz 输入信号为例：

$20\ \mathrm{Hz}$ 的周期 $T = \dfrac{1}{20} = 0.05\ \mathrm{s}$

车轮周长 $= 3.14 \times 0.43\ \mathrm{m} = 1.3502\ \mathrm{m}$

速度 $= \dfrac{1.3502\ \mathrm{m}}{0.05\ \mathrm{s}} = 27.004\ \mathrm{m/s} = \dfrac{27.004 \times 60 \times 60}{1000\ \mathrm{km/h}} = 97.214\ \mathrm{km/h}$

把图 7-7 中的 改为 20 Hz，重新仿真，可以得到 97.214 的速度显示。若改为 40 Hz，则可得到 194.428 的速度显示。这说明测量误差是固定值，是由单片机硬件结构配合及程序运行过程产生的。

测量误差是测量仪表设计时的重要问题，建议参考测量技术等方面的书籍或资料，学习测量误差的解决方法，本书不作介绍。

(5) 设计程序。设计的程序如下，其中有下画线的语句是在原车辆里程程序中没有的、本例新增功能对应的程序。该程序包含新增变量定义、初始化外部中断和 TMR1 模块，外部中断服务程序，速度计算及显示程序。

```
//车辆里程表设计，具有断电记忆功能，速度测量显示
//RS EQU 1 ; LCD 寄存器选择信号脚定义在 RE2 脚
//RW EQU 2 ; LCD 读/写信号脚定义在 RE1 脚
//E EQU 3 ; LCD 片选信号脚定义在 RE0 脚
#include<pic.h>
__CONFIG(0xFF29);
__EEPROM_DATA(0XB0, 0X27, 9, 0, 0, 0, 0, 0);
char m, a, b, c, d, e, f, tmr1h, tmr1l;
int y;
bit flag;
unsigned long x, buf;
static volatile char table[10] = {0x30, 0x31, 0x32, 0x33, 0x34, 0x35,
0x36, 0x37, 0x38, 0x39};
//****************************
union
```

```
{unsigned long count; char da_ta[3]; }li_cheng;        //定义一个共用体，存放里程
void DELAY()
{unsigned int i; for(i = 999; i > 0; i--); }
void ENABLE()                                          //写入控制命令的子程序
{ RE2 = 0; RE1 = 0; RE0 = 0; DELAY(); RE0 = 1; }
void ENABLE1()                                         //写入字的子程序
{ RE2 = 1; RE1 = 0; RE0 = 0; DELAY(); RE0 = 1; }
//***************************
void interrupt tmr0_serve()
{
    if(INTF == 1)       //外部中断服务程序
    {
        flag =! flag;   //标志位取反，若取反后为 1，则启动 TMR1 从 0 开始计时，否则停止计时
        if(flag == 1){TMR1H = 0; TMR1L = 0; TMR1ON = 1; }
        else {TMR1ON = 0; tmr1h = TMR1H; tmr1l = TMR1L; }; INTF = 0; }
    else                //不是外部中断，就是 TMR0 中断，因为初始化时只使能了这两个中断源
    { li_cheng.count++;    //以下和 6.3 节的车辆里程设计相同
        if(li_cheng.count == 0X927C0)
        {T0IE = 0; RA0 = 1; }
        eeprom_write(0x02, li_cheng.da_ta[2]);
        eeprom_write(0x01, li_cheng.da_ta[1]);
        eeprom_write(0x00, li_cheng.da_ta[0]);
        T0IF = 0; TMR0 = 71;
    }
}
//***************************
void div()                 //求里程、速度的二-十进制转换结果
{
    a = buf/100000;        //求十万位 a
    x = buf-a*100000;      //求余数
    b = x/10000; y = x-b*10000;
    c = y/1000; x = y-c*1000;
    d = x/100; y = x-d*100;
    e = y/10; f = y-e*10;
}
//***************************
main()
{
    TRISA = 0X10; TRISD = 0; TRISE = 0; RA0 = 0;        //定义端口方向
```

```
    DELAY();                        //调用延时，刚上电 LCD 复位不一定有 PIC 快
    PORTD = 1; ENABLE();            //清屏
    PORTD = 0x38; ENABLE();         //8 位 2 行 5×7 点阵
    PORTD = 0x0c; ENABLE();         //显示器开、光标不开、闪烁不开
    PORTD = 0x06; ENABLE();         //文字不动，光标自动右移
    li_cheng.da_ta[0] = eeprom_read(0x00);
    li_cheng.da_ta[1] = eeprom_read(0x01);
    li_cheng.da_ta[2] = eeprom_read(0x02);
    OPTION_REG = 0B00100001; TRISB0 = 1;     //启用 RB0 输入及弱上拉功能
    GIE = 1; T0IE = 1; T0IF = 0;
    INTE = 1; INTF = 0;             //使能外部中断，清中断标志位
    T1CON = 0B00110000;             //使能 TMR1 定时器，预分频比 1∶8，暂不开启
    flag = 0;                       //初值清 0
    TMR0 = 71;
    while(1)
    {   buf = li_cheng.count; div();      //里程显示
        PORTD = 0x80; ENABLE();           //光标指向第 1 行的位置
        PORTD = table[a]; ENABLE1();      //送第 1 行第 1 数字十万位
        PORTD = table[b]; ENABLE1();      //送第 1 行第 2 数字万位
        PORTD = table[c]; ENABLE1();      //送第 1 行第 3 数字千位
        PORTD = table[d]; ENABLE1();      //送第 1 行第 4 数字百位
        PORTD = table[e]; ENABLE1();      //送第 1 行第 5 数字十位
        PORTD = table[f]; ENABLE1();      //送第 1 行第 6 数字个位
        //----------------
        buf = 607590*1000/(tmr1h*0x100+tmr1l); div();    //速度计算及显示
        PORTD = 0xC0; ENABLE();           //光标指向第 2 行的位置
        PORTD = table[a]; ENABLE1();      //送第 2 行第 1 数字程序
        PORTD = table[b]; ENABLE1();      //送第 2 行第 2 数字程序
        PORTD = table[c]; ENABLE1();      //送第 2 行第 3 数字程序
        PORTD = '.'; ENABLE1();           //送第 2 行小数点程序
        PORTD = table[d]; ENABLE1();      //送第 2 行第 4 数字程序
        PORTD = table[e]; ENABLE1();      //送第 2 行第 5 数字程序
        PORTD = table[f]; ENABLE1();      //送第 2 行第 6 数字程序
    }
}
```

速度计算程序 buf = 607590*1000/(tmr1h*0x100+tmr1l); 把速度值扩大 1000 倍，以便 LCD 能显示速度值小数点以下 3 位数，对应显示程序相应位置添加小数点显示 PORTD = '.'; ENABLE1(); 语句，以解决定点数运算时无法得到小数点以下结果的缺陷。

【例 7-4】　本例介绍了用一个定时器生成多路 PWM 波形的原理和方法。在很多工程应用中，需要使用到 PWM 波(脉宽调制)，例如电机调速、温度控制调整功率等。直接扫码学习如何利用单片机的一个定时器生成多路 PWM 波形。

用 TMR1 设计多路 PWM 信号

思考练习题

1. 以车辆里程表设计为例，比较 TMR0 与 TMR1 的内部结构图，说明 TMR1 在哪些方面更加合理，因此在应用设计时功能更加完善。

2. 利用 TMR0、TMR1 设计一个频率计，设 TMR0 做频率计的定时闸门，控制 TMR1 做计数器，频率计数结果用 LCD 显示，分析该设计方法的频率测量范围与误差。

3. 利用 TMR1 设计一个波形产生电路，产生如图 7-8 所示的波形。其中横轴每个时间单位是 100 μs，因此高电平脉冲宽度占据 100 μs，低电平的时间宽度有 3 种，分别是 100 μs、300 μs 和 500 μs，在波形图最右侧循环重复输出左侧开始的波形，设单片机的晶体振荡器频率是 4 MHz。

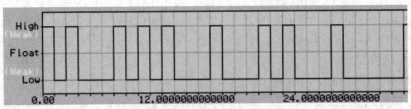

图 7-8　练习题 3 的输出波形图

第 8 章　定时器 TMR2

本章介绍定时器 2 模块 TMR2，以下简称 TMR2 模块。与 TMR0、TMR1 相比，TMR2 只有定时功能，具体如下：

(1) TMR2 为 8 位宽，预、后分频器为 4 位宽，最大模为 $2^4 \times 2^8 \times 2^4$，定时范围与 TMR0 相当。

(2) 具有 PR2 周期寄存器。

(3) 与 CCP 模块配合，可实现脉宽调制功能。

(4) 与 TMR0 启动后不能停止相比，TMR2 的定时功能可以被停止。

(5) 没有与 TMR2 模块有关的引脚。

8.1　与 TMR2 模块相关的寄存器

与 TMR2 相关的寄存器如表 8-1 所示，前 3 个寄存器与中断相关，查看图 5-1 可知，TMR2 模块的中断属第二梯队，需要使能第二梯队的控制端 PEIE，如图 5-1 中的 AND2 所示，同理使能全局中断 GIE。TMR2 的中断使能位是 TMR2IE，中断标志位是 TMR2IF。后 3 个寄存器与 TMR2 有关，T2CON 是学习 TMR2 模块的关键，新增的 PR2 周期寄存器的使用是本章学习的重点。

表 8-1　与 TMR2 模块相关的寄存器

寄存器名称	寄存器符号	寄存器地址	寄存器内容							
			bit7	bit6	bit5	bit4	bit3	bit2	bit1	bit0
中断控制寄存器	INTCON	0BH/8BH/10BH/18BH	GIE	PEIE	T0IE	INTE	RBIE	T0IF	INTF	RBIF
第 1 外设中断标志寄存器	PIR1	0CH	PSPIF	ADIF	RCIF	TXIF	SSPIF	CCP1IF	TMR2IF	TMR1IF
第 1 外设中断屏蔽寄存器	PIE1	8CH	PSPIE	ADIE	RCIE	TXIE	SSPIE	CCP1IE	TMR2IE	TMR1IE
TMR2 工作寄存器	TMR2	11H	8 位 TMR2 计时寄存器							
TMR2 周期寄存器	PR2	92H	8 位 TMR2 定时周期寄存器							
TMR2 控制寄存器	T2CON	12H	—	TOUTPS3	TOUTPS2	TOUTPS1	TOUTPS0	TMR2ON	T2CKPS1	T2CKPS0

T2CON 是 7 位可读/写寄存器。最高位未用，读出时返回"0"，其他各位含义如下：

(1) TOUTPS3～TOUTPS0：TMR2 后分频器分频比选择位，如表 8-2 所示。

(2) TMR2ON：TMR2 使能控制位。"1"= 启用 TMR2 进入活动状态，"0"= 关闭 TMR2，以节省功耗。

(3) T2CKPS1、T2CKPS0：TMR2 前分频器分频比选择位，如表 8-3 所示。

表 8-2　后分频器分频比选择位

TOUTPS3～TOUTPS0	分频比
0000	1：1
0001	1：2
0010	1：3
0011	1：4
⋮	⋮
1111	1：16

表 8-3　前分频器分频比选择位

T2CKPS1、T2CKPS0	分频比
00	1：1
01	1：4
1×	1：16

8.2　TMR2 模块的电路结构

TMR2 模块的电路结构如图 8-1 所示，包含 5 个组成部分。

(1) 寄存器 TMR2 是一个 8 位累加计数器，初值可以在 00H～FFH 范围内任意设定。

(2) 4 位宽的预分频器对输入的 $f_{osc}/4$ 信号进行 3 种不同的分频，在本书所用的 MPLAB 8.33 版本中，用 HI-TECH Universal ToolSuite 进行编译时，如果预分频比选择为 1：16，则控制位必须选用 10，如果用 11 时，则预分频比加大 1 倍。

TMR2 工作原理分析

(3) 8 位周期寄存器 PR2，可以用来预置一个作为 TMR2 一次计数过程结束的周期值，芯片复位后 PR2 = FFH。

(4) 比较器是 8 位宽的按位比较逻辑电路，只有当参加比较的两组数据对应 bit 位完全相同时，"匹配"输出端才会送出高电平，其他情况下该输出端均保持低电平。

(5) 4 位宽的后分频器有 16 种分频比选择，对"匹配"输出信号进行分频输出。

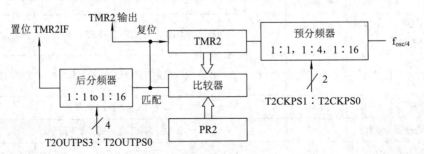

图 8-1　TMR2 模块的电路结构

设单片机的 $f_{osc} = 4$ MHz，T2CKPS1、T2CKPS0 是 01，TOUTPS3～TOUTPS0 是 0100，PR2 = 5，TMR2 = 0，那么 fosc / 4 = 1 MHz。图 8-1 的工作过程是：1 MHz 信号通过预分频器 1：4 后，变为 1/4 MHz 信号；该信号作为 TMR2 累加时钟，从 0 开始，经过 1、2、3、4 到 5 时，TMR2 与 PR2 值相等，输出高电平的"匹配"信号，相当于再次 6 分频，信号频率变为 $(1 / 4) / 6$ MHz = 1 / 24 MHz，同时该信号把 TMR2 复位为 0；重复上述从 0 开始的累加、匹配、复位过程；由于后分频比是 1：5，必须经过 5 次这样的过程，产生 5 次高电平的"匹配"信号，才会在后分频器输出端得到 TMR2IF 溢出中断信号。所以该溢出信号频率是 $(1/24) / 5$ MHz = 1 / 120 MHz，反之，这个定时过程的值是 120 μs，即 120 μs = 4 × (PR2 + 1) × 5 × (1 / (fosc/4)) = 4 × (5 + 1) × 5 × 1 μs。

8.3　TMR2 模块的工作原理

TMR2 利用指令周期作时钟源，不能工作在单片机睡眠状态下。结合表 8-1～表 8-3 和图 8-1，只能工作于定时器模式的 TMR2 需做如下定义：

(1) 根据定时需要选择适当的预、后分频比，定义 T2CKPS1、T2CKPS0 和 TOUTPS3～TOUTPS0。

(2) 预置 PR2 初值，TMR2 清 0。

(3) 启动 TMR2 模块，TMR2ON = 1。

【例 8-1】利用 TMR2 模块设计一个波形产生电路，从 RC2 引脚输出周期是 64 000 μs 的对称方波，设单片机的 $f_{osc} = 4$ MHz。

(1) 设计思路。因为单片机 $f_{osc} = 4$ MHz，则指令周期是 1 μs，可以把 TMR2 模块设计为 32000 = 16 × 125 × 16 μs 的定时器，每次定时溢出时把 RC2 引脚电平取反即可。

(2) 初始化。

① RC2 引脚设置为输出口，TRISC2 = 0。

② 根据图 8-1，TMR2 寄存器是 8 位二进制加一电路，模是 $2^8 = 256$，本题定时时间大于该值，预、后分频比选择 1：16，T2CKPS1、T2CKPS0 取 01，TOUTPS3～TOUTPS0 都取 1。因此 T2CON = 0B01111110。其中 bit2 是 TMR2ON = 1，启动 TMR2 模块。

③ PR2 寄存器的初值应该是 125-1 = 124，即 PR2 = 124，TMR2 = 0。

④ 中断使能 GIE = 1，PEIE = 1，TMR2IE = 1，初始化中断标志位 TMR2IF = 0。

(3) 主循环。无内容。

(4) 中断。清中断标志位 TMR2IF = 0，RC2 引脚电平取反，无须对 TMR2 赋初值，因为匹配时电路自动清 TMR2，这是 TMR2 模块的特点。

(5) 程序设计。完成上述功能的完整 PICC 程序如下：

```
#include<pic.h>
void interrupt tmr2()
{   TMR2IF = 0;              //记得清中断标志位。
```

例 8-1 设计分析

```
    RC2 =! RC2;
}
main()
{   TRISC2 = 0;
    GIE = 1; PEIE = 1; TMR2IE = 1; TMR2IF = 0;        //使能 TMR2 的中断
    PR2 = 124;                    //周期寄存器赋初值
    T2CON = 0B01111110;           //最后定义控制寄存器，同时启动 TMR2 定时器
    while(1);                     //主循环部分保证单片机的 CPU 不停止工作，才能响应中断请求
}
```

例 8-1 仿真分析

【例 8-2】 利用 TMR2，设计一个秒计时器，最大计时至 255 秒后清 0，重新开始计时，利用按键 key 控制计时器的启、停计时，启动时总是从 0 开始，用 1602LCD 做计时显示，设单片机的 f_{osc} = 4 MHz。

(1) 设计思路。

① TMR2 模块设计成 4 ms，即 4000 μs = 16 × 250 × 1 × 1 μs 的定时器，中断 250 次后就是 250 × 4 ms = 1000 ms = 1 s。因此周期寄存器 PR2 = 249，T2CON = 0B00000010。初始化 TMR2 模块时不使能 TMR2ON 位。

② 利用外部中断设计按键 key 的启停控制，设比特变量 a 作为启停标志，初值为 0，key 第一次动作是启动，进入外部中断后对 a 取反。因此 a = 1 说明是启动控制，a = 0 说明是停止控制。

③ 在外部中断程序中，如 a = 1，启动控制，计数器从 0 开始计数，使能 TMR2 模块的 TMR2ON 位。如 a = 0，停止控制，计数器停止计数，置 TMR2 模块的 TMR2ON 位为 0。

④ TMR2 计数中断程序主要完成对两个 8 位变量 x、y 的自加一，其中 y 作为 250 次中断计数值变量，x 作为本例的秒变量。当 y 从 0 开始，每次中断加一计数，至 y = 249 时，本次中断对 x 进行一次加一，同时 y 清 0。所以 x 变量的每次加一动作体现了秒的计时。为不增加程序复杂程度，直接将 x 的值送 LCD 显示。

(2) 流程图设计。流程图如图 8-2 所示。

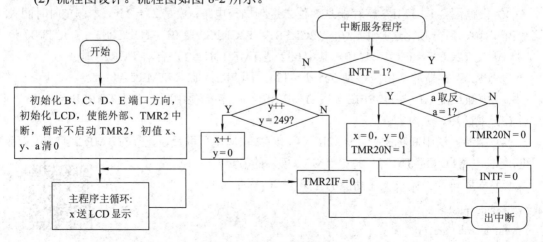

图 8-2　例 8-2 设计流程图

(3) 电路图设计。电路图如图 8-3 所示。与图 7-4 相比，图 8-3 中删去了 RC0、RC1 引脚上外接的振荡器电路。

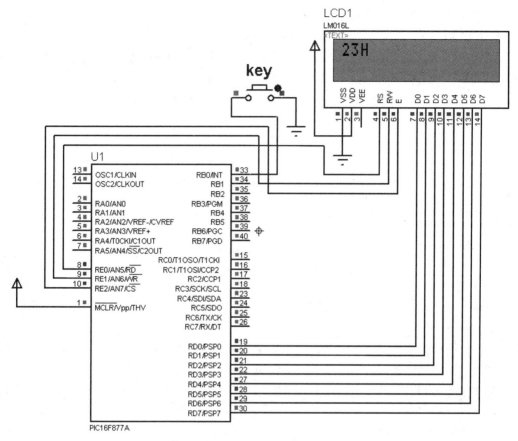

图 8-3　例 8-2 电路

(4) 程序设计。其中有下画线的语句是在例 7-2 中没有的、本例新增功能对应的程序。该程序包含新增变量定义、初始化 TMR2 模块，外部中断程序修改和 TMR2 中断服务程序。

```
#include<pic.h>
__CONFIG(0xFF29);
char x, y;              //TMR2 中断次数计数变量 y
 bit a;
static volatile char table[16] = {0x30, 0x31, 0x32, 0x33, 0x34, 0x35,
0x36, 0x37, 0x38, 0x39, 0x41, 0x42, 0x43, 0x44, 0x45, 0x46};
void DELAY()          //延时子程序
{unsigned int i; for(i = 999; i > 0; i--); }
void ENABLE()          //写入控制命令的子程序
{ RE0 = 0; RE1 = 0; RE2 = 0; DELAY(); RE2 = 1; }
void ENABLE1()         //写入字的子程序
{ RE0 = 1; RE1 = 0; RE2 = 0; DELAY(); RE2 = 1; }
void lcd()
```

```
{   TRISD = 0; TRISE = 0;
    //定义 PIC 与 1602LCD 的数据驱动接口 PORTD 和命令控制接口
    PORTD = 0;                  //当前数据输出口清 0
    DELAY();                    //调用延时,刚上电 LCD 复位不一定有 PIC 快
    PORTD =1; ENABLE();         //清屏,调延时,因为 LCD 是慢速器件
    PORTD=0x38; ENABLE();       //8 位 2 行 5×7 点阵
    PORTD=0x0c; ENABLE();       //显示器开、光标不开、闪烁不开
    PORTD=0x06; ENABLE();       //文字不动,光标自动右移
}
void interrupt tmr1()
{   if(INTF == 1){a =! a; if(a == 1){x = 0; y = 0; TMR2ON = 1; }else TMR2ON = 0; INTF = 0; }
    else
    {y++; if(y == 249){x++; y = 0; };
    TMR2IF = 0;
    }
}
main()
{   lcd();                              //LCD 初始化
    TRISB0 = 1; nRBPU = 0;             //使能 RB0 为输入,启用弱上拉功能
    x = 0; y = 0; a = 0;               //变量赋初值
    GIE = 1; PEIE = 1; TMR2IE = 1; TMR2IF = 0;      //使能 TMR2 的中断
    INTE = 1; INTF = 0;                //使能外部中断
    TMR2 = 0; PR2 = 249;               //寄存器赋初值
    T2CON = 0B00000010;                //最后定义控制寄存器,不启动 TMR2 定时器
    while(1)          //主循环部分保证单片机的 CPU 不停止工作,才能响应中断请求
    {   PORTD = 0x80; ENABLE();               //光标指向第 1 行的位置
        PORTD = table[x>>4]; ENABLE1();       //送 x 的高位显示
        PORTD = table[x&0x0f]; ENABLE1();     //送 x 的低位显示
        PORTD = 'H'; ENABLE1();
    }
}
```

对比例 7-2 和例 8-2,可以学习程序设计的方法以及改变单片机外围模块后程序修改的方法。

8.4　TMR2 模块的应用设计

TMR2 模块在应用设计时,需注意以下事项:

(1) 由于 TMR2 模块配置了周期寄存器 PR2，使得 TMR2 可以从 0 开始计数，计数溢出时刻随 PR2 赋初值的不同而修改，进入定时中断时不必清 TMR2 寄存器。相比 TMR2，TMR0 溢出时刻只能是当 TMR0 寄存器累加计数至 FFH 时再加一的时刻；而 TMR1 的溢出时刻只能是当 TMR1 寄存器对累加计数至 FFFFH 时再加一的时刻。当 PR2 赋的初值是 FFH 时，TMR2 工作原理和 TMR0、TMR1 类似。

(2) 通过 TMR2ON = 0 禁止 TMR2 工作。

(3) 对于单片机的任何一种复位操作，TMR2 自动清 0，PR2 与 TMR2 匹配时也会使 TMR2 清 0。

(4) 对于单片机的任何一种复位操作，PR2 自动复位为 FFH，默认 PR2 和比较器关闭。

(5) 对于 T2CON、TMR2 的写操作及单片机的任何一种复位操作，预、后分频器同时清 0。

(6) 对 T2CON 写操作时 TMR2 维持原状，不会清 0。

(7) TMR2 模块被设计成与 CCP 模块配合使用，配合时需要注意的问题待第 9 章介绍，此处先做提醒。

随着学习的 PIC 单片机外围模块越来越多，可以通过几个模块的综合应用，设计出功能更多的系统。TMR2 可以通过 TMR2ON 启动或停止，利用这个功能，把例 5-3 四路抢答器设计成具有抢答倒计时功能，当主持人出题后，开启 60 s 倒计时，四队需要在倒计时结束前抢答，抢答成功时停止倒计时，否则本题无效。

【例 8-3】　设计一个具有抢答倒计时功能的四路抢答器。设单片机的 $f_{osc} = 4\text{MHz}$。

(1) 设计思路。

① 在原来设计基础上添加 TMR2 定时器的秒计时功能，用例 8-2 的方法，TMR2 定时 4 ms，中断 250 次，得到 1 s 计时时钟信号。TMR2 不必使能中断，在需要倒计时延时时启动它。

例 8-3 讲解

② 由于例 5-3 用 y 作为 RB4～RB7 的暂存单元，因此此处把中断次数变量 y 改为 y1。

③ 把例 8-2 中的秒计数变量 x 改为倒计时 60 s 的变量，从 59 s 开始，0 s 结束。由于例 5-3 用 x 作为已抢答标志位，因此此处把倒计时变量修改为 x1。

④ 倒计时过程就是对变量 x1 每隔 1 s 的自减一过程，需要设计一个 1 s 延时程序，利用上述的 TMR2 设计方法。x1 在自减一过程中会出现非十进制的结果，需要做进制调整。

⑤ 秒显示用数码管动态扫描显示。

(2) 流程图设计。画出流程图如图 8-4 所示。

(3) 电路图设计。本例需要学习有关数码管显示的电路与程序设计方法。如图 8-5 所示，两只数码管封装在一起，引脚 A～G 是笔段码、DP 是小数点，引脚 1、2 分别是左、右两只数码管的阳极。数码管在 Proteus 软件中的符号是 $\overline{\text{7SEG-MPX2-CA}}$，其中 CA 表示共阳极，如果选用共阴极的数码管，则符号后缀是 CC。

因为两只数码管的笔段码对应位并联在一起，所以引脚 A～G、DP 接收的信号一样，如果它们的阳极同时接高电平，则两只数码管势必显示相同的数字。

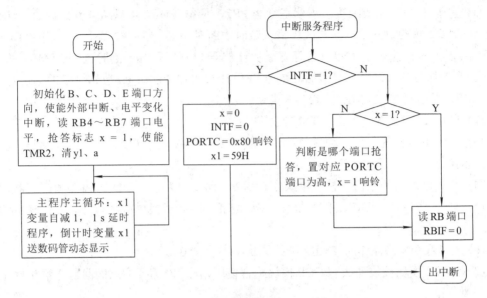

图 8-4　例 8-3 流程图

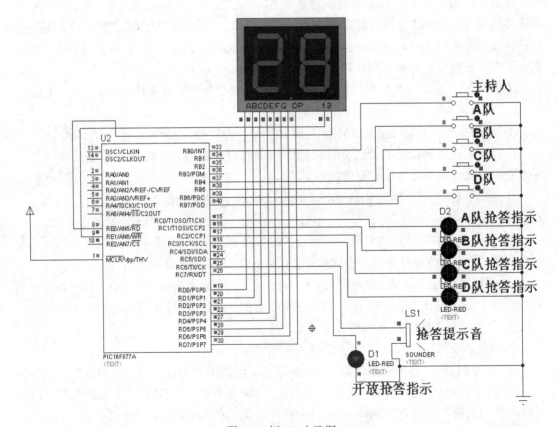

图 8-5　例 8-3 电路图

动态显示就是让两只数码管的阳极轮流接高电平，当引脚 A～G、DP 接收一组数据时，只让引脚 1 接高电平，左边数码管亮，显示当前对应数字，延时几个毫秒后(点亮发光二极管需要的时间)，引脚 A～G、DP 接收第二组数据，只让引脚 2 接高电平，右边数码管亮，显示当前对应数字，延时几个毫秒后，再次重复上述动作。如果用高速摄像机拍摄这个过程，则看到的现象应该是两只数码管轮流被点亮，但是同一个瞬间一定只有一只数码管是亮的。

由于人眼的视觉暂留，光信号传入大脑神经，需经过一段短暂的时间，光的作用结束后，视觉并不立即消失，这种残留的视觉称"后像"，要延续 0.1～0.4 s 的时间。如果两只数码管在小于 0.1～0.4 s 内轮流点亮(本例是 4 ms)，那么人眼看到的两只数码管是同时亮的。

利用人眼的视觉暂留，轮流点亮 N 个数码管，这是实际系统设计中常用的方法，只要确保每只数码管的前后两次点亮时间间隔不超过 0.1～0.4 s，就可使 N 个数码管看起来被同时点亮了。动态显示的优势是 N 个数码管的笔段码并联，只要一个 8 位的输出端口就可以驱动，加上阳极驱动端口，一共占用 8 + N 只引脚。动态显示的缺点是必须通过程序不停地依次点亮数码管，占用 CPU 的运行资源。

根据以上设计思路，画出的电路图如图 8-5 所示。数码管的引脚 A～G、DP 接单片机的 RD 端，引脚 1、2 接 RE 端，每当 RD 送显示码时，对应 RE 只能有一个引脚是高电平。这个动态显示程序需要被重复执行，一旦停止，数码管就会熄灭。

纵观程序结构，只有主程序的主循环部分才会被重复执行，动态显示就安排在此处。利用 TMR2 每 4 ms 溢出一次的机会，点亮其中一只数码管，下次溢出点亮另一只。因此需要一个 bit 变量 a 作为标志位，判断本次溢出应该点亮哪只数码管。

虽然 TMR2 没有使能其中断功能，但是定时溢出时 TMR2IF 会被电路置"1"，作为程序中判断溢出的标志位，溢出后 TMR2IF 仍然要程序清"0"。

图 8-5 的数码管显示 28，表示当前倒计时到 28 s，还没有队伍抢答，"开放抢答指示灯"仍然亮着。

(4) 程序设计。设计的程序如下，其中有下画线的语句是在原来的程序中没有的、本例新增功能对应的程序。该程序包含：新增变量定义、初始化 TMR2 模块，倒计时程序，动态显示程序。

```
#include<pic.h>
__CONFIG(0xFF29);
char x, y, x1, y1;              //1 s 延时用的变量
bit a;                         //动态轮流显示标志位
static volatile char table[16]={0xc0, 0xf9, 0xa4, 0xb0, 0x99,
0x92, 0x82, 0xf8, 0x80, 0x90, 0x88, 0x83, 0xc6, 0xa1, 0x86, 0x8e};      //共阳极数码管显示码
//******************
void delay1ms()          //1 ms 软件延时子程序
{   char i1, i2;
    for(i1 = 3; i1 > 0; i1--){for(i2 = 0x19; i2 > 0; i2--); };
}
void delayms()           //ms 软件延时子程序
{   char i1, i2;
    for(i1 = 2; i1 > 0; i1--){for(i2 = 0x18; i2 > 0; i2--); };
```

```
}
//********************
void sound_delay()
{   unsigned int i, j;
    for(i = 300; i > 0; i--){RC6 =! RC6; delay1ms(); };
    for(i = 100; i > 0; i--){RC6 =! RC6; delayms(); };
}
//********************
void delay1s()
//1 s 延时子程序，主循环一次必须经过 1 s，x1 才自减 1，其中包含动态显示程序
{   TMR2ON = 1; TMR2IF = 0; y1 = 0;  //启动 TMR2
    loop1: if(TMR2IF == 0){goto loop1; }        //等待一次 4 ms 定时溢出
    else                                        //已经溢出，此时 TMR2 已经自动进行下一次的定时过程
    {   TMR2IF = 0; y1++; a =! a;                //定时次数加 1，动态显示标志位取反，其初值为 0
        if(a == 1){PORTD = table[x1 >> 4]; PORTE = 0X02; }
        //a = 1，点亮左边数码管，每次 4 ms
        else {PORTD = table[x1&0x0f]; PORTE = 0X01; };
        //a = 0，点亮右边数码管，每次 4 ms
        if(y1 < 250)goto loop1;
    };                                          //定时次数小于 250 次时，继续下一次 TMR2 的定时
    TMR2ON = 0;                                 //已经经过 250 次的 4 ms 定时，停止 TMR2 功能
}
//********************
void interrupt int_serve()          //中断入口程序，保护现场，判断中断类型
{   if(INTF == 1)
    {PORTC = 0B10000000; INTF = 0; x = 0; sound_delay(); x1 = 0x59; }    //此处赋倒计时初值
    else if(RBIF == 1)
    {   {if(x == 1)goto exit; }
        {   x=1; y = y^PORTB;
            if (y == 0x80) PORTC = 0B00001000;
            if (y == 0x40) PORTC = 0B00000100;
            if (y == 0x20) PORTC = 0B00000010;
            if (y == 0x10) PORTC = 0B00000001;
        };
        {   char i1;
            for(i1 = 8; i1 > 0; i1--)sound_delay();
        }
        exit:y = PORTB;             //RB 电平锁定
        RBIF = 0;
```

```
    }
  }
//*********************
main()
{   TRISC = 0; TRISB = 0XFF; OPTION_REG = 0X40;        //启用 RB 口弱上拉功能
    PORTC = 0; x=1; y1 = 0; a = 0; TRISD = 0; TRISE = 0;   //变量清 0，端口方向定义
    T2CON = 0B00000010; TMR2 = 0; PR2 = 249; TMR2IF = 0;  //TMR2 初始化
    GIE = 1; RBIE = 1; INTE = 1;        //初始化
    Y = PORTB;              //RB 电平锁定
    RBIF = 0; INTF = 0;        //清中断标志位
    while(1)
    {
        if(x == 0)
        {   delay1s(); x1--;  //可以抢答，先延时 1 s，才能看到数码显示 59
            if(x1 == 0X4F)x1 = 0X49;   //如原来 x1 = 0x50，自减一后变为 0x4F，修改为 0x49
            if(x1 == 0X3F)x1 = 0X39;
            if(x1 == 0X2F)x1 = 0X29;
            if(x1 == 0X1F)x1 = 0X19;
            if(x1 == 0X0F)x1 = 0X09;
            if(x1 == 0)x = 1;  //如果倒计时到 0，则表示没有队伍抢答，抢答标志位 x 置 1，本例结束
        };
    }
  }
```

　　利用 MPLAB 软件的 Stopwatch 测量上述 1 s 延时程序的时间，设置晶体振荡器频率为 4 MHz，在主程序的主循环 1 s 延时函数处 ☺ {delay1s(); 设断点，连续两次断点运行，前一次清 0，第二次停止在断点处时的时间显示是 Zero Time （mSecs） 996.093000 。把 1 s 延时函数中的语句改为 if(y1 < 250)goto loop1; 再次测量延时时间是 Zero Time （Secs） 1.000065 。

　　在倒计时过程中，动态显示从 59 开始自减一，只要有队伍抢答成功，程序将不在主循环处运行，动态显示熄灭。

思考练习题

　　1. 比较 TMR0、TMR1、TMR2 做定时器时工作原理的不同，在相同指令周期时，分别指出它们的模。

　　2. 利用 TMR0、TMR1、TMR2 分别设计一个 1 Hz 的时钟源，利用 MPLAB 软件的 Stopwatch 比较上述 3 种设计的精确度。

　　3. 利用 TMR2 设计如图 7-8 所示的输出波形。

第 9 章　CCP 模块

PIC16F877A 单片机配置了两个 CCP(捕捉/比较/脉宽调制)模块,即 CCP1 和 CCP2,它们各自都有独立的 16 位寄存器 CCPR1 和 CCPR2。两个模块的结构、功能、操作方法基本一样,区别仅在于它们各自有独立的外部引脚和特殊事件触发器。CCP 模块的功能包括外部信号捕捉、内部比较输出以及 PWM 输出,它往往与定时器/计数器配合使用。

CCP 模块可工作在 3 种模式下,即捕捉方式、比较方式和脉宽调制方式。

(1) 捕捉方式是指检测引脚上输入信号的状态,当信号的状态符合设定的条件时(信号上升沿或下降沿出现时)产生中断,并记录当时的 TMR1 定时器/计数器值,当 CCP 模块工作在捕捉方式时,TMR1 控制寄存器必须工作在定时器或同步计数方式下。

(2) 比较方式是指将事先设定好的值与 TMR1 定时器方式或同步计数方式下的值相互比较,当两个值相等时,产生中断并驱动事先设定好的动作。

(3) 脉宽调制方式适用于从引脚上输出脉冲宽度随时可调的 PWM 信号,来实现直流电机的调速、D/A 转换和步进电机的步进控制等,与之配合的是 TMR2 定时器。

值得注意的是,与 CCP1、CCP2 模块配合的 TMR1、TMR2 模块各自只有一个,如初始化 CCP1+TMR1 完成输入捕捉或比较输出时,则 CCP2 只能与 TMR2 配合做 PWM 输出,反之亦然。而 CCP+TMR1 一次也只能完成输入捕捉或输出比较其中之一的功能。与 CCP 有关的引脚是 RC1/CCP2、RC2/CCP1。

9.1　与 CCP 模块相关的寄存器

与 CCP 模块相关的寄存器如表 9-1 所示,前 6 个寄存器与中断相关,查看图 5-1 可知,CCP1、CCP2 模块的中断属第二梯队,需要使能第二梯队的控制端 PEIE,如图 5-1 中的 AND2 所示,同理使能全局中断 GIE。CCP1 的中断使能位是 CCP1IE,中断标志位是 CCP1IF。CCP2 的中断使能位是 CCP2IE,中断标志位是 CCP1IF。

CCP 模块概述

后 13 个寄存器中除去与端口方向 TRISC、TMR1 模块、TMR2 模块有关的 7 个寄存器外,剩余的 6 个寄存器可分为与 CCP1 有关的 3 个寄存器和与 CCP2 有关的 3 个寄存器。在输入捕捉和输出比较模式时,CCPR1H 和 CCPR1L、CCPR2H 和 CCPR2L 分别组成 16 位的寄存器对,CCP1CON、CCP2CON 是学习 CCP 模块的关键。

表 9-1　与 CCP 模块相关的寄存器

寄存器名称	寄存器符号	寄存器地址	寄存器内容							
			bit7	bit6	bit5	bit4	bit3	bit2	bit1	bit0
中断控制寄存器	INTCON	0BH/8BH/10BH/18BH	GIE	PEIE	T0IE	INTE	RBIE	T0IF	INTF	RBIF
第 1 外设中断标志寄存器	PIR1	0CH	PSPIF	ADIF	RCIF	TXIF	SSPIF	CCP1IF	TMR2IF	TMR1IF
第 1 外设中断屏蔽寄存器	PIE1	8CH	PSPIE	ADIE	RCIE	TXIE	SSPIE	CCP1IE	TMR2IE	TMR1IE
第 2 外设中断标志寄存器	PIR2	0DH	—	—	—	REIF	BCLIF	—	—	CCP2IF
第 2 外设中断屏蔽寄存器	PIE2	8DH	—	—	—	EEIE	BCLIE	—	—	CCP2IE
C 端口方向寄存器	TRISC	87H	TRISC7	TRISC6	TRISC5	TRISC4	TRISC3	TRISC2	TRISC1	TRISC0
TMR1 低字节	TMR1L	0EH	16 位 TMR1 计数寄存器的低字节寄存器							
TMR1 高字节	TMR1H	0FH	16 位 TMR1 计数寄存器的高字节寄存器							
TMR1 控制寄存器	T1CON	10H	—	—	T1CKPS1	T1CKPS0	T1OSCEN	$\overline{\text{T1SYNC}}$	TMR1CS	TMR1ON
CCP1 低字节	CCPR1L	15H	16 位 CCP1 寄存器低字节							
CCP1 高字节	CCPR1H	16H	16 位 CCP1 寄存器高字节							
CCP1 控制寄存器	CCP1CON	17H			CCP1X	CCP1Y	CCP1M3	CCP1M2	CCP1M1	CCP1M0
CCP2 低字节	CCPR2L	1BH	16 位 CCP2 寄存器低字节							
CCP2 高字节	CCPR2H	1CH	16 位 CCP2 寄存器高字节							
CCP2 控制寄存器	CCP2CON	1DH	—	—	CCP2X	CCP2Y	CCP2M3	CCP2M2	CCP2M1	CCP2M0
TMR2 工作寄存器	TMR2	11H	8 位 TMR2 计时寄存器							
TMR2 周期寄存器	PR2	92H	8 位 TMR2 定时周期寄存器							
TMR2 控制寄存器	T2CON	12H	—	TOUTPS3	TOUTPS2	TOUTPS1	TOUTPS0	TMR2ON	T2CKPS1	T2CKPS0

以 CCP1CON 为例，它是一个只用到低 6 位的可读/写寄存器。最高 2 位未用，读出时返回 0，其他各位含义如下：

（1）CCP1X、CCP1Y：CCP1 脉宽寄存器低端补充位。在 PWM 模式时，作为脉宽寄存器的低 2 位，高 8 位在 CCPR1L 寄存器中，组成 10 位脉宽存储器。在输入捕捉、输出比较模式这 2 位未用。

(2) CCP1M3～CCP1M0：CCP1 工作模式选择位。

0000 = 关闭 CCP1 模块，降低单片机功耗。

0100 = 捕捉每个脉冲下降沿。

0101 = 捕捉每个脉冲上升沿。

0110 = 捕捉每 4 个脉冲下降沿。

0111 = 捕捉每 16 个脉冲下降沿。

1000 = 比较模式，如果匹配，则 CCP1/RC2 脚输出高电平，CCP1IF 置 1。

1001 = 比较模式，如果匹配，则 CCP1/RC2 脚输出低电平，CCP1IF 置 1。

1010 = 比较模式，如果匹配，则 CCP1/RC2 脚输出电平不变，CCP1IF 置 1，产生软件中断。

1011 = 比较模式，如果匹配，则 CCP1/RC2 脚电平不变，CCP1IF 置 1。触发特殊事件时，CCP1 将复位 TMR1，CCP2 将复位 TMR1 和启动 ADC 模块。

11×× = 脉宽调制 PWM 模式，低 2 位未用。

9.2　CCP 模块的输入捕捉工作模式

输入捕捉模式适合用于测量引脚的周期性方波信号的周期、频率、占空比等，也适合测量引脚输入的非周期信号的宽度、到达时刻、消失时刻等参数。

9.2.1　输入捕捉模式的电路结构

CCP 模块输入捕捉模式的电路结构如图 9-1 所示，其中 x 取 1 或 2，包含 6 个组成部分。

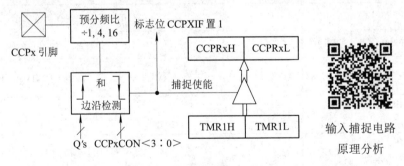

图 9-1　CCP 模块输入捕捉电路结构

(1) 寄存器对 CCPR1H 和 CCPR1L 构成的 16 位宽的寄存器，通过内部数据总线读/写，用它来转载或抓取 TMR1 模块的 16 位寄存器对 TMR1H、TMR1L 的计数值，何时抓取受控于捕捉信号获取时刻。

(2) TMR1 模块的寄存器对 TMR1H 和 TMR1L 作为定时或同步计数器的累加寄存器，为 CCP 提供被抓取时的值。

(3) 16 位并行受控三态门的输入端按位对应连接 TMR1H 和 TMR1L，输出端连接 CCPR1H 和 CCPR1L，各个门的控制端并联在一起，由"捕捉使能"信号统一控制。当该信号是"0"时，三态门高阻；当该信号是"1"时三态门导通，<CCPR1H:CCPR1L>的值等于当前<TMR1H:TMR1L>的值。

(4) 边沿检测电路能对输入信号的边沿类型进行检测，如初始化定义了 CCP1M3～CCP1M0 是 0100，则在每个输入信号的下降沿，该电路都会输出高电平的"捕捉使能"信号。

(5) 4 位宽的预分频器可以选择 3 种分频比，对输入引脚 RC1/CCP2 或 RC2/CCP1 的边沿信号进行分频，如初始化定义了 CCP1M3～CCP1M0 是 0110，则每个 4 输入信号的下降沿，该电路会输出一个有效信号给后续的边沿检测电路。

(6) 同步控制电路包含在边沿检测电路内，将外部引脚输入的脉冲边沿与内部系统时钟同步，因此输入捕捉功能需要系统时钟参与，与之配合的 TMR1 模块应该工作在定时或同步计数模式。输入捕捉功能不能工作在单片机睡眠模式下，因为无系统时钟后，边沿检测电路无法得到有效边沿信号，不能输出高电平的"捕捉使能"信号，无法使 CCPXIF = 1，不能中断唤醒单片机。

9.2.2　输入捕捉模式的工作原理

设某系统需要测量一个周期信号的周期，使用输入捕捉功能，步骤如下：

(1) 根据图 9-1，输入捕捉信号从 CCPx 引脚输入，如目前使用 CCP1 模块，引脚是 RC2，定义 TRSC2 = 1，输入端口。

(2) 测量周期时，首先应该测得上升沿或下降沿时刻(此处假设是上升沿)，因此初始化 CCP1M3～CCP1M0 是 0101，使能 CCP1 中断，输入捕捉需要 TMR1 模块配合，初始化 T1CON。

(3) 当第一次捕捉到上升沿时，进入 CCP1 中断，把 TMR1H、TMR1L 清 0 并启动 TMR1ON = 1。

(4) 当第二次捕捉到上升沿时，又进入 CCP1 中断，此时 CCPR1H 和 CCPR1L 中的值就是周期值。

设某系统需要测量一个周期信号的低电平宽度，使用输入捕捉功能，步骤如下：

(1) 引脚是 RC2，定义同上。

(2) 测量负脉冲宽度时，<u>首先应该测得下降沿时刻，因此初始化 CCP1M3～CCP1M0 是 0100</u>，使能 CCP1 中断，输入捕捉需要 TMR1 模块配合，初始化 T1CON。

(3) 当捕捉到下降沿时，进入 CCP1 中断，把 TMR1H、TMR1L 清 0 并启动 TMR1ON，<u>改为测量上升沿时刻，即把 CCP1M3～CCP1M0 修改为 0101</u>。

(4) 当捕捉到上升沿时，又进入 CCP1 中断，此时 CCPR1H 和 CCPR1L 中的值就是负脉冲宽度值。

9.2.3　输入捕捉模式的应用设计

【例 9-1】　设计一个周期测量系统，被测信号在 0.1～10 Hz 范围，用 1602LCD 显示周期，显示值是十六进制，设单片机的 $f_{osc} = 4\,MHz$。

(1) 设计思路。

① 由于是测量周期，思路同上述的工作原理。

② 做测量仪表设计时，需要考虑测试信号的范围，本题要求测试信号是 $0.1\sim10\,Hz$ 范围，则周期是 $0.1\sim10\,s$。

输入捕捉例 9-1 分析

③ 考虑到 CCP1 捕捉模块用 TMR1 做计时器，若设计为定时器功能，则电路不必外加信号源给 TMR1，但是 $f_{osc} = 4\,MHz$，TMR1 最大定时时间是 $8 \times 65\,536 \times 1\,\mu s$，即 $524\,288\,\mu s$，才 $0.524\,288\,s$，比被测信号周期小。

④ 可以设想一下，如果按照上述的工作原理设计，在前后两次捕捉到上升沿时，这个时间过程 TMR1 已经溢出，仅根据捕捉时刻得到的 CCPR1H、CCPR1L 的值，不能作为被测信号的周期，其实这个值是周期的一个零头。

⑤ 为了方便用十六进制显示测试结果，周期 = TMR1 溢出次数 $\times 65\,536\,\mu s$ + 捕捉时刻得到的 CCPR1H、CCPR1L 值，因此应该定义一个变量累加溢出次数，同时 TMR1 设计为预分频比 $1:1$ 的定时器。

⑥ 本设计不仅要使能 CCP1 中断，还应该使能 TMR1 中断，以便累加中断次数。

(2) 流程图设计。画出流程图如图 9-2 所示。其中变量 Z 是 TMR1 定时器中断次数，z 是中断次数的累加变量，当测量结束时把 z 送给 Z，变量 x 是 CCPR1H 的值，变量 y 是 CCPR1L 的值，因此 LCD 显示时，把 Zxy 按顺序送出，就是测量结果的十六进制数。bit 变量 a 初值为 0，每次 CCP1 中断时先取反后判断，$a = 1$ 说明第一次捕捉到上跳变，$a = 0$ 说明第二次捕捉到上跳变。

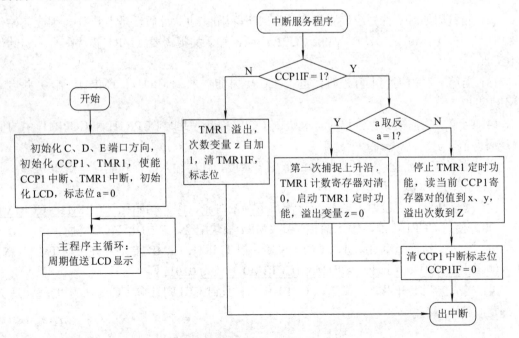

图 9-2 例 9-1 流程图

(3) 电路图设计。设计电路如图 9-3 所示。被测信号为 $0.1\,Hz$ 时，周期为 $10\,s = 10\,000\,000\,\mu s =$ $989\,680H$，与计算值一致。

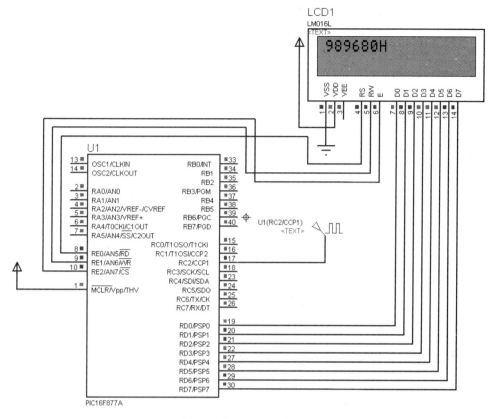

图 9-3　例 9-1 设计电路图

(4) 程序设计。相应的程序设计如下：

```
#include<pic.h>
__CONFIG(0xFF29);              //芯片配置位定义
char x, y, z, Z;
bit a;
static volatile char table[16] = {0x30, 0x31, 0x32, 0x33, 0x34, 0x35,
0x36, 0x37, 0x38, 0x39, 0x41, 0x42, 0x43, 0x44, 0x45, 0x46};
void DELAY()                   //延时子程序
{unsigned int i; for(i = 999; i > 0; i--); }
void ENABLE()                  //写入控制命令的子程序
{ RE0 = 0; RE1 = 0; RE2 = 0; DELAY(); RE2 = 1; }
void ENABLE1()                 //写入字的子程序
{ RE0 = 1; RE1 = 0; RE2 = 0; DELAY(); RE2 = 1; }
void lcd()
{   TRISD = 0; TRISE = 0;      //定义 PIC 与 1602LCD 的数据驱动接口 PORTD 和命令控制接口
    PORTD = 0;                 //当前数据输出口清 0
    DELAY();                   //调用延时，刚上电 LCD 复位不一定有 PIC 快
    PORTD = 1; ENABLE();       //清屏，调延时，因为 LCD 是慢速器件
```

```
        PORTD = 0x38; ENABLE();     //8 位 2 行 5×7 点阵
        PORTD = 0x0c; ENABLE();     //显示器开、光标不开、闪烁不开
        PORTD = 0x06; ENABLE();     //文字不动，光标自动右移
}
void interrupt ccp1()
{
    if(CCP1IF == 1)
    {   a =! a;
        if(a == 1){TMR1H = 0; TMR1L = 0; TMR1ON = 1; z = 0; CCP1IF = 0; }        //第一次捕捉到
        else
        {y = CCPR1L+31; x = CCPR1H+CARRY; Z = z; TMR1ON = 0; CCP1IF = 0; }; //第二次捕捉到
    }
    else
    if(TMR1IF == 1)
    z++;                    //累加 TMR1 的溢出次数
    TMR1IF = 0;
}
main()
{   lcd();              //LCD 初始化
    TRISC2 = 1;         //输入捕捉引脚方向定义
    a = 0;              //变量赋初值
    GIE = 1; PEIE = 1; CCP1IE = 1; CCP1IF = 0;       //使能 CCP1 的中断
    TMR1IE = 1; TMR1IF = 0;         //使能 TMR1 的中断
    T1CON = 0B00000000;             //TMR1 为定时器，预分频 1∶1，不启动 TMR1 定时器
    CCP1CON = 5;                    //使能 CCP1 捕捉每一个输入信号的上升沿
    while(1)            //主循环部分保证单片机的 CPU 不停止工作，才能响应中断请求
    {   PORTD = 0x80; ENABLE();             //光标指向第 1 行的位置
        PORTD = table[Z>>4]; ENABLE1();     //送 z 的高位显示
        PORTD = table[Z&0x0f]; ENABLE1();   //送 z 的低位显示
        PORTD = table[x>>4]; ENABLE1();     //送 x 的高位显示
        PORTD = table[x&0x0f]; ENABLE1();   //送 x 的低位显示
        PORTD = table[y>>4]; ENABLE1();     //送 y 的高位显示
        PORTD = table[y&0x0f]; ENABLE1();   //送 y 的低位显示
        PORTD = 'H'; ENABLE1();
    }
}
```

输入捕捉例
9-1 仿真分析

(5) 设计验证分析。

① 被测信号 10 Hz，周期 0.1 s，测量结果是 z = 1，x = 86H，y = 81H。

$1 \times 65536\ \mu s + 8681H \times 1\ \mu s = 65536\ \mu s + 34433\ \mu s = 99969\ \mu s = 0.099969\ s$

可见误差为 31 μs，这是由测量电路及程序设计造成的，是必然结果，可以想办法弥补。

② 被测信号 1 Hz，周期 1 s，测量结果是 z = FH，x = 42H，y = 21H。

　　15 × 65536 us + 4221H × 1 μs = 983040 μs + 16929 μs = 999969 μs = 0.999969 s

可见误差也是 31 μs。

③ 被测信号 0.1 Hz(仿真过程比较慢，请耐心等待)，周期 10 s，测量结果是 z = 98H，x = 96H，y = 61H。

　　98H × 65536 μs + 9661H × 1 μs = 152 × 65536 μs + 38497 μs = 9999969 μs= 9.999969 s

可见误差也是 31 μs。

④ 中断服务程序中，把测量结果的低 8 位加上 31，就可以弥补测量误差，即 y = CCPR1L + 31; ，重新编译仿真，即可得到正确结果。

⑤ 修改初始化程序为：

T1CON = 0B00000001; //TMR1 为定时器，预分频 1∶1，启动 TMR1 定时器

修改中断程序功能如下：

```
if(CCP1IF == 1)
{   a =! a; CCP1IF = 0;
    if(a == 1){读取当前 CCPR1H 和 CCPR1L 的值}        //第一次捕捉到
    else
    {   把当前 CCPR1H 和 CCPR1L 的值减去上次中断时读取的 CCPR1H 和 CCPR1L 的值；
        当前 TMR1 的溢出次数 Z；};                     //第二次捕捉到
}
```

则第二次捕捉时 Z 及计算获得的差就是被测信号的周期，无须进行误差校正。

(6) 几点说明。

① 虽然题目要求测量频率在 0.1 Hz 以上，但本设计仍然能测量低于该频率的信号周期，关键在于被测信号周期越大，测量过程 TMR1 溢出次数越多，只要把变量 z 和 Z 的属性加大即可。

② 题目要求测量频率 10 Hz 以下，本设计也能做 10 Hz 以上信号的测量，如 50 Hz 信号，测量结果是 4E20H，理论计算值是 0.02 s = 0.02 × 1000000 = 20000 = 4E20H。1000 Hz 的测量结果是 3E8H，10 kHz 的测量结果是 64H，结果正确。

③ 由于本设计的测试信号周期最小值受单片机系统电路限制(系统时钟是 1 μs)及程序运行需要的时间等因素的影响，因此被测信号的周期不可能太小，频率不能太大。我们可以把被测的信号经过外加的分频电路后，分频为 10 kHz 以下的信号，再利用本设计测量其信号周期。

④ 外加分频电路可以模仿图 6-3，设计一个预分频电路，电路元件选择高频计数芯片，比如工作频率为 40 MHz 的 8 位二进制加一计数器 74HC590。更加灵活方便的设计应用方法应该是利用 FPGA、CPLD 芯片设计。

如被测信号最高频率为 50 MHz，分频到 10 kHz 时，图 9-3 的电路可以做正确的测量，分频电路最大分频比是 50 MHz ÷ 10 kHz = 5000 = 1388H，即 13 位二进制数。因此应该设计一个 13 位输出的加一计数器。比如图 6-3 中 74LS161 是 4 位输出，计数器模 = 2^4，13 位输出的加一计数器模 = 2^{13}，倒推回去，可知通过这个预分频器的设计，本例可以测量的

最大频率是 $10\ kHz \times 2^{13} = 81920\ kHz = 81.920\ MHz$。

模仿图 6-3 中 U3、U4 之间的关系，设计一个 14 选 1 的数据选择器(其中一个选择通道是分频比 1∶1)，作为预分频比的选择控制位，数据选择器通道选择应该是 4 位。

如图 9-4 所示，模块 li9_1 就是用 VHDL 语言在 QuartusII 软件中设计的，满足以上要求的外加预分频电路。图中的 S3～S0 是预分频比选择位，当 S3～S0 是 0000 时，分频比是 $1∶2^{0}$；当 S3～S0 是 0001 时，分频比是 $1∶2^{1}$；当 S3～S0 是 0010 时，分频比是 $1∶2^{2}$；当 S3～S0 是 0011 时，分频比是 $1∶2^{3}$；……；当 S3～S0 是 1101 时，分频比是 $1∶2^{13}$。其中高频信号输入端在模块 li9_1 的 CLK 端，分频后的低频信号输出端在 CLK_OUT 端，作为单片机 RC2 引脚输入信号。

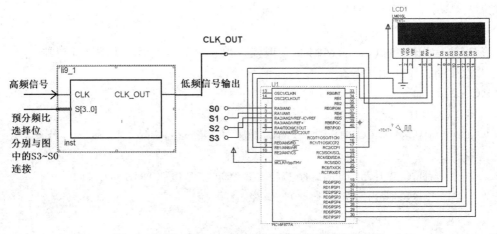

图 9-4 利用 FPGA、CPLD 芯片设计外接预分频电路

如当前 S3～S0 是 1010 时，分频比是 $1∶2^{10}$，如果被测高频信号是 40 MHz，则分频后频率是 $40\ MHz \div 2^{10} = 40\ MHz \div 1024 = 3.906\ 25\ kHz$，小于 10 kHz，本例电路可以正确测试，测试结果再除以 1024，即右移 10 位，就还原为原信号的周期。

单片机通过 RA3～RA0 控制模块 li9_1 的 S[3..0]的选择位，本例 PICC 程序初始化中添加语句 TRISA = 0; PORTA = 10; 可以实现单片机对模块 li9_1 的分频比选择控制。不同的 FPGA、CPLD 芯片 I/O 引脚的电平范围不一样，要注意与单片机的引脚电平匹配。

更加智能化的设计应该是由单片机选择模块 li9_1 的 S[3..0]的选择位电平，在正式测量前，通过程序试探选择 S[3..0]的可能值，PORTA 从最小 0000 开始直到最大分频比 1101，试探依据就是判断程序中 CCPR1L 中断捕捉值的大小，如果累加过程在 x、CCPR1H 为 0，且 CCPR1L 在最小值前就结束，则说明被测信号周期过小，测量误差会比较大，把当前控制 S[3..0]的端口 PORTA 值自加 1，即外接预分频比增大一倍，然后继续试探，直到 CCPR1L 大于最小值，这时的 PORTA 值就是合适的分频比输出控制值。

以下是模块 li9_1 的 VHDL 代码：

```
--例 9-1  外加预分频器电路设计。
--*****************************************
LIBRARY IEEE;
USE IEEE.STD_LOGIC_1164.ALL;
USE IEEE.STD_LOGIC_ARITH.ALL;
```

```vhdl
USE IEEE.STD_LOGIC_UNSIGNED.ALL;
--********************************************
ENTITY li9_1 is
    PORT(   CLK      :in std_logic;                --高频被测信号
                S            :in std_logic_vector( 3 downto 0);   --预分频比选择端
                CLK_OUT:OUT std_logic);             --分频信号输出
END li9_1   ;
--********************************************
ARCHITECTURE abc OF li9_1    IS
signal q :std_logic_vector( 12 downto 0);
BEGIN
process(CLK, S, q)
begin
    if CLK'event and CLK = '1' then
      q <= q+1;                     --13 位加一计数器
    end if;
    case s is
    when "0000" => CLK_OUT <= CLK;      --分频比 1∶1 输出
    when "0001" => CLK_OUT <= q(0);     --数据选择器 2 分频输出
    when "0010" => CLK_OUT <= q(1);
    when "0011" => CLK_OUT <= q(2);
    when "0100" => CLK_OUT <= q(3);
    when "0101" => CLK_OUT <= q(4);
    when "0110" => CLK_OUT <= q(5);
    when "0111" => CLK_OUT <= q(6);
    when "1000" => CLK_OUT <= q(7);
    when "1001" => CLK_OUT <= q(8);
    when "1010" => CLK_OUT <= q(9);
    when "1011" => CLK_OUT <= q(10);
    when "1100" => CLK_OUT <= q(11);
    when "1101" => CLK_OUT <= q(12);     --数据选择器 2¹³ 分频输出
    when OTHERS => CLK_OUT <= '0';
    --选择信号电平超出正常电平以外时，分频输出低电平
    END CASE;
end process;
end abc;
```

图 9-5 是模块 li9_1 的运行结果仿真，当 S 是 0000 时，分频电路输出信号与输入信号相同，当 S 是 0001 时，分频电路输出信号是输入信号的 2 分频。可见 S 取不同的值时，输出信号的频率不一样，起到可选择分频比的分频电路设计要求。

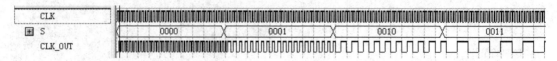

图 9-5　模块 li9_1 的运行结果仿真

　　如果不熟悉 VHDL 语言，只要会用 QuartusII 软件或者其他 EDA 软件，用数字电路设计方法，也能利用 FPGA、CPLD 芯片设计出灵活多样的外加电路。图 9-6 是用 74HC590、74HC151 仿真模型设计的 8 位分频器电路，相应的与之接口的单片机引脚只要 RA2～RA0 即可。当需要的分频比更大时，进一步级联设计即可。

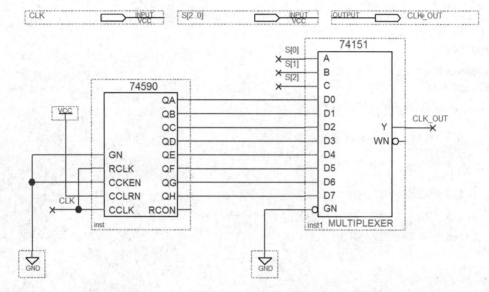

图 9-6　用 74HC590、74HC151 仿真模型设计的 8 位分频器电路

　　用 EDA 方法设计外接电路简单可行，能够把整个系统需要的外围电路用一片 FPGA、CPLD 芯片设计完成，目前低端 EDA 芯片价格不高，相对于用逻辑芯片制作 PCB 板焊接，可实现性、可靠性等都较高。其实诸如 PSOC 等，已经在 EDA 芯片内集成 CPU 硬核，一片芯片就可以设计出一个小系统出来。

　　当然也可以购买 74HC590 芯片，及数据选择器芯片，制作 PCB 板焊接电路完成，选购数据选择器芯片时必须注意工作频率是否满足设计要求。

　　本例的测试结果 Zxy 值是被测信号的周期的二进制值，单位是 μs，进一步计算后，如 $1 \div Zxy$，结果是频率，单位是 MHz。

　　外接图 9-4 的预分频电路后，根据 PORTA 端口的值，修改最终结果。如果 PORTA = 0000B，则 Zxy、(Zxy)$^{-1}$ 结果不变；如果 PORTA = 0001B，则 Zxy 右移一位、(Zxy)$^{-1}$ 左移一位；如果 PORTA = 0010B，则 Zxy 右移两位、(Zxy)$^{-1}$ 左移两位，以此类推，最后把结果进行二-十进制转换后，送 LCD 显示。

　　【例 9-2】　外接图 9-6 的预分频电路，在例 9-1 基础上设计测量频率超过 10 kHz 信号的周期，电路如图 9-7 所示，key 是测量启动信号，每次测量都按一下该按键，LCD 显示测量结果，图中 LED 作为超量程指示灯，当频率超过本系统测量能力时，指示灯亮，其他条件同上例。

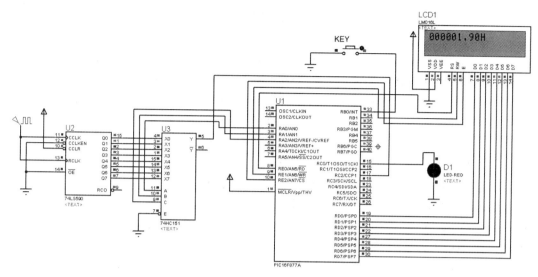

图 9-7　例 9-2 电路图

由于上例的设计在被测频率 10 kHz 时，结果是 64 H，频率越高，结果越小，误差会越大，因此必须在测试信号通道外加分频电路，图 9-7 中最大分频比为 1：256，由 RA2～RA0 控制分频比选择。因此测量结果显示值比上例更小，上例的周期单位是 μs，本例应该是 1/256 μs，如图 9-7 的 LCD 显示中，小数点以下就是 1 μs 以下的值，最小 bit 相当于 1/256 μs。图中的 1.90 H 表示 1 μs + 90H × 1 / 256 μs = 1.5625 μs，对应 640 kHz。可以看出图中 74HC151 芯片通道选择是 110，即 1：128 的分频比。

(1) 设计思路。

① 利用外部中断作为测试启动信号，在中断服务程序中对 CCP1、TMR1 模块初始化及使能其中断，相应要在主程序初始化部分加入 RB0 引脚初始化，使能外部中断。

② 定义一个共用体(参考 6.3 节车辆里程表的共用体用法)，把上例的 Zxy，再在 y 之后添加一个 8 位变量，组成一个 long 型的共用体，表示测量结果，其中 y 和其后的 8 位变量间就是小数点所在位置。

③ 当外部中断响应后启动 CCP1、TMR1 进行周期测试，先置 RA2～RA0 为 000，测试一个周期后，判断当前 TMR1 中断次数及 CCPR1H、CCPR1L 的值是否大于最小值，如果是，则说明被测信号频率较小，外加分频 1：2 就足够测试(图 9-7 的外接分频器最小选择 RA2～RA0 = 000 时，分频比是 1：2)，直接把当前的 TMR1 中断次数及 CCPR1H、CCPR1L 分别赋值给共用体的高 3 个字节，最低字节清 0，把整个共用体右移一位后(因为被测信号 2 分频后周期加大)结果送 LCD 显示。同时把 CCP1IE、TMR1IE 清 0，本次外部中断测试动作结束。

④ 如果测试结果小于最小值，则把 RA2～RA0 的输出值自加 1，程序自动再次测量，第二次判断测试结果，仍小于最小值时，重复上述动作，直到测试结果大于最小值时，把当前结果赋值给共用体，再把共用体的结果右移一位后加上当前 RA2～RA0 的值，送 LCD 显示。同时把 CCP1IE、TMR1IE 清 0，本次外部中断测试动作结束。

⑤ 上述的动作不能无限制重复，因为外加分频器只有 8 种分频比，所以每次重复测试前判断是否超过 8 次，如果已经到达 8 次，测量结果仍小于最小值，则说明被测信号频率

太大，超过本例系统测试能力，置 RC0 外接 LED 亮，同理把 CCP1IE、TMR1IE 清 0，本次外部中断测试动作结束。

⑥ 当被测信号频率很低，周期较大时，TMR1 中断次数 x 可能会溢出，所以每次 TMR1 中断时，判断 x 是否溢出，如果是，则同理置 RC0 外接 LED 亮。

⑦ 根据图 9-7 显示结果，本例能测量的最小时间周期单位是 $1/256\ \mu s$，假设上述设定的最小测量值是 CCPR1L > 63H，即 99，那么当外加分频电路分频比是 1∶256 时，最小可测量周期是 $100 \times (1/256) = 0.390625\ \mu s$。最大可测量周期是 TMR1 中断次数及 CCPR1H、CCPR1L 的值都是 FFH 时，即 $FFFFFFH \times 1\ \mu s$，因为外接分频器至少有 2 分频，所以这个结果经过右移一位后 LCD 显示是 7FFFFF.80H，周期是 $7FFFFFH \times 1\ \mu s + 1 \times 0.5\ \mu s = 8388607.5\ \mu s$。

⑧ 把上述测量的周期取倒数，就是被测信号的频率，计算可得是 2.56 MHz～0.12 Hz。加大外加电路的分频比，可以增加频率测量的上限，加大 TMR1 溢出次数变量的属性，可以展宽频率测量的下限。

⑨ 测量范围越宽，误差修正会成为一个问题，请参考相关文献学习。

(2) 设计相关 PICC 程序。根据以上设计思路，模仿例 9-1 画出本例设计流程图，设计程序如下：

```
#include<pic.h>
__CONFIG(0xFF29);
char x, z;
 bit a;
static volatile char table[16] = {0x30, 0x31, 0x32, 0x33, 0x34, 0x35,
0x36, 0x37, 0x38, 0x39, 0x41, 0x42, 0x43, 0x44, 0x45, 0x46};
union
{   unsigned long cycle;
    char da_ta[4];
}v_cycle;                   //定义一个共用体，存放周期
void DELAY()                //延时子程序
{   unsigned int i; for(i = 999; i > 0; i--); }
void ENABLE()              //写入控制命令的子程序
{ RE0 = 0; RE1 = 0; RE2 = 0; DELAY(); RE2 = 1; }
void ENABLE1()             //写入字的子程序
{ RE0 = 1; RE1 = 0; RE2 = 0; DELAY(); RE2 = 1; }
void lcd()
{   TRISD = 0; TRISE = 0;   //定义 PIC 与 1602LCD 的数据驱动接口 PORTD 和命令控制接口
    PORTD = 0;              //当前数据输出口清 0
    DELAY();               //调用延时，刚上电 LCD 复位不一定有 PIC 快
    PORTD = 1; ENABLE();    //清屏，调延时，因为 LCD 是慢速器件
    PORTD = 0x38; ENABLE(); //8 位 2 行 5×7 点阵
    PORTD = 0x0c; ENABLE(); //显示器开、光标不开、闪烁不开
    PORTD = 0x06; ENABLE(); //文字不动，光标自动右移
```

```
    }
    void interrupt ccp1()
    {
        if(INTF == 1)
        {CCP1IE = 1; TMR1IE = 1; x = 0; a = 0; v_cycle.cycle = 0; CCP1CON = 5; INTF = 0; goto exit; }
        else if(CCP1IF == 1)
        {   a =! a; if(a == 1)
            {TMR1H = 0; TMR1L = 0; TMR1ON = 1; RC0 = 0; z = 0; CCP1IF = 0; goto exit; }
            else    if(z == 0&&CCPR1H == 0&&CCPR1L < 0X50)
            {x++; PORTA = x; if(x == 8){RC0 = 1; CCP1IE = 0; TMR1IE = 0; }CCP1IF = 0; goto exit; }
            else if(CCPR1L >= 0X50)
            {v_cycle.da_ta[2] = CCPR1H; v_cycle.da_ta[1] = CCPR1L; v_cycle.da_ta[3] = z;
             v_cycle.cycle = v_cycle.cycle >> x+1;
             TMR1ON = 0; CCP1IE = 0; TMR1IE = 0; CCP1CON = 0; CCP1IF = 0; goto exit; }
        }
        else {z++; TMR1IF = 0; }
        exit:return;
    }
    main()
    {   lcd();          //LCD 初始化
        TRISC = 0; RC0 = 0; TRISC2 = 1;          //输入捕捉引脚方向定义
        TRISA = 0; PORTA = 0; v_cycle.cycle = 0;
        GIE = 1; PEIE = 1; CCP1IF = 0;                //使能 CCP1 的中断
        TMR1IF = 0; INTE = 1; INTF = 0; nRBPU = 0;
        T1CON = 0B00000000;                      //TMR1 为定时器，预分频 1：1，不启动 TMR1 定时器
        while(1)             //主循环部分保证单片机的 CPU 不停止工作，才能响应中断请求
        {   PORTD = 0x80; ENABLE();                          //光标指向第 1 行的位置
            PORTD = table[v_cycle.da_ta[3] >> 4]; ENABLE1();    //送 v_cycle[3]的高位显示
            PORTD = table[v_cycle.da_ta[3] & 0x0f]; ENABLE1();   //送 v_cycle[3]的低位显示
            PORTD = table[v_cycle.da_ta[2] >> 4]; ENABLE1();    //送 v_cycle[2]的高位显示
            PORTD = table[v_cycle.da_ta[2] & 0x0f]; ENABLE1();   //送 v_cycle[2]的低位显示
            PORTD = table[v_cycle.da_ta[1] >> 4]; ENABLE1();    //送 v_cycle[1]的高位显示
            PORTD = table[v_cycle.da_ta[1]&0x0f]; ENABLE1();   //送 v_cycle[1]的低位显示
            PORTD = '.'; ENABLE1();
            PORTD = table[v_cycle.da_ta[0]>>4]; ENABLE1();    //送 v_cycle[0]的高位显示
            PORTD = table[v_cycle.da_ta[0]&0x0f]; ENABLE1();   //送 v_cycle[0]的低位显示
            PORTD = 'H'; ENABLE1();
        }
    }
```

输入捕捉还可以用来测试方波负脉冲的宽度，与周期测量的区别是：第一次捕捉下跳变，清 TMR1 寄存器对，第二次捕捉上跳变，此时的 CCP1 寄存器对的值就是负脉冲宽度。

下面这个例子是测量不规则周期和占空比的方波信号的负脉冲宽度，是关于红外通信中接收端信号解码设计的问题。

与红外通信相关的名词、术语如下：

(1) 红外通信：通过红外线传输数据的通信方式。红外线(Infrared Radiation)俗称红外光，是波长介于微波与可见光之间的电磁波，波长为 770 ns～1 ms，在光谱上位于红色光外侧，具有很强的热效应，并易于被物体吸收，通常被作为热源。

(2) 通信系统的组成：通信系统的基本模型如图 9-8 所示。其中，发射系统是将信号变换为信道信号并发射，包括调制、放大、滤波等。接收系统是将信息从接收到的信号中还原出来，主要包括解调、滤波等。传输媒介主要分为有线和无线媒介。噪声包括内部干扰噪声(由发射和接收设备本身所产生的噪声)和外部干扰噪声(信道产生的噪声)。

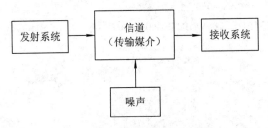

图 9-8　通信系统基本模型

(3) 数字信号通信(Digital Communication)：用数字信号作为载体来传输信息，或用数字信号对载波进行数字调制后再传输的通信方式。数字信号是指其信息由若干明确规定的离散值来表示，而这些离散值的特征量是可以按时间提取的时间离散信号。

(4) 红外数据传输：红外传输由发送和接收两个组成部分。发送端采用单片机将待发送的二进制信号编码调制为一系列的脉冲串信号，通过红外发射管发射红外信号。红外接收完成对红外信号的接收、放大、检波、整形，并解调出遥控编码脉冲。常用的有通过脉冲宽度来实现信号调制的脉宽调制(PWM)和通过脉冲串之间的时间间隔来实现信号调制的脉时调制(PPM)两种方法。

简而言之，红外通信的实质就是对二进制数字信号进行调制与解调，以便利用红外信道进行传输；红外通信接口就是针对红外信道的调制解调器。

(5) 利用单片机组成的红外收发系统：如图 9-9 所示，发送端单片机负责对二进制数字信号进行编码、调制为一系列的脉冲串信号，送给红外发射电路，发射红外信号，接收端采用价格便宜、性能可靠的一体化红外接收头(HS0038，它接收红外信号频率为 38 kHz，周期约 26 μs)接收红外信号，它同时对信号进行放大、检波、整形得到 TTL 电平的编码信号，再送给单片机，经单片机解码并执行去控制相关对象。

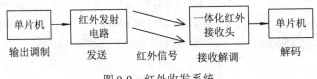

图 9-9　红外收发系统

(6) 红外传输系统的各种波形：在图 9-9 中，发送端单片机需要产生如图 9-10 所示的调制信号给红外发射电路，调制信号由 38 kHz 载波信号和基带信号相乘得到，**本章将利用 CCP1 模块的输出比较及 CCP2 模块的脉宽调制功能联合产生图 9-10 的调制信号。**

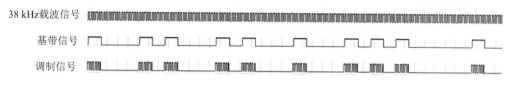

图 9-10　红外传输系统的各种波形

经过红外接收头接收后送到解码单片机的信号，已经是经过放大、检波、整形得到 TTL 电平的编码信号的基带信号，与图 9-10 的基带信号反相。接收的信号在接收端反相后，将与图 9-10 中的基带信号相似，差别在高、低电平宽度上。这与红外信号能量损失、空中干扰信号、电路误差、系统设计误差等有关。**本章将利用 CCP1 输入捕捉功能对基带信号进行解码。**

国际上有各种红外技术标准，此处不讨论这些标准，主要目的是学习如何用单片机加红外收发元件实现简单的红外通信，主角是 CCP1、CCP2 模块的各种功能联合应用。

图 9-10 中基带信号是指发送端发出的没有经过调制(进行频谱搬移和变换)的原始电信号，其特点是频率较低，信号频谱从零频附近开始，具有低通形式。说得通俗一点，基带信号就是发出的直接表达了要传输的信息的信号。

观察图 9-10 中基带信号波形的高低电平宽度，其中各脉冲高电平宽度一样，称为同步头，低电平宽度有 3 种，与同步头同宽的规定加载的是数字信号 "0"，3 倍于同步头宽度的加载数字信号 "1"，还有一种是 5 倍于同步头宽度的用来表示一组二进制代码的结束。因此从左到右，基带信号加载的二进制代码是 10101100B。显然同步头的作用是各低电平的分水岭。

【例 9-3】　利用 CCP1 模块的输入捕捉功能，设计一个如图 9-10 所示的基带信号解调电路，把红外传输系统接收的基带信号中加载的二进制信息解码成对应的二进制代码。设单片机的 $f_{osc}=4$ MHz。

基带信号的周期不定，与加载的二进制信息有关，因为高电平宽度一样，可以通过测量周期判断当前低电平的宽度，方法与例 9-1 相同，本例采用测量低电平宽度的方法，但是目的与例 9-1 不同，测量

红外通信及例 9-3A 段

结果不再追求精度问题，而是根据测量结果的大小判断当前负脉冲加载的是 "1" "0" 还是结束信号。

红外传输系统接收解码电路如图 9-11 所示，RC2/CCP1 引脚输入接收端的基带信号，本例用 Proteus 软件中信号源 的 DPATTERN 信号，产生模拟基带信号，如图 9-12 所示。接收解码后的二进制结果显示在 RB 端口的 LED 上。

单击图 9-11 中 信号源，打开其对话框，调整脉冲最小单位 Pulse width (Secs): 100u 为 100 μs，最后单击 Edit... 键，按照需要编辑出基带信号波形 Edit Pattern 图。

因此，图 9-12 编辑的基带信号对应的二进制代码是 01001101B，最右边 2 个同步头之间的宽度代表一帧二进制代码结束的信号。每个时间单位是 100 μs，因此 "0" 对应 100 μs，"1" 对应 300 μs，结束信号对应 500 μs。

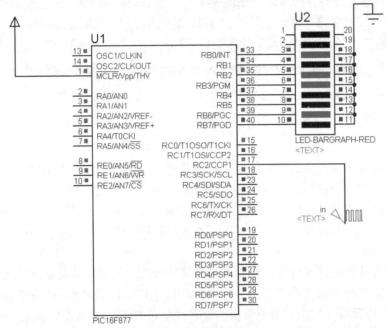

图 9-11　红外传输系统接收解码电路

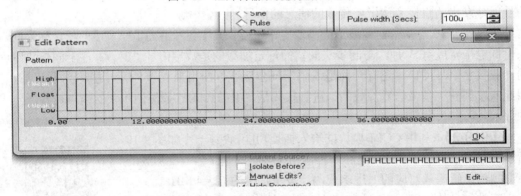

图 9-12　红外传输系统接收解码信号设置

　　如果单片机的 f_{osc} = 4 MHz，则指令周期就是 1 μs，用 CCP1 输入捕捉功能，TMR1 设计为 1：1 预分频比的定时器时，"0" 的负脉冲宽度是 100 = 64H，"1" 的负脉冲宽度是 300 = 12CH，结束信号的负脉冲宽度是 500 = 1F4H。判断条件可以设置为：

　　当捕捉结果 CCPR1L >0&&CCPR1H == 0x00 时，解码为 0；

　　当捕捉结果 CCPR1L < 0X50&&CCPR1H == 0x01 时，解码为 1；

　　当捕捉结果 CCPR1L > 0XA0&&CCPR1H == 0x01 时，就是结束信号。

　　本例设计逻辑同例 9-1，不再画流程图解释，设计程序如下：

```
//PIC 遥控码解码程序
#include<pic.h>
char B;
void interrupt ccp1_int()        //中断服务程序
{   CCP1IF = 0;      //注 1
```

红外通信及
例 9-3B 段

```
        if(CCP1M0 == 0)
        {  TMR1H = 0; TMR1L = 0;   //本次捕捉下降沿
           CCP1CON = 0X05;         //改为捕捉上升沿
           CCP1IF = 0;             //注 2
        }
        else
        {  CCP1CON = 0X04;         //改为捕捉下降沿
           CCP1IF = 0;             //注 3
           if(CCPR1L > 0&&CCPR1H == 0x00){ B = B << 1; }            //'0'
           if(CCPR1L < 0X50&&CCPR1H == 0x01){ B = B << 1; B = B+1; } // "1"
           if(CCPR1L > 0XA0&&CCPR1H == 0x01){ PORTB = B; }           //结束信号
        }
}
void main()
{   CCPR1H = CCPR1L = 0;
    INTCON = 0; PIR1 = 0; PIR2 = 0; PIE1 = 0; PIE2 = 0;          //清所有中断
    TRISC = 0X04;          //C 口定义为输出口，只定义 RC2/CCP1 作输入
    CCP1IE = 1; T1CON = 0; PEIE = 1; GIE = 1;          //开中断
    PORTC = 0X80;          //点亮 LED8
    CCP1CON = 0X04;        //CCP1 设为捕捉模式，捕捉下降沿
    B = 0; TRISB = 0; PORTB = 0X22;                    //开机时显示 22H
    TMR1ON = 1;            //启动 TMR1
loop:goto loop;
}
```

中断服务程序中 3 句 CCP1IF = 0; 分别标注了注 1、注 2、注 3 的标号，理论上，程序进入中断，清中断标志位，有注 1 处的语句即可，但是在软件仿真过程中发现，只有注 1处，没有注 2 处的指令，运行结果不正确；只有注 2、注 3 时，结果才正确。

9.3　CCP 模块输出比较工作模式

输出比较模式，适合于从引脚上 RC1/CCP2、RC2/CCP1 输出不同宽度的矩形正脉冲、负脉冲、延时驱动信号、可控硅驱动信号、步进电机驱动信号等。

9.3.1　输出比较模式的电路结构

CCP 模块输入捕捉电路结构如图 9-13 所示，其中 x 取 1 或 2，包含 6 个组成部分。

(1) 寄存器对 CCPR1H 和 CCPR1L 构成的 16 位宽的比较寄存器，通过内部数据总线读/写，用它来设定一个参加比较的时间基准值。

（2）TMR1 模块的寄存器对 TMR1H 和 TMR1L 作为定时或同步计数器的累加寄存器，为 CCP 提供一个参加比较的自由递增的计时值。

（3）比较器是一个 16 位宽的按位比较逻辑电路，当 CCPR1H 和 CCPR1L 构成的 16 位宽的寄存器对和 TMR1 模块的寄存器对 TMR1H 和 TMR1L 按位完全相同时，才能输出高电平的"匹配"信号，置中断标志位 CCPxIF = 1。特别强调，匹配时，TMR1 模块不受影响，继续运行。

（4）输出逻辑控制电路，用于选择比较器结果匹配时的输出引脚电平类型，由 CCPxCON 的低 4 位设定。如 CCP1CON = 0B00001000 时，比较模式如果匹配，则 CCP1/RC2 引脚输出高电平。

（5）RS 触发器将模式选择结果从 Q 端输出对应的电平。若当前模式选择结果为 RS = 01，则输出 Q = 1。

（6）受控三态门电路由 TRISC1、TRISC2 控制，若 TRISC2 = 0，则三态门打开 RS 触发器的输出 Q 电平送到引脚 RC2/CCP1。

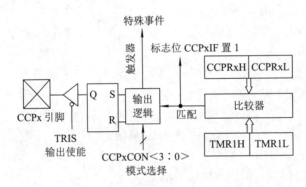

图 9-13　CCP 模块输出比较电路结构

设单片机的 f_{osc} = 4MHz，如执行语句 TRISC2 = 0; CCPR1H = 0X45; CCPR1L = 0X56; CCP1CON = 0B00001000; TMR1H = 0; TMR1L = 0; T1CON = 1; 后，CCP1 模块将定义为输出比较模式，匹配时引脚 RC2/CCP1 输出高电平，匹配时刻是启动 TMR1 语句 T1CON=1 执行之后的 0x4556 μs。

输出比较模块原理
及举例说明

9.3.2　输出比较模式的工作原理

设某设计需要输出图 9-14 所示的方波，TTL 电平，高电平宽度为 100 μs，低电平宽度有 3 种：100 μs、300 μs、500 μs。

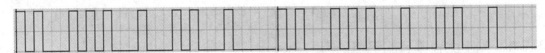

图 9-14　输出比较模式输出波形

下面详述如何利用 CCP1 模块的输出比较功能，经过 RC2/CCP1 引脚后，输出图 9-14 所示的波形。

　　输出比较模块有 2 个关键数据：何时匹配、匹配后输出什么电平。图 9-14 的波形从左边起点的高电平开始，100 μs 之后变为低电平。

　　设单片机的 $f_{osc} = 4$ MHz，T1CON = 1;，应用输出比较时对应的 2 个关键数据是：

　　CCPR1H = 0; CCPR1L = 100; CCP1CON = 0B00001001;

接下来经过 100 μs 低电平后，又变回高电平，对应的 2 个关键数据是：

　　CCPR1H = 0; CCPR1L = 100; CCP1CON = 0B00001000;

接下来经过 100 μs 高电平后，又变回低电平，对应的 2 个关键数据是：

　　CCPR1H = 0; CCPR1L = 100; CCP1CON = 0B00001001;

接下来经过 300 μs 低电平后，又变回高电平，对应的 2 个关键数据是：

　　CCPR1H = 1; CCPR1L = 0X2C; CCP1CON = 0B00001000;

接下来经过 100 μs 高电平后，又变回低电平，如此重复进行。

　　每次只要修改这 2 个关键数据，其中 CCP1CON 的区别仅在 bit0 位置，即 CCP1M0，<CCPR1H:CCPR1L>寄存器对的值是接下来的电平对应的波形宽度。

　　因为 TMR1 模块匹配时继续运行，所以，每次匹配，都必须把<TMR1H:TMR1L>寄存器对清 0。如果匹配时<CCPR1H:CCPR1L>寄存器对的赋值不是之后电平的持续时间，而是在当前值基础上的时间增量，那么匹配时，<TMR1H:TMR1L>寄存器对不必清 0。因此图 9-14 输出波形用 CCP1 模块设计的思路如下：

　　(1) 设置 RC2/CCP1 引脚为输出，TRISC2 = 0，初值低电平，RC2 = 0。

　　(2) 设置 TMR1 模块为预分频比 1:1 的定时器，暂时不启动，T1CON = 0。

　　(3) 设置 CCP1 为输出比较模式，匹配后输出高电平，CCP1CON = 8。

　　(4) 使能 CCP1 模块中断，CCP1IE = 1，CCP1IF = 0。

　　(5) 启动 TMR1 开始定时加 1，T1CON = 1。

　　(6) TMR1 启动后，<TMR1H:TMR1L>寄存器对从上电复位后的未知初值开始加 1，当前<CCPR1H:CCPR1L>寄存器对也是上电复位后的未知初值，但是两组寄存器对的取值范围都是 0000H～FFFFH，因此经过若干微秒后，两组寄存器对的值匹配，中断标志位 CCP1IF = 1。

　　(7) 第一次进入中断时 CCP1 模块电路使得 RC2 变为高电平，把<CCPR1H:CCPR1L>寄存器对的值加上 100 的增量，这时 TMR1 仍在加 1 计时，与 CCP1 模块寄存器对有 100 的差值。修改 CCP1CON = 9，清 CCP1IF = 0，出中断。

　　(8) TMR1 定时器继续加 1 计时，直到与 CCP1 寄存器对相等匹配，第二次进入中断，电路使 RC2 变为低电平，把<CCPR1H:CCPR1L>寄存器对的值加上 100 的增量，这时 TMR1 仍在加 1 计时，与 CCP1 模块寄存器对有 100 的差值。修改 CCP1CON = 8，清 CCP1IF = 0，出中断。

　　(9) 第三次进入中断时 CCP1 模块电路使得 RC2 变为高电平，把<CCPR1H:CCPR1L>寄存器对的值加上 100 的增量，修改 CCP1CON = 9，清 CCP1IF = 0，出中断。

　　(10) 第四次进入中断时 CCP1 模块电路使得 RC2 变为低电平，把<CCPR1H:CCPR1L>寄存器对的值加上 300 的增量，修改 CCP1CON = 8，清 CCP1IF = 0，出中断。

　　(11) 以上过程重复进行，进中断时，根据波形图电平宽度要求叠加定时增量给<CCPR1H:CCPR1L>寄存器对，按照即将匹配后的波形电平，修改 CCP1CON 控制值。

9.3.3　CCP 模块输出比较应用

可以利用输出比较功能设计输出各种不同周期及占空比的方波信号，下面的例子是利用该模块设计输出红外基带信号，输出的波形由当前的二进制代码决定。

【例 9-4】利用 CCP1 模块输出比较功能设计输出图 9-14 所示的波形，$f_{osc} = 4$ MHz，同步头的脉冲宽度为 $4 \times 26 = 104$ us $= 0x68(us)$，"1"的脉冲宽度为 $12 \times 26 = 312$ us $= 0x138(\mu s)$，结束标志宽度为 $24 \times 26 = 624$ $\mu s = 0x270(\mu s)$，使这些脉冲宽度尽量为 26 μs(红外载波 38 kHz)的整数倍。

例 9-4A 段

图 9-14 的波形是 8 位二进制 01001101B 的连续输出，相邻 2 帧波形之间间隔 624 μs，如图 9-15 所示。

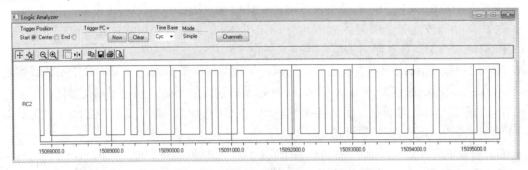

图 9-15　CCP1 模块输出比较功能设计的红外基带信号发生电路的输出波形

根据前述设计思路，画出流程图，如图 9-16 所示，其中 8 位变量 data 存储 01001101B，data_cnt 存储变量的位数 8，因为先减 1 再判断是否所有位数发送完毕，所以 data_cnt 初值是 9。

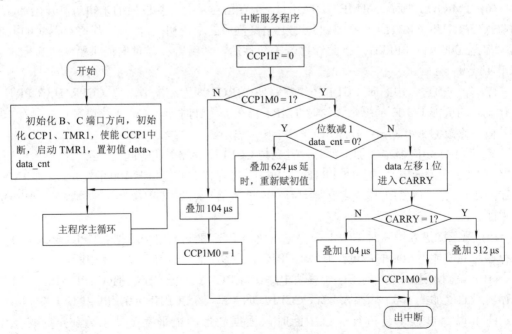

图 9-16　例 9-4 流程图

CCP1 模块每次发送 1 位二进制对应的负脉冲宽度，每次循环从 data 左移 1 位，PICC 语言没有带进位位 CARRY(状态寄存器 STATUS 的 bit0)的左移指令，因此这个动作用嵌入式汇编指令完成，选择汇编语句中的 rlf 指令。由于 data 是在 PICC 语言环境下定义的变量，因此用汇编语句表达时需在 data 前加下画线，即_data。嵌入式汇编语句格式是 asm("rlf _data, f");，表示变量 data 的 bit7 移出到进位标志位 CARRY 中，其余各位向高位移 1 位，CARRY 原来的值移入 data 的 bit0 中。

相应的程序设计如下：

```c
#include<pic.h>
__CONFIG(0xFF29);
char data, data_cnt;          //发送的二进制代码、代码长度
void interrupt ccp1_int()     //中断服务程序
{
    CCP1IF = 0;
    if(CCP1M0 == 1)           //本次匹配输出低电平吗
    {
        data_cnt -= 1;        //是低电平，二进制代码位数减 1
        if(data_cnt == 0) goto period_delty;    //位数为 0，全部发送完，转 624 μs 延时
            asm("rlf _data, f");    //未发送完，取下一位待发送数据(数据移入 CARRY 中)
        if(CARRY == 1) goto data_5eh;           //待发送数据 = 1
        CCPR1L = CCPR1L+0X68;                    //待发送数据 = 0，叠加低电平时长 68H
        CCPR1H = CCPR1H+CARRY;
        goto ret_fie;         //转到中断出口
    data_5eh:
        CCPR1L = CCPR1L+0X38;       //待发送数据 = 1，叠加高电平时长 138H
        CCPR1H = CCPR1H+CARRY+1;    //高位字节加上低位叠加时的进位
        goto ret_fie;    //转到中断返回
    period_delty:
        CCPR1L = CCPR1L+0X70;       //叠加 624 μs 的延时参数 270H
        CCPR1H = CCPR1H+CARRY+2;    //高位字节加 2 及低位叠加时的进位和
        data = 0B01001101; // = PORTB;    //从 PORTB 取数据
        data_cnt = 0X09;
    ret_fie:
        CCP1M0 = 0;                //下次匹配输出高电平
        return;
    }
    {
        CCPR1L = CCPR1L+0X68;      //叠加同步头的延时参数 68H
        CCPR1H = CCPR1H+CARRY;     //高位字节加上低位叠加时的进位
        CCP1M0 = 1;               //下次匹配输出高电平
```

例 9-4B 段及
仿真分析

```
        return;
    }
}
void main()
{
    nRBPU = 0;                              //启用 RB 弱上拉
    TRISB = 0XFF;                           //作输入口
    TRISC2 = 0;                             //C 口定义为输入口，只定义 RC2 作输出
    CCP1IE = 1; T1CON = 0; PEIE = 1; GIE = 1;      //设置预分频比 = 1∶1，开中断
    data_cnt = 0X09;                        //每组数据位数 = 9 - 1 = 8，因为子程序是先减 1 后判断
    CCP1CON = 0X08;                         //CCP1 设为匹配时令 CCP1/RC2 引脚输出高电平
    TMR1ON = 1;                             //启动 TMR1
    data = 0B01001101;                      // = PORTB; 从 PORTB 取数据
    while(1);
}
```

图 9-15 是从 MPLAB 软件得到的，在确保程序正确，工程创建正确的前提下，从 `Debugger` 进入 Select Tool 菜单，选择 ✓ `4 MPLAB SIM` 软件仿真，再进入 `Debugger` 菜单的 Settings... 选项，修改单片机主频为 4 MHz `Osc / Trace`，`4` 单击 `确定`。再从 `View` 的 `Simulator Logic Analyzer` 菜单打开逻辑分析仪，如图 9-15 所示，单击 `Channels`，从中选择 RC2 引脚，单击 `Add =>`，最后单击 `OK`。

单击 ▷ 运行后，看到软件界面左下角的 `Running...`，说明已经运行，单击 ▌▌ 结束。

在逻辑分析仪界面看到密集的波形结果，单击 ▭，放大观察输出波形结果，如图 9-15 所示。

如果将语句 data = 0B01001101;修改成从 PORTB 取数据 data = PORTB;，则本例可以灵活地输出加载了各种不同代码信息的红外基带波形。这时要初始化 nRBPU = 0; TRISB = 0XFF;，RB 端口功能为输入、弱上拉。

9.3.4 利用输入捕捉和输出比较模块设计红外基带信号发收系统

经过上述两个例子的设计，已经具备红外基带信号的发送和接收系统，把发、收信号统一后，可以在 Proteus 软件中一起仿真。

【例 9-5】 利用例 9-3 接收解码、例 9-4 基带信号发生电路系统，设计一个如图 9-17 所示的红外基带信号发、收解码电路系统，$f_{osc} = 4$ MHz。

因为例 9-3 的接收解码是"0"对应 100 μs、"1"对应 300 μs、结束信号对应 500 μs，本例不修改例 9-4 的基带信号发送波形，所以把例 9-3 中的解码条件判断语句修改如下：

```
if(CCPR1L > 0 && CCPR1H == 0x00){ B = B<<1; }        // "0" = 0x68
if(CCPR1H == 0x01){ B = B<<1; B = B+1; }             // "1" = 0x12C
if(CCPR1H == 0x02){ PORTD = B; }                     //结束信号 = 0x270
```

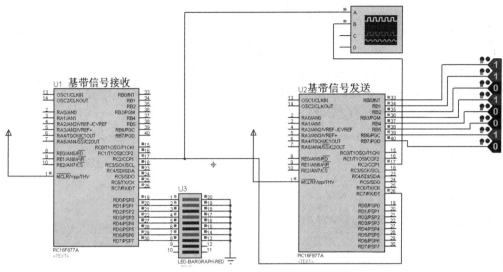

图 9-17 红外基带信号发、收解码电路

按照图 9-17，连接基带信号发送和接收的两片单片机引脚 RC2/CCP1，就可以把发送端单片机 PORTB 引脚上的电平信息送到接收单片机 PORTD 引脚上的 LED 显示，但是仿真发现，接收端没有接收到信号，只显示初始化时给 PORTD 的初值 PORTD = 0x22; ，用示波器观察发送单片机的 RC2/CCP1 引脚波形如图 9-18 所示，图中 RC2 引脚发送的代码是：01001011B，即发送单片机 PORTB 引脚电平，但是每个同步头的上跳变、下跳变都出现了尖脉冲干扰信号，因此接收端单片机不能解码。

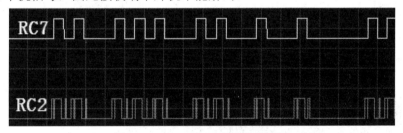

图 9-18 RC2、RC7 引脚波形对比

参照 CCP 模块输出比较电路结构图 9-13 可见，引脚 RC2/CCP1 工作在第二功能，如果选择其他引脚如 RC7，模仿例 6-1 那样定时时间到对 RC7 引脚输出对应的电平，则这时引脚 RC7 工作在第一功能，从图 9-18 看出 RC7 引脚电平不会出现上述的尖脉冲干扰信号。所以，解决尖脉冲干扰信号的方法如下：

(1) 连接图 9-17 发送单片机输出引脚 RC7 到接收单片机输入引脚 RC2。

(2) 修改例 9-4 的发送程序，初始化部分添加 TRISC7 = 0; 定义 RC7 做输出口。

(3) 中断服务程序语句 if(CCP1M0 == 1); 条件成立时输出低电平，此处添加语句 RC7 = 0;。

(4) 条件不成立时输出同步头高电平，此处添加语句 RC7 = 1;。

经过添加三处与 RC7 有关的语句后，分别在两片单片机中导入对应的程序，运行后结果正确，发送单片机 PORTB 引脚电平 01001011B，经过它的 RC7 引脚送到接收单片机的 RC2 引脚后在 PORTD 端外接的 LED 上显示相同的结果。点击发送单片机 PORTB 引脚外接的 logic 逻辑模块，修改引脚电平，相应的接收单片机 PORTD 外接 LED 显示修改后的结果。

对于数据发收系统，当发送端正在发送一帧代码信息时，此时不应该修改该组的数据，只有把数据都发送完，结束后，才能读取新的数据，做下一帧数据发送。因此例 9-4 把读取下一组数据的语句 data = PORTB; 放在发送基带信号的结束部分。

本例 RC2 引脚不能输出可以被接收解码的基带信号，改用 RC7，这是为了验证基带收发程序的正确性，作为红外收发系统，发射信号不是基带信号，而是图 9-10 中的调制信号，因此不能从 RC2 输出可以解码的基带信号，也不必从 RC7 输出能解码的基带信号，最终的做法是利用脉宽调制功能通过 RC1/CCP2 引脚输出调制信号给图 9-9 的红外发射电路。

9.4   CCP 模块的脉宽调制 PWM

脉宽调制输出模式适合于从引脚输出脉冲宽度随时可调的 PWM 信号，如实现直流电机调速、简易数/模转换(DAC)、步进电机的变频控制等。由 CCP 模块和 TMR2 模块配合完成。

9.4.1   脉宽调制输出模式的电路结构

CCP 模块脉宽调制电路结构如图 9-19 所示，其中 x 取 1 或 2，包含 10 个组成部分。

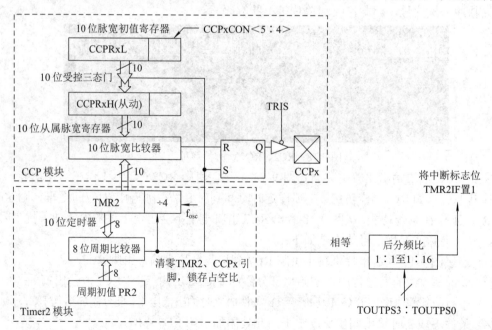

图 9-19   CCP 模块脉宽调制输出模式的电路结构

(1) 10 位脉宽寄存器由 CCPR1L 和 CCP1CON 的 bit5、bit4 构成 10 位宽的寄存器，通过内部数据总线读/写，装载 PWM 信号的脉宽。设单片机 f_{osc} = 4 MHz，指令周期是 1 μs，此处脉宽可以表示到 0.25 μs，即 $1/f_{osc}$，因此在 CCPR1L 和 CCP1CON 的 bit5、bit4 之间有

小数点，比如脉宽是 34.75 μs，0.75 μs = 0.5 μs + 0.25 μs，则初始化语句为 CCPR1L = 34; CCP1X = 1; CCP1Y = 1; ，这样的设计提高了脉宽精度。

(2) 10 位并行受控三态门的控制端并联由同一个信号控制，高电平有效，同时打开 10 个三态门，把 CCPR1L 及 CCP1CON<5:4>的值同时送到 CCPR1H 及其 bit0 后的 2 位空间中。

(3) 10 位从属脉宽寄存器由 CCPR1H 及其 bit0 后的 2 位共同构成，只有 CCPR1H 可读，是一个脉宽二级缓冲器，与 CCPR1L 及 CCP1CON<5:4>构成双缓冲器结构，减少 PWM 操作过程中遭受干扰的机会。

(4) 10 位比较器负责二级脉宽寄存器与 TMR2 及其 bit0 后 2 位构成的时基寄存器进行比较。当两者完全相同时，匹配输出高电平，其余都输出低电平。

(5) 10 位定时器 TMR2 由 8 位的 TMR2 模块和两位系统时钟分频电路构成，为 PWM 的操作提供时间基准，如图 3-1 所示，系统时钟分频电路完成对 f_{osc} 的 4 分频，输出指令周期，由 Q1～Q4 的四个节拍组成。4 分频电路的模为 2^2，因此有 2 个分频输出端，高位是 2 分频输出，低位是 4 分频输出，设单片机 f_{osc} = 4 MHz，经过 4 分频电路分频后，高位的 2 分频输出是 2 MHz，即 0.5 μs，对应上述的脉宽小数点后第一位 CCP1X；低位的 4 分频输出是 1 MHz，即 1 μs(指令周期)，对应上述的脉宽小数点后第二位 CCP1Y。

(6) 8 位比较器负责周期寄存器 PR2 和时基寄存器 TMR2 的内容比较，说明 PWM 模块周期精度只到 1 μs(设 f_{osc} = 4 MHz)。

(7) 8 位周期寄存器 TMR2，即第 8 章的定时器 TMR2 模块。

(8) 4 位后分频器的功能与图 8-1 中的后分频器一致。

(9) RS 触发器高电平有效。RS = 01 时，Q = 1；RS = 10 时，Q = 0。

(10) 引脚三态门由 TRISC1 或 TRISC2 控制 RC1/CCP2、RC2/CCP1 引脚方向，PWM 应用时，TRISC1 或 TRISC2 为 0。

9.4.2　脉宽调制输出模式的工作原理

PWM 模块应用时，其电路输出波形如图 9-20 所示，有 2 个关键值：脉冲宽度和周期，其中脉宽初值存入 CCPR1L 及 CCP1CON<5:4>中，周期存入 PR2 中。设图中脉宽为 34.75 μs，周期为 60 μs，则初始化：

(1) TRISC2 = 0; 定义 CCP1 模块的 PWM 输出引脚 RC2/CCP1 为输出端口。

(2) CCP1CON = 0X0C; 定义 CCP1 模块工作在 PWM 模式。

(3) T2CON = 0; 定义 TMR2 模块工作在预、后分频比都是 1∶1 的定时器模式。

(4) CCPR1L = 34; CCP1X = 1; CCP1Y = 1; 定义脉宽是 34.75 μs。

(5) PR2 = 59; TMR2 = 0; 定义 TMR2 模块初值。

(6) TMR2ON = 1; 启动 TMR2，此刻从 RC2 引脚输出所设定的波形。

PWM 模块在 TMR2 启动定时后，TMR2 从 0 开始加 1 计数，如图 9-19 所示，当累加到 TMR2 寄存器值是 34 及低位的 4 分频电路又累加了 3 个 f_{osc} 时

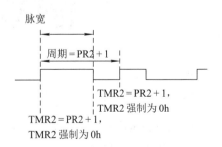

图 9-20　CCP 模块脉宽调制电路输出波形

钟后，10 位比较器的比较结果相等，输出高电平的匹配信号给 RS 触发器的 R 端，由于此时 8 位比较器不匹配，输出低电平给 S 端，因此 RS 触发器的输出端 Q=0，经过初始化时已经打开的三态门，从引脚 RC2/CCP1 输出低电平，因此，10 位比较器匹配时，PWM 信号输出低电平。

随着 TMR2 寄存器继续累加，10 位比较器不再匹配，输出低电平，RS 触发器的输入端都是 0，输出 Q 保持低电平不变。

当 TMR2=59 时，与 PR2 相等，8 位比较器匹配，输出高电平给 RS 触发器的 S 端，此时 RS=01，输出端 Q=1。因此，8 位比较器匹配时，PWM 信号输出高电平。

8 位比较器的匹配信号包括：复位 TMR2 寄存器；打开 10 位受控三态门；TMR2 中断标志位 TMR2IF=1。因此 TMR2 从 0 开始加 1，10 位、8 位比较器都不匹配，RS 触发器的输入端都是 0，引脚输出保持高电平不变。而此时新的脉宽存入二级脉宽缓冲器中，当 TMR2 及低位的 4 分频器再次和 CCPR1H 及 CCP1CON 的 bit5、bit4 中的值相等时，引脚再次输出低电平，重复以上动作。

脉宽调整 PWM
举例分析

因为 TMR2 寄存器从 0 开始加 1 直到 TMR2=59 时与 PR2 匹配，所以周期是 PR2+1。

【例 9-6】PIC16 系列的单片机种类丰富，本例选择 PIC16F690 完成上述波形的设计，f_{osc}=4 MHz。

观察图 9-21 中 U1 模块引脚图，CCP1 引脚在 RC5 上，修改上述 TRISC5=0 即可，程序设计如下。

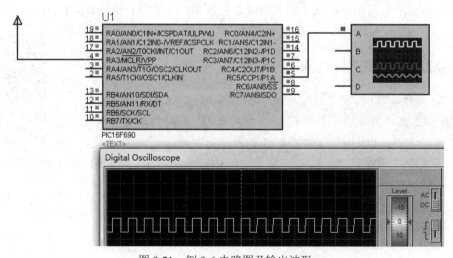

图 9-21　例 9-6 电路图及输出波形

```
#include<pic.h>
main()
{
    TRISC5 = 0;          //定义 CCP1 模块的 PWM 输出引脚 RC2/CCP1 为输出端口
    CCP1CON = 0X3C;      //定义 CCP1 模块工作在 PWM 模式
    T2CON = 0;           //定义 TMR2 模块工作在预、后分频比都是 1∶1 的定时器模式
```

```
    CCPR1L = 34;              //CCP1X = 1; CCP1Y = 1;         //定义脉宽是 34.75
    PR2 = 59; TMR2 = 0;       //定义 TMR2 模块初值
    TMR2ON = 1;               //启动 TMR2，此刻从 RC2 引脚输出所设定的波形
    loop:goto loop;
}
```

在 MPLAB 软件创建工程时，第一步选择芯片类型项修改为 PIC16F690 ，其他操作与选择 PIC16F877A 时一样。

利用 MPLAB 软件的逻辑分析仪功能，测试输出波形的脉宽、周期如图 9-22 所示，因为在 f_{osc} = 4 MHz 时逻辑分析仪最小分辨率是 1 μs，所以脉宽测试结果是 35，周期 60。

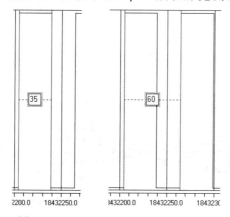

图 9-22　PWM 输出波形的脉宽、周期

把程序修改如下，PWM 输出波形周期固定 256 μs，而脉宽在每个 PWM 输出周期后发生变化：从 1 μs 逐渐增加到 255 μs，再从 255 μs 逐渐减少到 1 μs，循环输出。

```
#include<pic.h>
bit a;
void interrupt tmr2()
{
    TMR2IF = 0;
    if(a == 1)
    {CCPR1L++; if(CCPR1L >= 255)a = 0; }
    else {CCPR1L--; if(CCPR1L <= 1)a = 1; }
}
main()
{
    TRISC5 = 0;               //定义 CCP1 模块的 PWM 输出引脚 RC2/CCP1 为输出端口
    CCP1CON = 0X3C;          //定义 CCP1 模块工作在 PWM 模式
    T2CON = 0B00000000;      //TMR2 模块工作在预分频比是 1∶1，后分频比是 1∶1 的定时器模式
    CCPR1L = 1;
    PR2 = 255; TMR2 = 0;            //定义 TMR2 模块初值
    GIE = 1; PEIE = 1; TMR2IE = 1; TMR2IF = 0; a = 0;
```

```
        TMR2ON = 1;                          //启动 TMR2，此刻从 RC2 引脚输出所设定的波形
        loop:goto loop;
}
```

由于脉宽的改变在一个周期输出之后，因此可以使能 TMR2 中断来修改脉宽。而且启用 TMR2 的后分频器可以改变脉宽修改速度。如把 T2CON = 0B00000000; 修改为 T2CON = 0B00011000;，脉宽变化规律从每个 PWM 周期变化一次，变为每 4 个 PWM 周期变化一次。修改为 T2CON = 0B01111000;，脉宽变化规律变为每 16 个 PWM 周期变化一次。在 PWM 输出引脚上加上滤波电路，得到图 9-23 所示的输出波形。因此通过 PWM 输出外接滤波电路，可以设计简易的模/数转换。

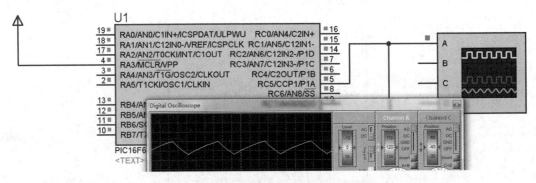

图 9-23　用 PWM 输出信号产生模拟量输出

9.5　CCP 模块的综合应用

前述的例 9-5 实现了两片单片机间红外基带信号的发送、接收，虽然发送单片机的 CCP1/RC2 引脚发送信号不能被接收单片机正确解码，但改为 RC7 后，发、收正常。

在发送单片机输出高电平同步头时，启动它的 CCP2 + TMR2 做 38 kHz(周期 26 μs)的 PWM 输出，低电平时关闭 PWM 输出，则可以在发送单片机的 CCP2/RC1 引脚得到如图 9-10 所示的红外调制信号。

加快推动产业结构、能源结构、交通运输结构等调整优化。实施全面节约战略，推进各类资源节约集约利用。加快构建新发展格局，着力推动高质量发展。下面通过例 9-7，学习廉价实用的红外传输设计，仅仅利用一对红外收、发二极管，实现单片机间的无线通信。

【例 9-7】　利用两片单片机及红外发射管电路、接收管电路，实现图 9-9 的红外数据传输系统，设单片机 $f_{osc} = 4$ MHz。

在例 9-5 发送程序基础上，添加与 CCP2 的 PWM 功能有关的部分，这些程序用下画线标注。主程序初始化部分：定义 RC1 引脚为输出端口；初始化 TMR2 模块为预、后分频比 1:1 的定时器，初值为 0；周期寄存器初值是 38 kHz 载波周期 − 1，即 25；初始化 CCP2 模块为 PWM

例 9-7

输出功能，脉宽初值 13。中断服务程序部分：当 CCP1 输出比较模块输出低电平时，关闭 PWM，使得 PWM 波形停止在低电平输出；当 CCP1 输出比较模块输出高电平时，启动 PWM。程序修改如下：

```c
#include<pic.h>
__CONFIG(0xFF29);
char data, data_cnt;
void interrupt ccp1_int()      //中断服务程序
{
    CCP1IF = 0;                //PIR1.2
    if(CCP1M0 == 1)
    {   RC7 = 0; CCP2CON = 0;              //低电平时间，停止 PWM 信号输出
        data_cnt -= 1;                     //位数减 1
        if(data_cnt == 0) goto period_delty;   //全部发送完，转 624 μs 延时
        asm("rlf _data, f");        //未发送完，取下一位待发送数据(数据移入 CARRY 中)
            if(CARRY == 1) goto data_5eh;      //待发送数据 = 1，CCPR1L = 5EH
                CCPR1L = CCPR1L+0X68;          //待发送数据 = 0，叠加低电平时长 68H
                CCPR1H = CCPR1H+CARRY;
            goto ret_fie;
    data_5eh:
        CCPR1L = CCPR1L+0X38;                  //待发送数据 = 1，叠加高电平时长 138H
        CCPR1H = CCPR1H+CARRY+1;               //高位字节加上低位叠加时的进位
        goto ret_fie;                         //转到中断返回
    period_delty:
        CCPR1L = CCPR1L+0X70;                  //叠加 624 μs 的延时参数 270H
        CCPR1H = CCPR1H+CARRY+2;               //高位字节加上低位叠加时的进位和 2
        data = PORTB;                   //0B01001101; //PORTB;   //从 PORTB 取数据
        data_cnt = 0X09;
    ret_fie:
        CCP1M0 = 0;        //下次匹配输出高电平
        return;
    }
    {   RC7 = 1; CCP2CON = 0X0C; TMR2ON = 1;        //同步头时间，启动 PWM 信号输出
        CCPR1L = CCPR1L+0X68;                  //叠加同步头的延时参数 68 H
        CCPR1H = CCPR1H+CARRY;       //高位字节加上低位叠加时的进位
        CCP1M0 = 1;                  //下次匹配输出高电平
        return;
    }
}
void main()
```

```
    {
        nRBPU = 0;                              //启用 RB 弱上拉
        TRISB = 0XFF;                           //作输入口
        TRISC2 = 0; TRISC7 = 0;                 //C 口定义为输入口，只定义 RC2 作输出
        TRISC1 = 0;                             //PWM 信号输出引脚
        CCP1IE = 1; T1CON = 0; PEIE = 1; GIE = 1;       //设置预分频比 = 1∶1，开中断
        data_cnt = 0X09;                        //每组数据位数 = 9 - 1 = 8，因为子程序是先减 1 后判断
        CCP1CON = 0X08;                         //CCP1 设为匹配时，令 CCP1/RC2 引脚输出电平不变
        T2CON = 0; PR2 = 25; TMR2 = 0;          //TMR2 初始化，周期 26 μs
        CCPR2L = 13;                            //CCP2 初始化，脉宽 13 μs
        TMR1ON = 1;                             //启动 TMR1
        data = PORTB;                           //0B01001101; //PORTB;        //从 PORTB 取数据，
        while(1);
    }
```

图 9-24 是发送程序的 3 个输出端口的仿真波形，发送代码 00000010B。红外传输系统无须送出基带信号，调试正确后，RC7 引脚可以做它用。

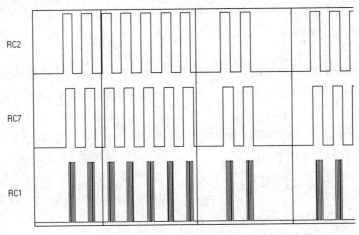

图 9-24　在 MPLAB 软件中用逻辑分析仪仿真的结果

进一步可以修改发送程序中 CCP1 基带发送程序的部分，把 RC2 从该功能剥离出来做它用，修改方法是把 CCP1CON 从原来的定义为 8、9 改为 10，这时匹配时不再修改 RC2 引脚电平，只是引起软件中断，在中断中如果保留 RC7 的作用，可以观察基带信号波形。这里主要是利用中断服务程序对 CCP2/PWM 的控制，从 RC1 引脚输出调制信号。最终修改的程序如下，修改部分加下画线。

```
#include<pic.h>
__CONFIG(0xFF29);
bit a;
char data, data_cnt;
void interrupt ccp1_int()                       //中断服务程序
    {
```

```
CCP1IF = 0; //PIR1.2
a =! a;
if(a == 1)
{   RC7 = 0; TMR2ON = 0; TMR2 = 0;
    data_cnt -= 1;                                //位数减 1
    if(data_cnt == 0) goto period_delty;          //全部发送完，转 624 μs 延时
    asm("rlf _data, f");        //未发送完，取下一位待发送数据(数据移入 CARRY 中)
    if(CARRY == 1) goto data_5eh;                 //待发送数据 = 1，CCPR1L = 5EH
        CCPR1L = CCPR1L+0X68;                      //待发送数据 = 0，叠加低电平时长 68H
        CCPR1H = CCPR1H+CARRY;
    goto ret_fie;
data_5eh:
    CCPR1L = CCPR1L+0X38;                          //待发送数据 = 1，叠加高电平时长 138H
    CCPR1H = CCPR1H+CARRY+1;                       //高位字节加上低位叠加时的进位
    goto ret_fie;                                 //转到中断返回
period_delty:
    CCPR1L = CCPR1L+0X70;                          //叠加 624 μs 的延时参数 270H
    CCPR1H = CCPR1H+CARRY+2;                       //高位字节加上低位叠加时的进位和 2
    data = PORTB;                                       //从 PORTB 取数据
    data_cnt = 0X09;
ret_fie:
    //CCP1M0 = 0;                                  //下次匹配输出高电平
    return;
}
{   RC7 = 1; TMR2ON = 1;
    CCPR1L = CCPR1L+0X68;                          //叠加同步头的延时参数 68H
    CCPR1H = CCPR1H+CARRY;                         //高位字节加上低位叠加时的进位
    //CCP1M0 = 1;                                  //下次匹配输出高电平
    return;
}
}
void main()
{
    nRBPU = 0;                      //启用 RB 弱上拉
    TRISB = 0XFF;                   //作输入口
    TRISC7 = 0; TRISC1 = 0;         //TRISC2 = 0;
    CCP1IE = 1; T1CON = 0; PEIE=1; GIE = 1;           //设置预分频比 = 1：1，开中断
    data_cnt = 0X09;                //每组数据位数 = 9 - 1 = 8，因为子程序是先减 1 后判断
    CCP1CON = 0x0a; a = 1;     // = 0X08；CCP1 设为匹配时，令 CCP1/RC2 引脚输出电平不变
```

```
    T2CON = 0; PR2 = 25; TMR2 = 0; CCP2CON = 0X0C; CCPR2L = 13;
    TMR1ON = 1;                    //启动 TMR1
    data = PORTB;                  //从 PORTB 取数据,
    while(1);
}
```

修改后逻辑分析仪中不再有 RC2 引脚的输出波形。由于小型化封装的需要,比如上例介绍的 PIC16F690 芯片,引脚数量少,引脚多功能,因此在设计时只定义有用的端口,其他做测试观察用的端口应该都释放出来,留待它处使用。

本例接收部分程序如下:

```
#include<pic.h>
char B;
void interrupt ccp1_int()                //中断服务程序
{
    CCP1IF = 0;
    if(CCP1M0 == 0)
    {   TMR1H = 0; TMR1L = 0;        //本次捕捉下降沿
        CCP1CON = 0X05;              //改为捕捉上升沿
        CCP1IF = 0;
    }
    else
    {   CCP1CON = 0X04;              //改为捕捉下降沿
        // CCP1IF = 0; PIR1.2
        if(CCPR1L > 0&&CCPR1H == 0x00){ B = B<<1; }      // "0"
        if(CCPR1H == 0x01){B=B<<1; B=B+1; }              // "1"
        if(CCPR1H == 0x02){ PORTD=B; }                   //结束信号
    }
}
void main()
{   CCPR1H = CCPR1L = 0;
    INTCON = 0; PIR1 = 0; PIR2 = 0; PIE1 = 0; PIE2 = 0;          //清所有中断
    TRISC = 0X04;          //C 口定义为输出口, 只定义 RC2/CCP1 作输入
    CCP1IE = 1; T1CON = 0; PEIE = 1; GIE = 1;                    //开中断
    PORTC = 0X80;          //点亮 LED8
    CCP1CON = 0X04;        //CCP1 设为捕捉模式, 捕捉下降沿
    B = 0; TRISD = 0; PORTD = 0X22;
    TMR1ON = 1;            //启动 TMR1
loop:goto loop;
}
```

本例电路图如图 9-17 所示,基带信号波形图如图 9-18 所示,如果修改基带信号波形

的高低电平持续时间，则必须同时修改发送、接收程序。

2015 年电子设计竞赛中 F 题数字频率计的时间间隔功能的测量，特别适合用 2 个 CCP 输入捕捉同一个跳变边沿，计算时间差。

【例 9-8】 利用 CCP1/CCP2 的输入捕捉功能，测量 2 个同频率同周期不同相位的信号间的时间差 T_{A-B}，单片机的 $f_{osc} = 4$ MHz。

(1) 设计思路。

① 本例在例 9-1 测量方波信号周期的基础上修改，周期是对同一个信号前后 2 次的相同跳变时间差测量，本例是不同方波信号相邻 2 次相同跳变的时间差，假设是上跳变。

② 因为输入 2 路方波信号，测量点有 2 处，所以利用 CCP1/CCP2 的 2 个引脚 RC2/RC1，连接电路如图 9-25 所示，被测信号频率为 10 Hz，逻辑分析仪的 A1 通道测量 RC1/CCP2 引脚输入的方波信号，A2 通道测量 RC2/CCP1 引脚输入的方波信号，如图右下角显示的 2 信号源反相。

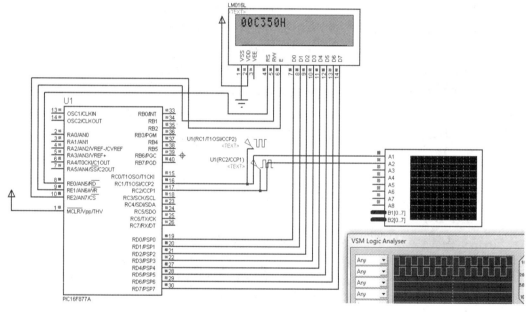

图 9-25　例 9-8 电路图

③ 因此测量结果应该是 10 Hz 信号周期 186A0H 的一半 C350H。

④ 初始化定义 CCP2 模块为输入捕捉功能 CCP2CON = 5，RC1 做输入引脚 TRISC1 = 1，使能 CCP2 中断。

⑤ 中断服务程序增加 CCP2 中断功能，删除原来变量 a 的作用，当 CCP1IF = 1 进中断时，TMR1 计数寄存器清 0，变量 z 清 0，启动 TMR1 定时。

⑥ 当 CCP2IF = 1 进中断时，读取当前 TMR1 计数寄存器、变量 z 的值，就是时间差 T_{A-B}，关闭 TMR1 定时器功能。

(2) 程序设计。修改后程序如下：

```
#include<pic.h>
__CONFIG(0xFF29);
char x, y, z, Z;
```

```
bit a;
static volatile char table[16] = {0x30, 0x31, 0x32, 0x33, 0x34, 0x35,
0x36, 0x37, 0x38, 0x39, 0x41, 0x42, 0x43, 0x44, 0x45, 0x46};
void DELAY()          //延时子程序
{unsigned int i; for(i = 999; i > 0; i--); }
void ENABLE()          //写入控制命令的子程序
{ RE0 = 0; RE1 = 0; RE2 = 0; DELAY(); RE2 = 1; }
void ENABLE1()          //写入字的子程序
{ RE0 = 1; RE1 = 0; RE2 = 0; DELAY(); RE2 = 1; }
void lcd()
{   TRISD = 0; TRISE = 0;   //定义 PIC 与 1602LCD 的数据驱动接口 PORTD 和命令控制接口
    PORTD = 0;          //当前数据输出口清 0
    DELAY();          //调用延时，刚上电 LCD 复位不一定有 PIC 快
    PORTD = 1; ENABLE();          //清屏，调延时，因为 LCD 是慢速器件
    PORTD = 0x38; ENABLE();          //8 位 2 行 5×7 点阵
    PORTD = 0x0c; ENABLE();          //显示器开、光标不开、闪烁不开
    PORTD = 0x06; ENABLE();          //文字不动，光标自动右移
}
void interrupt ccp1()
{
    if(CCP1IF == 1)
    {TMR1H = 0; TMR1L = 0; TMR1ON = 1; z=0; CCP1IF = 0; }
    else if(CCP2IF == 1)
    {x = CCPR2H; y = CCPR2L+25; Z = z; TMR1ON = 0; CCP2IF = 0; }
    else
    if(TMR1IF == 1)
    z++;          //累加溢出次数
    TMR1IF = 0;
}
main()
{   lcd();          //LCD 初始化
    TRISC2 = 1; TRISC1 = 1;          //输入捕捉引脚方向定义
    a = 0;          //变量赋初值
    GIE = 1; PEIE = 1; CCP1IE = 1; CCP1IF = 0; CCP2IE = 1; CCP2IF = 0;          //使能 CCP1 的中断
    TMR1IE = 1; TMR1IF = 0;
    T1CON = 0B00000000;          //TMR1 为定时器，预分频 1∶1，不启动 TMR1 定时器
    CCP1CON = 5; CCP2CON = 5;
    while(1)//主循环部分保证单片机的 CPU 不停止工作，才能响应中断请求
    {   PORTD = 0x80; ENABLE();          //光标指向第 1 行的位置
```

```
        PORTD = table[Z>>4]; ENABLE1();        //送 z 的高位显示
        PORTD = table[Z&0x0f]; ENABLE1();      //送 z 的低位显示
        PORTD = table[x>>4]; ENABLE1();        //送 x 的高位显示
        PORTD = table[x&0x0f]; ENABLE1();      //送 x 的低位显示
        PORTD = table[y>>4]; ENABLE1();        //送 y 的高位显示
        PORTD = table[y&0x0f]; ENABLE1();      //送 y 的低位显示
        PORTD = 'H'; ENABLE1();
    }
}
```

(3) 几点说明。

① 从本例设计结果可见，尽管 CCP1/CCP2 共用一个定时器 TMR1，做输入捕捉时，利用这个特点可以测量不同信号的时间差，因为它们的时间轴是同一个。

② 本例的误差修正、二-十进制转换等问题，请参考本章例 9-1 后续例子，此处不再重复。

③ 由于测量起点固定为从 CCP1 捕捉到的边沿开始，终点在 CCP2 捕捉到的边沿，当输入到 CCP1 的波形超前于输入到 CCP2 的波形时，测量结果即是时间差 $T_{A\text{-}B}$。反之，时间差应该是 $T_{B\text{-}A}$，这时只要把被测信号周期减去 $T_{A\text{-}B}$，即可得到 $T_{B\text{-}A}$。

思 考 练 习 题

1. 利用 CCP1 的输入捕捉功能，模仿例 9-1 设计车辆里程表，包含里程计数和速度测量。电路仍用图 9-3，车轮旋转输入信号从 RC2 进入单片机，不能再用除 CCP1 + TMR1 以外的单片机资源。

2. CCP1 的输入捕捉功能模块含有 TMR1 模块的计数器，如果不启用 TMR1，即 TMR1ON = 0;，CCP1 模块能否正常工作，若开启 CCP1IE = 1; 后，当捕捉到设定的信号时，能否进入中断，为什么？

3. 根据例 9-2 的电路图及程序设计，分析 void interrupt ccp1()的工作原理。

4. 请利用输出比较功能设计能输出如图 9-26 所示波形的程序，图中时间单位是 μs，单片机晶体振荡器频率是 4 MHz。

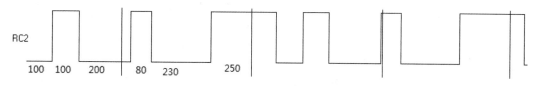

图 9-26 输出比较模式设计输出的波形图

5. 模仿例 9-4 设计一个能产生一帧 24 位二进制数的红外基带信号发送电路，把例 9-1 的周期测量结果正确转换为红外基带波形，用逻辑分析仪观察结果是否正确。

6. 在习题 5 的基础上，设计红外基带发、收系统，把例 9-1 的周期测量结果进行发送和接收，设计结果如图 9-27 所示，其中 U1 单片机测量 10 Hz 的方波信号周期，测量结果 186A0H 显示在 LCD1 上，同时把该结果生成红外基带信号(如图中的 VSM Logic 界面所示)经 RC7，送到 U2 单片机的 RC2 接收解码，把解码结果显示在 LCD2 上。

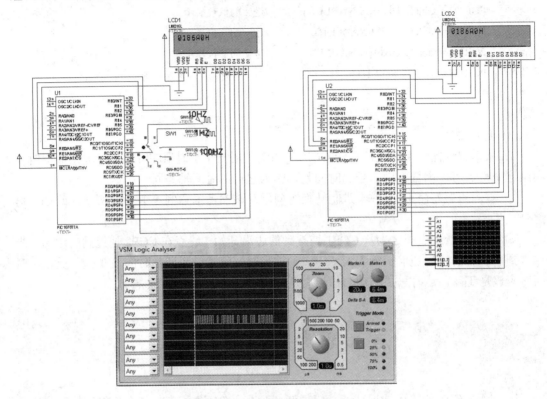

图 9-27　周期测量及红外基带发、收设计

第 10 章　　模/数转换器 ADC

本章介绍 PIC16F87X 内部的模/数转换模块 ADC，在学习之前，需要了解与模/数转换模块工作原理有关的一些概念。

10.1　A/D 转换的基本概念

随着数字电子技术的迅速发展，各种数字设备几乎渗透到国民经济的所有领域之中。数字计算机只能够对数字信号进行处理，处理的结果还是数字量，它在用于生产过程自动控制的时候，所要处理的变量往往是连续变化的物理量，如温度、压力、速度等都是模拟量，这些非电子信号的模拟量先要经过传感器变成电压或者电流信号，然后再转换成数字量，才能够送往计算机进行处理。

A/D 转换概述

模拟量转换成数字量的过程被称为模/数转换，简称 A/D(Analog to Digital)转换；完成模/数转换的电路被称为 A/D 转换器，简称 ADC(Analog to Digital Converter)。数字量转换成模拟量的过程称为数/模转换，简称 D/A(Digital to Analog)转换；完成数/模转换的电路称为 D/A 转换器，简称 DAC(Digital to Converter)。带有模/数和数/模转换电路的测控系统大致如图 10-1 所示。

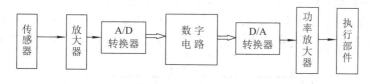

图 10-1　一般测控系统框图

图 10-1 中模拟信号由传感器转换为电信号，经放大送入 A/D 转换器转换为数字量，由数字电路进行处理，再由 D/A 转换器还原为模拟量，去驱动执行部件。为了保证数据处理结果的准确性，A/D 转换器和 D/A 转换器必须有足够的<u>转换精度</u>。同时，为了适应快速过程的控制和检测的需要，A/D 转换器和 D/A 转换器还必须有足够快的<u>转换速度</u>。因此，转换精度和转换速度是衡量 A/D 转换器和 D/A 转换器性能优劣的主要标志。由于 PIC16F87X 单片机内部只有 ADC 模块，因此本章仅涉及 A/D 的相关知识。

10.1.1　A/D 转换过程

A/D 转换器的功能是将输入的模拟电压转换为输出的数字信号，即将模拟量转换成与其成比例的数字量。一个完整的 A/D 转换过程，必须包括采样、保持、量化和编码四部分电路，如图 10-2 所示。在 ADC 具体实施时，常把这四个步骤合并进行。例如，采样和保持是利用同一电路连续完成的，量化和编码是在转换过程中同步实现的，而且所用的时间又是保持的一部分。

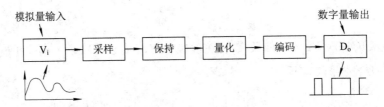

图 10-2　A/D 转换步骤

1. 采样定理

图 10-3 所示为某一输入模拟信号经采样后得出的波形。为了保证能从采样信号中将原信号恢复，必须满足条件 $f_s \geqslant 2f_i(\max)$，其中 f_s 为采样频率，$f_i(\max)$ 为信号 V_i 中最高次谐波分量的频率，这一关系称为采样定理。A/D 转换器工作时的采样频率必须大于等于采样定理所规定的频率。采样频率越高，留给每次进行转换的时间就越短，这就要

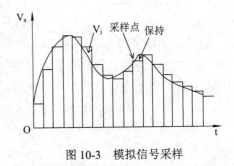

图 10-3　模拟信号采样

求 A/D 转换电路必须具有更高的工作速度，因此，采样频率通常取 $f_s = (3 \sim 5)f_i(\max)$。

2. 采样保持电路

图 10-4 所示为一个实际的采样保持电路的结构图，图中 A1、A2 是两个运算放大器，S 是模拟开关，L 是控制 S 状态的逻辑单元电路。采样时令 $V_L = 1$，S 随之闭合。A1、A2 接成单位增益的电压跟随器，故 $V_o = V_o' = V_i$。同时 V_o' 通过 R_2 对外接电容 C 充电，使 $V_c = V_i$。因电压跟随器的输出电阻十分小，故对 C 充电很快结束。当 $V_L = 0$ 时，S 断开，采样结束，由于 V_c 无放电通路，其电压值基本不变，使 V_o 得以将采样所得结果保持下来。

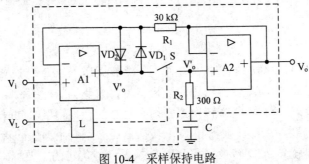

图 10-4　采样保持电路

图 10-4 中还有一个由二极管 VD_1、VD_2 组成的保护电路。在没有 VD_1 和 VD_2 的情况

下，如果在 S 再次接通以前 V_i 变化了，则 V_o' 的变化可能很大，以至于使 A1 的输出进入非线性区，V_o' 与 V_i 不再保持线性关系，并使开关电路有可能承受过高的电压。接入 VD_1 和 VD_2 以后，当 V_o' 比 V_o 所保持的电压高出一个二极管的正向压降时，VD_1 将导通，V_o' 被钳位于 $V_i + V_{VD1}$，这里的 V_{VD1} 表示二极管 VD_1 的正向导通压降。当 V_o' 比 V_o 低一个二极管的压降时，将 V_o' 钳位于 $V_i - V_{VD2}$。在 S 接通的情况下，因为 $V_o' \approx V_o$，所以 VD_1 和 VD_2 都不导通，保护电路不起作用。

3. 量化与编码

为了使采样得到的离散的模拟量与 n 位二进制码的 2^n 个数字量一一对应，还必须将采样后离散的模拟量归并到 2^n 个离散电平中的某一个电平上，此过程被称为量化。

量化后的值再按数制要求进行编码，以作为转换完成后输出的数字代码。把量化的结果用二进制码或其他数制的代码表示出来，称为编码。这些代码就是 A/D 转换的结果。量化和编码是所有 A/D 转换器不可缺少的核心部分之一。

数字信号具有在时间上离散和幅度上断续变化的特点，在进行 A/D 转换时，任何一个被采样的模拟量只能表示成某个规定最小数量单位的整数倍，所取的最小数量单位叫作量化单位，用 Δ 表示。若数字信号最低有效位用 LSB 表示，1 LSB 所代表的数量大小就等于 Δ，即模拟量量化后的一个最小分度值。既然模拟电压是连续的，那么它就不一定是 Δ 的整数倍，在数值上只能取接近的整数倍，因而量化过程不可避免地会引入误差。这种误差称为量化误差。

将模拟电压信号划分为不同的量化等级时通常有以下两种方法，如图 10-5 所示，它们的量化误差相差较大。图 10-5(a)的量化结果误差较大，例如把 0～1 V 的模拟电压转换成 3 位二进制代码，取最小量化单位 $\Delta = (1/2^3)$ V，并规定凡模拟量数值在 0～$(1/2^3)$ V 之间时，都用 0Δ 来替代，用二进制数 000 来表示，凡数值在$(1/2^3)$～$(2/2^3)$ V 之间的模拟电压都用 1Δ 代替，用二进制数 001 表示，以此类推。这种量化方法带来的最大量化误差可能达到 Δ，即$(1/2^3)$ V。若用 n 位二进制数编码，则所带来的最大量化误差为$(1/2^n)$ V。

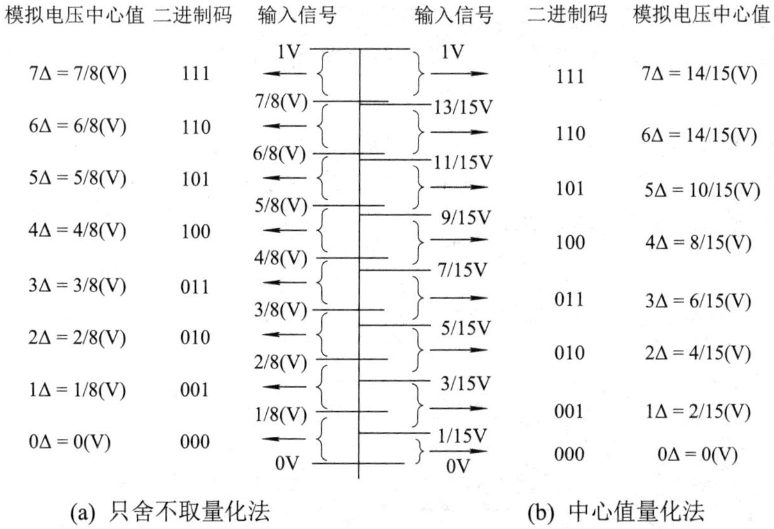

模拟电压中心值	二进制码	输入信号	输入信号	二进制码	模拟电压中心值
$7\Delta = 7/8$(V)	111	1V ⌐ 7/8(V)	1V ⌐ 13/15V	111	$7\Delta = 14/15$(V)
$6\Delta = 6/8$(V)	110	6/8(V)	13/15V 11/15V	110	$6\Delta = 14/15$(V)
$5\Delta = 5/8$(V)	101	5/8(V)	11/15V 9/15V	101	$5\Delta = 10/15$(V)
$4\Delta = 4/8$(V)	100	4/8(V)	9/15V 7/15V	100	$4\Delta = 8/15$(V)
$3\Delta = 3/8$(V)	011	3/8(V)	7/15V 5/15V	011	$3\Delta = 6/15$(V)
$2\Delta = 2/8$(V)	010	2/8(V)	5/15V 3/15V	010	$2\Delta = 4/15$(V)
$1\Delta = 1/8$(V)	001	1/8(V)	3/15V 1/15V	001	$1\Delta = 2/15$(V)
$0\Delta = 0$(V)	000	0V	1/15V 0V	000	$0\Delta = 0$(V)

(a) 只舍不取量化法　　　　　　　　　(b) 中心值量化法

图 10-5　量化电平划分的两种方法

　　为了减小量化误差，通常采用图 10-5(b)所示的改进方法来划分量化电平。在划分量化电平时，取量化单位 $\Delta = (2/15)$ V。将输出代码 000 对应的模拟电压范围定为 $0\sim(1/15)$ V，即 $0\sim(1/2)\Delta$，$(1/15)\sim(3/15)$ V 对应的模拟电压用代码 001 表示，对应模拟电压中心值为 $\Delta = (2/15)$ V，依此类推。这种量化方法的量化误差可减小到 $(1/2)\Delta$，即 $(1/15)$ V。在划分各个量化等级时，除第一级 $0\sim(1/15)$ V 外，其余每个二进制代码所代表的模拟电压值都归并到它的量化等级所对应的模拟电压的中间值，所以最大量化误差为 $(1/2)\Delta$。

10.1.2　A/D 转换器的分类

　　按转换过程的工作原理不同，A/D 转换器可大致分为直接型 A/D 转换器和间接型 A/D 转换器。直接型 A/D 转换器能把输入的模拟电压直接转换为输出的数字代码，而不需要经过中间变量。常用的电路有并行比较型和反馈比较型两种。间接 A/D 转换器是把待转换的输入模拟电压先转换为一个中间变量，例如时间 T 或频率 F，然后再对中间变量量化编码，得出转换结果。A/D 转换器的大致分类如图 10-6 所示。

A/D 转换过程与
控制方法

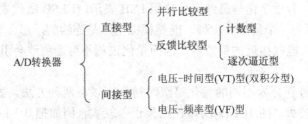

图 10-6　　A/D 转换器的分类

　　本章 ADC 模块属逐次逼近型，是比较常见的一种 A/D 转换电路，转换的时间为 μs 级。下面只介绍逐次逼近型 A/D 转换器。

　　逐次逼近型 A/D 转换器属于直接型 A/D 转换器，它能把输入的模拟电压直接转换为输出的数字代码，而不需要经过中间变量。转换过程相当于一架天平称量物体的过程，不过这里不是加减砝码，而是通过 D/A 转换器及寄存器加减标准电压，使标准电压值与被转换电压平衡。这些标准电压通常称为电压砝码。

　　逐次逼近型 A/D 转换器由一个比较器、D/A 转换器(产生电压砝码用)、缓冲寄存器及控制逻辑电路组成，如图 10-7 所示。其基本原理是从高位到低位逐位试探比较，好像用天平称物体，从重到轻逐级增减砝码进行试探。

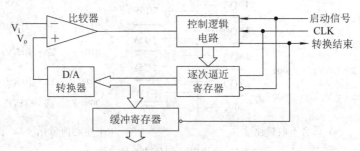

图 10-7　　逐次逼近法的 A/D 转换器转换原理

逐次逼近型 A/D 转换器的转换过程是：初始化时将逐次逼近寄存器各位清 0；转换开始时(启动信号有效)，先将逐次逼近寄存器最高位置 1，送入 D/A 转换器，经 D/A 转换后生成的模拟量(电压砝码，输出 V_o)送入比较器，与送入比较器的待转换的模拟量 V_i 进行比较，若 $V_o < V_i$，则该位 1 被保留，否则被清除；然后再置逐次逼近寄存器次高位为 1，将寄存器中新的数字量送 D/A 转换器，输出的 V_o 再与 V_i 比较，若 $V_o < V_i$，则该位 1 被保留，否则被清除。重复此过程，直至逐次逼近寄存器最低位。转换结束后，将逐次逼近寄存器中的数字量送入缓冲寄存器，得到数字量的输出。

逐次逼近的操作过程是在一个控制电路的控制下进行的，当启动信号有效时开始转换，在 A/D 转换时钟 CLK 控制下，每个周期完成一位数字量的比较及存储，如果转换结果是 n 位二进制数，则经过 n 个 CLK 时钟后，输出转换结果的 n 位二进制数，同时输出转换结束信号，在单片机中将这个转换结束信号作为中断标志位。

逐次逼近
A/D 转换原理

以上过程可以用图 10-8 加以说明，图中表示将模拟电压 V_i 转换为四位二进制数的过程。图中的电压砝码依次为 800 mV、400 mV、200 mV 和 100 mV，转换开始前先将逐次逼近寄存器清 0，所以加给 D/A 转换器的数字量全为 0。

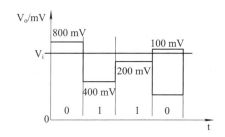

图 10-8　逐次逼近型 A/D 转换器的逼近过程示意图

当转换开始时，通过 D/A 转换器送出一个 $V_o = 800$ mV 的电压砝码与输入电压比较，由于 $V_i < 800$ mV，因此将 800 mV 的电压砝码去掉；再加 400 mV 的电压砝码，由于 $V_i > 400$ mV，因此保留 400 mV 的电压砝码；再加 200 mV 的砝码，由于 $V_i > 400$ mV + 200 mV，因此 200 mV 的电压砝码也保留；再加 100 mV 的电压砝码，因 $V_i < 400$ mV + 200 mV + 100 mV，故去掉 100 mV 的电压砝码。最后寄存器中获得的二进制码 0110 即为 V_i 对应的二进制数。

10.2　ADC 模块结构

A/D 转换是数字系统信号的入口，已知模拟量经过转换，变成数字系统能处理的二进制数，同时 A/D 转换也担负着数字系统对模拟信号采样的责任。如图 10-2 所示，采样的动作由采样开关完成，随后采样开关打开，模拟量采样结果保持，这时 A/D 转换开始，对保持不变的模拟量采样结果进行逐次逼近转换，直至转换结束，这整个过程必须在一个采样周期内完成，下个采样周期到来后，重复上述动作。这样获得的 A/D 转换结果——二进制代码才能符合采样定理的要求。

10.2.1　ADC 模块的两个重要指标

数字系统的 A/D 转换有两个重要指标：A/D 转换精度和 A/D 转换速度。在模拟量转变为数字量的过程中一定会有量化误差，这个差值与被转换模拟量的范围及转换结果的二进制位数有关。一个 A/D 转换电路进行逐次逼近转换的过程如图 10-7 所示，电路的动作需要时间，因此每个 A/D 转换电路都有自己的最小 CLK，当转换时钟小于这个值时，会影响转换结果的准确度。

A/D 转换的
精度和速度

在进行系统设计、器件选型前应该考虑这两个指标。本章 ADC 模块的模拟量转换范围为 0～5 V，转换结果是 10 位二进制数，假设被转换模拟量最大值是 5 V，则转换精度为

$$5\ \text{V} \times \frac{1}{2^{10}-1} = \frac{5\ \text{V}}{1023} = 0.0048876\ \text{V}$$

即只有最小 bit0=1 时对应的模拟量是 $\dfrac{5\ \text{V}}{1023}$，小于该值的模拟量都视作二进制 0，转换结果的二进制数就是 $\dfrac{5\ \text{V}}{1023}$ 的倍数。如转换结果为 1011001010B，则对应的被转换模拟量为

$$1011001010\text{B} \times \frac{5\ \text{V}}{1023} = 2\text{CAH} \times \frac{5\ \text{V}}{1023} = 714 \times \frac{5\ \text{V}}{1023} = 3.4898\ \text{V}$$

减小被转换模拟量最大值，可以提高转换精度。如把上述被转换模拟量最大值改为 2 V，则转换精度为

$$2\ \text{V} \times \frac{1}{2^{10}-1} = \frac{2\ \text{V}}{1023} = 0.001955\ \text{V}$$

即只有最小 bit0=1 时对应的模拟量是 $\dfrac{2\ \text{V}}{1023}$，小于该值的模拟量都视作二进制 0，转换结果的二进制数就是 $\dfrac{2\ \text{V}}{1023}$ 的倍数。如转换结果为 1011001010B，则对应的被转换模拟量为

$$1011001010\text{B} \times \frac{2\ \text{V}}{1023} = 2\text{CAH} \times \frac{2\ \text{V}}{1023} = 714 \times \frac{2\ \text{V}}{1023} = 1.3945\ \text{V}$$

从上述两组数据可见，减小最大模拟转换输入信号，可以提高转换精度，测量出更小的模拟量变化。结果的二进制表示其实是一个相对量，同样的二进制 1011001010B 表示的被转换电压是不一样的，因此二进制结果本身不是一个物理量，它只是一组数据，这组数据最终表示什么样的物理量，由图 10-1 的数字系统之后的 D/A 转换器决定。

本章 ADC 模块转换一位二进制结果至少需要 1.6 μs，不能大于 8 μs。因此 10 位 ADC 需要 16 μs，加上 A/D 转换前的取样开关闭合、取样、取样开关打开等电路的动作时间，ADC 模块完成一次 A/D 转换需要 12 × 1.6 μs，这是 PIC 16F877A 芯片手册要求的，如果小于这个时间，则会影响转换准确度。这里准确度和精度是不同的，如上述转换结果是二进制 1011001010B，如果转换时间不够，则可能不是这个值，而精度是指转换结果正确，但是仍和实际值有最小 bit0 对应的模拟量值以内的差。因此，应用该模块的取样系统的取样周期不能小于 12 × 1.6 μs。

A/D 转换精度、速度与 ADC 模块的转换结果二进制位数及每一位结果的转换时间有关系。从上述分析可知，转换精度还与最大可转换的模拟量大小有关，这个值越小，精度越高。例如，天平都配有 10 个大小不一的砝码，总重量越大，最小那只砝码的重量也相对重一些，在称量时，比那只最小砝码的重量还轻的重物增量或重物本身就没有办法称量出来。

如图 10-8 所示，4 个砝码总量为 1500 mV，转换最大模拟量就是 1.5 V。如本章 ADC 模块转换 $2\ \mathrm{V} \times \dfrac{1}{2^{10}-1} = \dfrac{2\ \mathrm{V}}{1023} = 0.001955\ \mathrm{V}$，这时有 10 个电压砝码，分别对应：

$$2\ \mathrm{V} \times \frac{1000000000\mathrm{B}}{2^{10}-1} = \frac{2\ \mathrm{V} \times 512}{1023},$$

$$2\ \mathrm{V} \times \frac{1000000000\mathrm{B}}{2^{10}-1} = \frac{2\ \mathrm{V} \times 256}{1023},$$

$$\cdots$$

$$2\ \mathrm{V} \times \frac{1\mathrm{B}}{2^{10}-1} = \frac{2\ \mathrm{V} \times 1}{1023}$$

计算电压砝码的过程由图 10-7 中的 D/A 转换器完成。

10.2.2　ADC 模块的电路

ADC 模块内部模拟信号输入电路结构如图 10-9 所示，其中 C_{PIN} 是输入电容，V_T 是门槛电压，I_{LEAKAGE} 是各个节点在引脚上引起的漏电流，RIC 是片内走线等效电阻，SS 是采样开关，C_{HOLD} 是采样/保持电容(来自 DAC)。

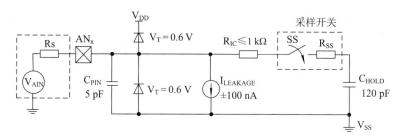

图 10-9　模拟信号输入的电路模型

为了使 A/D 转换达到规定精度，必须让充电保持电容(C_{HOLD})充满至输入通道的电平。模拟信号的源阻抗(R_S)和内部采样开关阻抗(R_{SS})直接影响电容器 C_{HOLD} 所需的充电时间。采样开关电阻(R_{SS})与器件电压(V_{DD})的关系曲线如图 10-10 所示。模拟信号源的最大建议阻抗为 10 kΩ，采集时间随阻抗的降低而缩短。选择(改变)模拟输入通道后，在转换开始前必须先完成模拟信号的采集。

计算最小采集时间、A/D 最小充电时间可以查阅

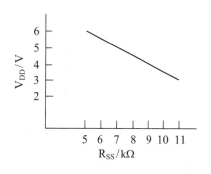

图 10-10　R_{SS} 与 V_{DD} 的关系曲线

《PICmicro 中档单片机系列参考手册》。

ADC 模块共有 8 个模拟输入通道，共用一个 A/D 转换器，转换结果是 10 位二进制数。如图 10-11 所示，其中 CHS2～CHS0 作为模拟通道选择控制，当 CHS2～CHS0 从 000B 至 111B 变化时，通道选择从 AN0 至 AN7。如当前 CHS2～CHS0 = 010B，则选择 AN2 通道，该通道模拟开关闭合，模拟信号从 AN2 引脚经过 V_{AIN} 输入电压通路进入 A/D 转换器的入口，如图 10-9 的 AN_X 与 C_{PIN} 之间的节点，完成模拟通道的选择。

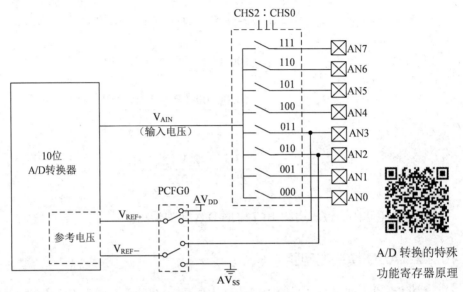

图 10-11　10 位 A/D 转换器结构框图

图 10-11 中参考电压输入 V_{REF+}、V_{REF-} 是作为内部 D/A 转换器的参考电源输入端，该电源经过 D/A 转换后作为电压砝码使用，因此在要求转换精度较高的场合，此处应该外接一个精准电源。外接电源的端口分别是图中的 AN3、AN2，这时它们不能作为模拟量输入通道。在要求转换精度不高的场合，可以直接用单片机的 5 V 电源作为参考电源，由 PCFG0 控制位控制。

10.2.3　与 ADC 模块相关的寄存器

1. 与 ADC 模块相关的寄存器

与 ADC 模块相关的寄存器如表 10-1 所示。

(1) 与中断有关的寄存器中，关键位是 GIE、PEIE、ADIE、ADIF、CCP2IE、CCP2IF。其中 CCP2 模块与 ADC 模块的关系是：当 CCP2CON = 00001011B 时，CCP2 将复位 TMR1 和启动 ADC 模块，这时 CCP2 做 A/D 转换的采样周期定时。

(2) A/D 转换输入端口有 8 个，分别是 RE2～RE0(AN7～AN5)、RA5(AN4)、RA3～RA0(AN3～AN0)。

(3) A/D 转换结果寄存器为 ADRESH、ADRESL。

(4) A/D 转换控制寄存器为 ADCON1、ADCON0。通过这两个控制寄存器来定义 ADC 模块的功能。

表 10-1　与 ADC 模块相关的寄存器

寄存器名称	寄存器符号	寄存器地址	寄存器内容							
			bit7	bit6	bit5	bit4	bit3	bit2	bit1	bit0
中断控制寄存器	INTCON	0BH/8BH/10BH/18BH	GIE	PEIE	T0IE	INTE	RBIE	T0IF	INTF	RBIF
第 1 外设中断标志寄存器	PIR1	0CH	PSPIF	ADIF	RCIF	TXIF	SSPIF	CCP1IF	TMR2IF	TMR1IF
第 1 外设中断屏蔽寄存器	PIE1	8CH	PSPIE	ADIE	RCIE	TXIE	SSPIE	CCP1IE	TMR2IE	TMR1IE
第 2 外设中断标志寄存器	PIR2	0DH	—	—	—	REIF	BCLIF	—	—	CCP2IF
第 2 外设中断屏蔽寄存器	PIE2	8DH	—	—	—	EEIE	BCLIE	—	—	CCP2IE
A 端口数据寄存器	PORTA	05H	—	—	RA5	RA4	RA3	RA2	RA1	RA0
A 端口方向寄存器	TRISA	85H	—	—	TRISA5	TRISA4	TRISA3	TRISA2	TRISA1	TRISA0
E 端口数据寄存器	PORTE	09H	—	—	—	—	—	RE2	RE1	RE0
E 端口方向寄存器	TRISE	89H	IBF	OBF	IBOV	PSPMODE	—	TRISE2	TRISE1	TRISE0
ADC 结果低字节	ADRESL	9EH	ADC 结果的低字节寄存器							
ADC 结果高字节	ADRESH	1EH	ADC 结果的高字节寄存器							
ADC 控制寄存器 0	ADCON0	1FH	ADCS1	ADCS0	CHS2	CHS1	CHS0	GO/DONE	—	ADON
ADC 控制寄存器 1	ADCON1	9FH	ADFM	—	—	—	PCFG3	PCFG2	PCFG1	PCFG0
TMR1 低字节	TMR1L	0EH	16 位 TMR1 计数寄存器的低字节寄存器							
TMR1 高字节	TMR1H	0FH	16 位 TMR1 计数寄存器的高字节寄存器							
TMR1 控制寄存器	T1CON	10H	—	—	T1CKPS1	T1CKPS0	T1OSCEN	/T1SYNC	TMR1CS	TMR1ON
CCP2 低字节	CCPR2L	1BH	16 位 CCP2 寄存器低字节							
CCP2 高字节	CCPR2H	1CH	16 位 CCP2 寄存器高字节							
CCP2 控制寄存器	CCP2CON	1DH	—	—	CCP2X	CCP2Y	CCP2M3	CCP2M2	CCP2M1	CCP2M0

2. 可读/写寄存器 ADCON0 各位的含义

(1) ADCS1～ADCS0：A/D 转换时钟选择位。

$00 = f_{osc}/2$；$01 = f_{osc}/8$；$10 = f_{osc}/32$；

11 = FRC (A/D 模块内部专用的 RC 振荡器)。

(2) CHS2～CHS0：模拟通道选择位。

000 = 通道 0 (AN0/RA0)；001 = 通道 1 (AN1/RA1)；010 = 通道 2 (AN2/RA2)；

011 = 通道 3 (AN3/RA3)；100 = 通道 4 (AN4/RA5)；101 = 通道 5 (AN5/RE0)；

110 = 通道 6 (AN6/RE1)；111 = 通道 7 (AN7/RE2)。

(3) GO/DONE：A/D 转换状态位。当 ADON = 1 时：

1 = A/D 转换正在进行(该位置 1 启动 A/D 转换，A/D 转换结束后该位由硬件自动清 0)；

0 = 未进行 A/D 转换。

(4) ADON：A/D 模块开启位。

1 = A/D 转换器模块工作；0 = A/D 转换器关闭，不消耗工作电流。

3．5 位可读/写寄存器 ADCON1 各位的含义

(1) ADFM：A/D 结果格式选择位。

1 = 右对齐，ADRESH 寄存器的高 6 位读为 0；

0 = 左对齐，ADRESL 寄存器的低 6 位读为 0。

(2) PCFG3～PCFG0：A/D 端口配置控制位，如表 10-2 所示，其中 A 表示模拟输入，D 表示数字 I/O，C/R 表示模拟输入通道数/A/D 参考电压数。

表 10-2　A/D 端口配置控制位

PCFG	AN7	AN6	AN5	AN4	AN3	AN2	AN1	AN0	V_{REF+}	V_{REF-}	C/R
0000	A	A	A	A	A	A	A	A	AV_{DD}	AV_{SS}	8/0
0001	A	A	A	A	V_{REF+}	A	A	A	AN3	AV_{SS}	7/1
0010	D	D	D	A	A	A	A	A	AV_{DD}	AV_{SS}	5/0
0011	D	D	D	A	V_{REF+}	A	A	A	AN3	AV_{SS}	4/1
0100	D	D	D	D	A	D	A	A	AV_{DD}	AV_{SS}	3/0
0101	D	D	D	D	V_{REF+}	D	A	A	AN3	AV_{SS}	2/1
011X	D	D	D	D	D	D	D	D	—	—	0/0
1000	A	A	A	A	V_{REF+}	V_{REF-}	A	A	AN3	AN2	6/2
1001	D	D	A	A	A	A	A	A	AV_{DD}	AV_{SS}	6/0
1010	D	D	A	A	V_{REF+}	A	A	A	AN3	AV_{SS}	5/1
1011	D	D	A	A	V_{REF+}	V_{REF-}	A	A	AN3	AN2	4/2
1100	D	D	D	A	V_{REF+}	V_{REF-}	A	A	AN3	AN2	3/2
1101	D	D	D	D	V_{REF+}	V_{REF-}	A	A	AN3	AN2	2/2
1110	D	D	D	D	D	D	D	A	AV_{DD}	AV_{SS}	1/0
1111	D	D	D	D	V_{REF+}	V_{REF-}	D	A	AN3	AN2	1/2

10.2.4　ADC 模块应用时寄存器的定义

与 ADC 模块相关的寄存器众多，定义比较复杂，下面从一个 A/D 转换的简单应用来说明这些寄存器的定义。

【例 10-1】　利用 ADC 模块的通道 AN2，对直流模拟量进行 A/D 转换，模拟量范围是 0～1 V，转换结果为 10 位，写出各相关寄存器的初始化结果，设单片机的 $f_{osc} = 4$ MHz。

例 10-1

设计分析如下，本例需要初始化的寄存器用灰底标注。

(1) 通道 CHS2～CHS0 = 010B，选择 AN2，即 RA2，因此 TRISA2 = 1，做输入用。

(2) 选择 AN3 做基准电源正极输入端，即 RA3，因此 TRISA3 = 1，做输入用。

(3) 要求每位 A/D 转换的时间必须大于 1.6 μs，因为 $f_{osc} = 4$ MHz，$f_{osc}/8 = 0.5$ MHz，所以选择 8 分频后的时钟是 2 μs，ADCS1～ADCS0 = 01B。

(4) 模拟量变化范围是 0～1 V，为提高转换精度，选择外接参考转换电源的方法，AN2 已经用作模拟量输入通道，参考电源的负极选择用单片机电源负极，因此查表 10-2，同时满足 AN2 是输入模拟通道、外接参考电源正极、其余 ANX 口尽量保留做数字 I/O 口要求的 PCFG3～PCFG0 = 0011B。

(5) 转换结果要求是 10 位二进制，按照习惯，bit0 存最低位，选择结果右对齐，因此 ADFM = 1。

综上所述，ADCON0 = 01010000B，ADCON1 = 10000011B。

(6) 做直流模拟量转换，可以不必考虑采样定理问题，但是仍然需要设计一个定时器做采样周期用，定时启动 A/D 转换。

设用 TMR2 模块做采样周期定时器，预、后分频比都是 1∶8，则 T2CON = 01111011B，周期寄存器 PR2 = 255，因此采样周期是 16 × 256 × 16 μs，远大于一次 A/D 转换所需要的 12 × 1.6 μs 的要求。

(7) 本例涉及 ADC、TMR2 模块，中断源只使能 TMR2，当定时时间到时启动 A/D 转换，因此有关中断的初始化是：GIE = 1，PEIE = 1，TMR2IE = 1，TMR2IF = 0。

在上述初始化过程中，三个关键控制位都未使能，分别是 GO/DONE、ADON、TMR2ON，这三者一旦使能，就开始 A/D 转换。

10.2.5　ADC 模块转换过程

如图 10-7 所示，A/D 转换器受控制逻辑电路控制，在启动信号控制下，开始 A/D 转换，转换过程由转换电路自动完成，转换结束时输出结束信号。所以启动与结束信号是 CPU 与 ADC 模块的联系信号，转换结束后，CPU 从转换结果寄存器取二进制数。

如图 10-12 所示的 A/D 转换时序，当采集时间结束后，可以启动 A/D 转换，置上述的 GO/DONE = 1，这时图 10-9 的采样开关 SS 打开，A/D 转换电路对保持电容 C_{HOLD} 上的保持电压进行 A/D 转换，经过 10 个转换时钟(例 10-1 中定义的 ADCS1～ADCS0 = 01B，转换周期为 2 μs)，即 20 μs 后，输出转换结束信号 ADIF = 1，这个信号同时闭合采样开关 SS，做下一个采样周期的采样。因此，图中的时间起点和终点都与 ADIF 有关，到达时间终点时，ADIF 被置 1，向 CPU 报告 A/D 转换结束，可以到 ADRESH、ADRESL 读取转换

A/D 转换
周期问题

结果，同时 ADIF = 1 又启动下一个采样周期。

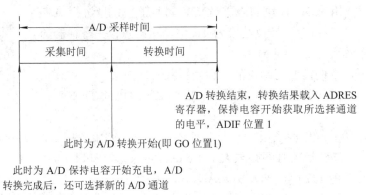

图 10-12 A/D 转换时序

但是，例 10-1 的采样周期定时器 TMR2 的定时起点将是图 10-12 的中间点，每次 TMR2 定时时间到时申请中断，在中断服务程序中置 GO/DONE = 1，启动 A/D 转换，转换结束后，ADIF = 1。因此，在 TMR2 中断服务程序中启动 A/D 转换后，利用查询的方式等待 ADIF = 1，当 ADIF = 1 时到 ADRESH、ADRESL 读取转换结果。

因此对例 10-1 而言，图 10-12 中，从 A/D 转换开始到 ADIF = 1 持续 20 μs，一个采样周期 $16 \times 256 \times 16$ μs 的剩余时间都用在采样开关 SS 的闭合时间上，如果系统要求的采样周期比较小，理论上本例的采样周期可以减少到 12×2 μs，修改 T2CON = 0，预、后分频比改为 1∶1，PR2 = 23，则 TMR2 的一次定时周期为 24 μs。ADON、TMR2ON 两位是模块使能位，应用该模块，就需要在初始化时置 1。

【例 10-2】 利用 ADC 模块的通道 AN2，对直流模拟量进行 A/D 转换，模拟量范围是 0～1 V，转换结果为 10 位，以十六进制数显示在 LCD1602 上，设单片机的 f_{osc} = 4 MHz。

例 10-2

(1) 设计思路。在例 10-1 基础上，从 RA2/AN2 引脚输入被测模拟量，从 RA3/AN3 引脚外接 1 V 基准电源正极，电源负极共用单片机的电源负极。添加 LCD 显示功能，选择例 7-3 的 LCD 电路接口方式。

(2) 电路设计。设计的电路如图 10-13 所示。因为仿真软件的单片机芯片隐藏了电源引脚(图中 U1 上没有 V_{DD} 或 V_{SS})，所以基准电源负极接地，符合仿真软件默认共地的一般做法。图中被测直流电压为 1 V，与之连接的万用表也显示 1 V，因为基准电源也是 1 V，说明被测值与电压砝码之和的值相同，因此转换结果是最大值 10 个 1，用十六进制右对齐表示就是 3FFH，修改被测电压值，对应的 LCD 显示随之改变。

当基准电源是 1 V 时：

$$1 \text{ V} \times \frac{1}{2^{10} - 1} = \frac{1 \text{ V}}{1023} = 0.0009775 \text{ V}$$

图 10-13 中被测模拟量改为 0.001 V，LCD 显示 001H。把基准电源改为 5 V，其他条件不变，LCD 显示 000H，这是因为 5 V 的基准电源的最小测量值 $5 \text{ V} \times \frac{1}{2^{10} - 1}$ 大于 0.001 V，因此没有对应如此小的电压砝码，只能输出 0。

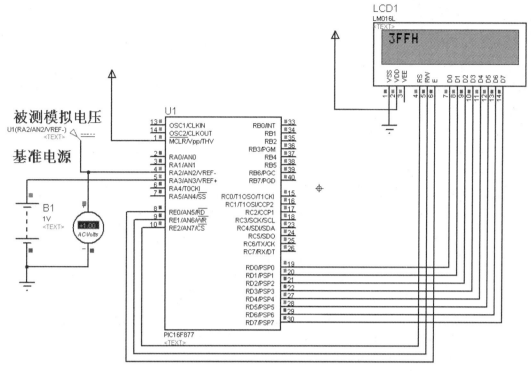

图 10-13　例 10-2 电路图

（3）程序设计。按照上述 A/D 转换过程编写程序：启动 TMR2 定时、进 TMR2 中断、启动 A/D 转换、等待转换结束、读结果、主函数主循环显示结果、循环进入 TMR2 中断等。在 PICC 中 GO/DONE 用 GO_nDONE 表示。

```
#include<pic.h>
char adh, adl;
static volatile char table[16] = {0x30, 0x31, 0x32, 0x33, 0x34, 0x35,
0x36, 0x37, 0x38, 0x39, 0x41, 0x42, 0x43, 0x44, 0x45, 0x46};
//*******************************
void DELAY()
{unsigned int i; for(i = 999; i > 0; i--); }
void ENABLE()          //写入控制命令的子程序
{ RE2 = 0; RE1 = 0; RE0 = 0; DELAY(); RE0 = 1; }
void ENABLE1()         //写入字的子程序
{ RE2 = 1; RE1 = 0; RE0 = 0; DELAY(); RE0 = 1; }
//**************************
void interrupt tmr2_serve()
{   //进 TMR2 中断
    TMR2IF = 0;
    GO_nDONE = 1;                    //启动 A/D 转换
    wait:if(ADIF == 0) goto wait;    //等待转换结束
```

```
    adh = ADRESH; adl = ADRESL;        //读结果
    ADIF = 0;
}
//************************
main()
{
    TRISA = 0X0c; TRISD = 0; TRISE = 0;    //定义端口方向
    DELAY();                               //调用延时，刚上电 LCD 复位不一定有 PIC 快
    PORTD = 1; ENABLE();                   //清屏
    PORTD = 0x38; ENABLE();                //8 位 2 行 5×7 点阵
    PORTD = 0x0c; ENABLE();                //显示器开、光标不开、闪烁不开
    PORTD = 0x06; ENABLE();                //文字不动，光标自动右移
    GIE = 1; PEIE = 1; TMR2IE = 1; TMR2IF = 0; ADIF = 0;
    ADCON0 = 0B01010001; ADCON1 = 0B10000011;
    T2CON = 0B01111110; PR2 = 255;         //使能 TMR2 定时器，启动 TMR2 定时
    while(1)
    {   //显示 A/D 转换结果
        PORTD = 0x80; ENABLE();                    //光标指向第 1 行的位置
        PORTD = table[adh]; ENABLE1();             //送第 1 行第 1 数字
        PORTD = table[adl >> 4]; ENABLE1();        //送第 1 行第 2 数字
        PORTD = table[adl&0x0f]; ENABLE1();        //送第 1 行第 3 数字
        PORTD = 'H'; ENABLE1();
    }
}
```

【例 10-3】 设计一个数字电压表，测量直流电压，为了提高测量精度，基准电源分为 0.5 V、1 V、2 V、3 V、4 V、5 V，根据被测模拟量大小选择基准电源后测量，结果用 LCD 显示，显示值是对应的电压值，单位是 V，设单片机的 f_{osc} = 4 MHz。

例 10-3

(1) 在例 10-2 基础上修改如下：

① 修改电路图，如图 10-14 所示，把电源从原来一个增加到六个，用单刀多掷开关 SW-ROT-6 选择不同的电源正极连接到单片机的 RA3/AN3 引脚，被测模拟量还是 1 V。

② 增加一个变量 x，用来识别当前的电源值，x = 1～6 分别对应电源 0.5 V、1 V、2 V、3 V、4 V、5 V。从图中可见，被测模拟量是 1 V，基准电源是 2 V 时，A/D 转换结果是 1FFH，即

$$\frac{1V}{2} \times (2^{10} - 1) = \frac{1023}{2} = 511.5 = 1FFH$$

③ 在进行模拟量测量前，先测量当前基准电源是多少伏，对应显示当前 x 的值。

④ 定义 bit 变量 flag，初值为 0，进入 TMR2 中断后，把 flag 取反，结果为 1 时，进行电源大小测量。

⑤ 测量基准电源时，修改模拟量测量通道为 AN3，因此两个 A/D 转换器控制字改为 ADCON0 = 0B01011001; ADCON1 = 0B10000010;。

⑥ 测量的 AN3 通道结果只有六种与电源对应的值，通过判断语句，得到当前对应的 x，在 LCD 上显示 x 的值。

⑦ 当 flag 为 0 时，进行模拟量测量，因为每次进入中断，flag 都取反，所以前后两次中断必定依序做电源测量和模拟量测量。

⑧ 修改两个 A/D 转换器控制字为 ADCON0 = 0B01010001; ADCON1 = 0B10000011;，测量 AN2 通道的模拟量结果，并送 LCD 显示。

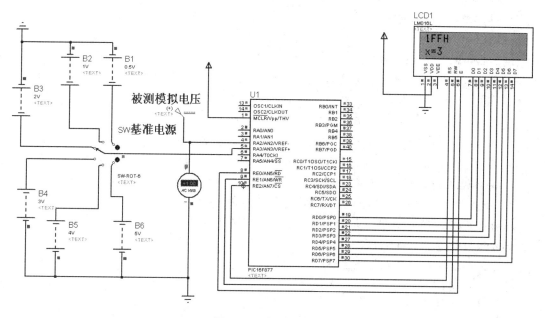

图 10-14　例 10-3 电路

(2) 程序设计。修改后的程序如下，其中新增功能的语句用下画线标注。

```
#include<pic.h>
char adh, adl, x;
bit flag;
static volatile char table[16] = {0x30, 0x31, 0x32, 0x33, 0x34, 0x35,
0x36, 0x37, 0x38, 0x39, 0x41, 0x42, 0x43, 0x44, 0x45, 0x46};
union
{   unsigned int count;
    char data[2];
}ad_data;         //定义一个共用体，存放 A/D 转换结果
//*****************************
void DELAY()
{unsigned int i; for(i = 999; i > 0; i--); }
void ENABLE()        //写入控制命令的子程序
{ RE2 = 0; RE1 = 0; RE0 = 0; DELAY(); RE0 = 1; }
```

```
void ENABLE1()                              //写入字的子程序
{ RE2 = 1; RE1 = 0; RE0 = 0; DELAY(); RE0 = 1; }
//****************************
void interrupt tmr2_serve()
{
    TMR2IF = 0;
    flag =! flag; if(flag == 0) goto loop1;          //测试 AN2 通道的模拟量
    ADCON0 = 0B01011001;                             //测试 AN3 通道的电源
    ADCON1 = 0B10000010;
    GO_nDONE = 1;                                    //启动 A/D
wait1:if(ADIF == 0) goto wait1;                      //等待测试电源大小
    ad_data.data[1] = ADRESH; ad_data.data[0] = ADRESL;
    if(ad_data.count > 0X3F0){x = 6; goto exit; }           //5 V 为 3ffH
    else if(0x320 < ad_data.count){x = 5; goto exit; }      //4 V 为 332H
    else if(0x250 < ad_data.count){x = 4; goto exit; }      //3 V 为 266H
    else if(0x18a < ad_data.count){x = 3; goto exit; }      //2 V 为 199H
    else if(0x0c0 < ad_data.count){x = 2; goto exit; }      //1 V 为 0cdH
    else if(0x05a < ad_data.count){x = 1; goto exit; }      //0.5 V 为 066H
loop1:ADCON0 = 0B01010001; ADCON1 = 0B10000011; GO_nDONE = 1;     //启动 A/D
wait2:if(ADIF == 0) goto wait2;
    adh = ADRESH; adl = ADRESL;
exit:ADIF = 0;
}
//****************************
main()
{
    TRISA = 0X0c; TRISD = 0; TRISE = 0;      //定义端口方向
    DELAY();                                 //调用延时，刚上电 LCD 复位不一定有 PIC 快
    PORTD = 1; ENABLE();                     //清屏
    PORTD = 0x38; ENABLE();                  //8 位 2 行 5×7 点阵
    PORTD = 0x0c; ENABLE();                  //显示器开、光标不开、闪烁不开
    PORTD = 0x06; ENABLE();                  //文字不动，光标自动右移
    GIE = 1; PEIE = 1; TMR2IE = 1; TMR2IF = 0; ADIF = 0;
    ADCON0 = 0B01010001; ADCON1 = 0B10000011;
    flag = 0; x = 0;
    T2CON = 0B01111111; PR2 = 255;           //使能 TMR2 定时器
    while(1)
    {
        PORTD = 0x80; ENABLE();              //光标指向第 1 行的位置
```

```
    PORTD = table[adh]; ENABLE1();                    //送第 1 行第 1 数字
    PORTD = table[adl>>4]; ENABLE1();                 //送第 1 行第 2 数字
    PORTD = table[adl&0x0f]; ENABLE1();               //送第 1 行第 3 数字
    PORTD = 'H'; ENABLE1();
    PORTD = 0xc0; ENABLE();                           //光标指向第 2 行的位置
    PORTD = 'x'; ENABLE1();
    PORTD ='='; ENABLE1();
    PORTD = table[x]; ENABLE1();
  }
}
```

(3) 几点说明。

① 将当前测量结果和电源大小代入公式：电源大小 (V) $\times \dfrac{测量结果}{2^{10}-1}$，计算测量结果。

② 为了能表示 1 V 以下的电压值，把电源值扩大 100 000 倍，小数点左移相应的位置。

③ 利用表格，通过 x 查找表格，得到当前电源大小。

④ 把计算结果进行二-十进制转换，送出对应的被测模拟量的电压值。

修改后电路显示如图 10-15 所示，当前被测模拟量为 2.5 V，电源打在 4 V 挡，对应 x

是 5，显示 $\dfrac{2.5\ V}{4\ V}\times 1023=639=27\ FH$，经过换算后显示电压值 2.498 53 V。

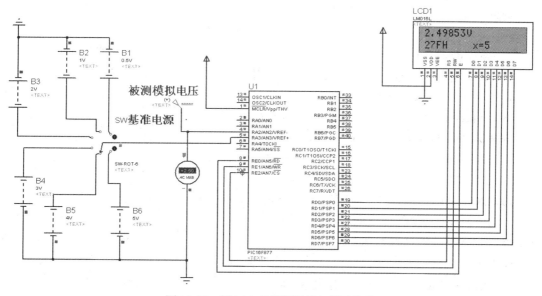

图 10-15　例 10-3 最终测量值与显示结果

(4) 结果分析。

① 电源打在 5 V 挡的测量结果为 [2.50244U 200H x=6]。

② 电源打在 3 V 挡的测量结果为 [2.50146U 355H x=4]。

③ 电源打在 2 V 挡的测量结果为 `2.00000V 3FFH    x=3`。

④ 电源打在 1 V 挡的测量结果为 `1.00000V 3FFH    x=2`。

可见，当被测模拟量大于基准电源时，输出显示最大值即基准电源对应的值。因此，在做 A/D 转换时，要注意这个问题，只要被测模拟量不超过引脚的电压承受值，虽然不会对单片机造成什么伤害，但是测量结果可能是错误的。

(5) 修改后的程序。修改后的程序如下，修改部分用下画线标注。

```c
#include<pic.h>
char x, a, b, c, d, e, f;
bit flag;
int y;
unsigned long x1, buf;
static volatile char table[16] = {0x30, 0x31, 0x32, 0x33, 0x34, 0x35,
0x36, 0x37, 0x38, 0x39, 0x41, 0x42, 0x43, 0x44, 0x45, 0x46};
static volatile const long table1[7] = {0, 50000, 100000, 200000, 300000, 400000, 500000};
union
{   unsigned int count;
    char data[2]; }ad_data;        //定义一个共用体，存放电源 A/D 转换结果
union
{
    unsigned int count;
    char data[2]; }ad1_data;       //再定义一个共用体，存放被测模拟量 A/D 转换结果
//*****************************
void DELAY()
{unsigned int i; for(i=999; i>0; i--); }
void ENABLE()                      //写入控制命令的子程序
{ RE2 = 0; RE1 = 0; RE0 = 0; DELAY(); RE0 = 1; }
void ENABLE1()                     //写入字的子程序
{ RE2 = 1; RE1 = 0; RE0 = 0; DELAY(); RE0 = 1; }
//*************************
void div()
{   a = buf/100000;                //求 10 万位 a
    x1 = buf-a*100000;             //求余数
    b = x1/10000; y = x1-b*10000;
    c = y/1000; x1 = y-c*1000;
    d = x1/100; y = x1-d*100;
    e = y/10; f = y-e*10;
}
```

```
//**************************
void interrupt tmr2_serve()
{
    TMR2IF = 0;
    flag =! flag; if(flag == 0) goto loop1;
    ADCON0 = 0B01011101;
    ADCON1 = 0B10000010;
    //GO_nDONE = 1;                              //启动 A/D
wait1:if(ADIF == 0) goto wait1;                  //等待测试电源大小
    ad_data.data[1] = ADRESH; ad_data.data[0]=ADRESL;
    if(ad_data.count > 0X3F0){x = 6; goto exit; }      //5 V 为 3FFH
    else if(0x320 < ad_data.count){x = 5; goto exit; }  //4 V 为 332H
    else if(0x250 < ad_data.count){x = 4; goto exit; }  //3 V 为 266H
    else if(0x18a < ad_data.count){x = 3; goto exit; }  //2 V 为 199H
    else if(0x0c0 < ad_data.count){x = 2; goto exit; }  //1 V 为 0cdH
    else if(0x05a < ad_data.count){x = 1; goto exit; }  //0.5 V 为 066H
loop1:ADCON0 = 0B01010101; ADCON1 = 0B10000011;
    //GO_nDONE = 1;                              //启动 A/D
wait2:if(ADIF == 0) goto wait2;
    ad1_data.data[1] = ADRESH; ad1_data.data[0] = ADRESL;
exit:ADIF = 0;
}
//**************************
main()
{
    TRISA = 0X0c; TRISD = 0; TRISE = 0;     //定义端口方向
    DELAY();                                //调用延时，刚上电 LCD 复位不一定有 PIC 快
    PORTD = 1; ENABLE();                    //清屏
    PORTD = 0x38; ENABLE();                 //8 位 2 行 5 × 7 点阵
    PORTD = 0x0c; ENABLE();                 //显示器开、光标不开、闪烁不开
    PORTD = 0x06; ENABLE();                 //文字不动，光标自动右移
    GIE = 1; PEIE = 1; TMR2IE = 1; TMR2IF = 0; ADIF = 0;
    ADCON0 = 0B01010001; ADCON1 = 0B10000011;
    flag = 0; x = 0;
    T2CON = 0B01111111; PR2 = 255;          //使能 TMR2 定时器
    while(1)
    {
        buf = table1[x]*ad1_data.count/0x3ff; div();
        PORTD = 0x80; ENABLE();             //光标指向第 1 行的位置
```

```
        PORTD = table[a]; ENABLE1();          //送第 1 行第 1 数字 10 万位
        PORTD = '.'; ENABLE1();
        PORTD = table[b]; ENABLE1();          //送第 1 行第 2 数字万位
        PORTD = table[c]; ENABLE1();          //送第 1 行第 3 数字千位
        PORTD = table[d]; ENABLE1();          //送第 1 行第 4 数字百位
        PORTD = table[e]; ENABLE1();          //送第 1 行第 5 数字十位
        PORTD = table[f]; ENABLE1();          //送第 1 行第 6 数字个位
        PORTD = 'V'; ENABLE1();
        PORTD = 0xc0; ENABLE();               //光标指向第 2 行的位置
        PORTD = table[ad1_data.data[1]]; ENABLE1();      //送第 2 行第 1 数字
        PORTD = table[ad1_data.data[0]>>4]; ENABLE1();   //送第 2 行第 2 数字
        PORTD = table[ad1_data.data[0]&0x0f]; ENABLE1(); //送第 2 行第 3 数字
        PORTD = 'H'; ENABLE1();
        PORTD = 0xc8; ENABLE();               //光标指向第 2 行的位置
        PORTD = 'x'; ENABLE1();
        PORTD = '='; ENABLE1();
        PORTD = table[x]; ENABLE1();
    }
}
```

用 PWM 做
D/A 转换

程序中有两处表格声明，分别用 static volatile char table[16]和 static volatile const long table1[7]，编译器把前者的表格安排在 RAM 的体 0 中，后者安排在 ROM 中，差别是 const 这个关键词。

可以把后者表格中的数据取一个公约数，放在公式中，这样表格的数据属性可以改为 char，表格中的数据也不会占用太多的存储器单元。当表格数据不能简单取一个公约数时，本例这样的设计方法是比较方便实现的。

当程序需要声明的变量或表格占用 RAM 空间较多时，要注意这些单元的数量是否超过了体 0 的总通用寄存器数量，超过时，编译器不会自动向体 1 安排，而是从体 0 的第一个单元 20H 开始安排。

从例 10-1 到例 10-3 介绍了一个新模块的初始化方法、简单应用及比较完整的设计，这个过程是一般设计步骤，特别要注意从前到后的程序功能增加时下画线所在位置与增加功能的关系。

把图 10-15 中的 SW 改为可编程的模拟开关，如四通道的 74HC4066、八通道的 74HC4051 或可编程的基准电源模块，通过单片机编程，自动调整基准电源的开关连接方式，从而输出不同的电源大小，这样可以把本例的功能修改为能自动调整量程大小的电压表。这样设计思路可修改为：先按照基准电源是 5 V 时测量模拟量的大小，再根据测量结果选择基准电源，最后在修改后的基准电源条件下把测得的模拟量转换结果送出显示。建议读者可以尝试一下本设计，检验自己的动手能力。

通常在单片机应用设计中需要 DAC 即数模转换，PIC16F877A 单片机内部没有 D/A 模块，可以利用它的 PWM 模块外加简单的滤波电路实现，可扫码观看设计方法。

10.3　ADC **模块的应用**

　　前述 ADC 模块可以被 CCP2 输出比较中断启动,这时 CCP2+TMR1 初始化为输出比较模式。设 TMR1 定义为预分频比是 1∶1 的定时器,则 T1CON = 0,<CCPR2H:CCPR2L> = 1000H,设单片机的 f_{osc} = 4 MHz,这样一次比较匹配的定时时间是 1000H × 1 μs,CCP2CON 定义为输出比较匹配后启动 A/D 转换,因此 CCP2CON = 00001011B。中断源使能 CCP2 中断,每次进入中断,已经启动 A/D 转换,等待 ADIF = 1,就可以读转换结果。

　　ADC 模块可以工作在单片机睡眠状态,但是 A/D 转换时钟需要选择自带 RC 振荡器方式,即 ADCS1~ADCS0 = 11,这时转换精度较高。

　　A/D 转换结果有右对齐和左对齐模式,前面的例子都是用右对齐模式的 10 位结果,符合一般使用习惯。左对齐模式在利用 8 位转换结果时使用,如某设计的 D/A 转换芯片是 8 位的,利用左对齐模式,把 10 位结果的高 8 位送 D/A 转换,尽管精度会差一些,但实现起来很方便。

　　如某设计的 A/D 和 D/A 转换基准电源都是 5 V,A/D 转换结果是 1011100111B,即因

$$5\ V \times \frac{1011100111B}{2^{10}-1} = 5\ V \times \frac{743}{1023} = 3.631476\ V,$$ 当用结果的高 8 位送 D/A 转换时,送出去

的值是 $5\ V \times \frac{10111001B}{2^8-1} = 5\ V \times \frac{185}{255} = 3.637451\ V,$ 两者的差距在于送到 D/A 转换器的值

把原来 10 位结果的 bit1~bit0 视作 00B。

　　本章前述的例子都是以直流电压测量为例,下面的例子将以慢速变化的模拟信号为例,这样的设计在现实中很常见,比如温度、湿度、光照等信号,设计一个这类信号的数据采集、红外传输、接收转换成模拟信号的系统,可以用于智能家居内部可视距离的信号传递,因为日常生活与红外信号相伴相对安全些。

　　【例 10-4】　设计一个 8 位缓慢变化信号的 A/D 采集,红外传输、接收还原的系统,设单片机的 f_{osc} = 4 MHz。

　　(1) 设计思路。

　　① 在例 9-7 的红外传输系统基础上,发送端增加 A/D 转换功能,转换通道是 RA0/AN0,基准电源选择单片机电源,因此 ADCON0 = 0B01000101,ADCON1 = 0B00001110,选择左对齐结果,A/D 转换 8 位结果在 ADRESH 中。

例 10-4

　　② 由于发送端使用 CCP1、TMR1、CCP2、TMR2 做红外基带信号产生及调制信号的调制,因此增加的 A/D 转换需要的采样定时器不能重复利用以上模块。

　　③ 利用 TMR0 做采样周期定时器,定时时间为 256 × 256 μs,使能其中断,中断优先权最高,当定时中断时启动 A/D 转换,等待转换结果,读取转换结果。

　　④ 增加 bit 变量 b,作为读取新的转换结果标志位,初值为 0,进入 TMR0 中断后先取

反，再判断，如 b 为 1，说明是一个新的采样周期，将读取的 ADRESH 值是新值，接下来可以发送红外信号。

⑤　由于采样周期 $256 \times 256\ \mu s$ 大于一次红外传输的时间$(9 \times 104 + 3 \times 8 \times 104 + 624)\mu s = 4056\ \mu s$，因此波形发送前需要查询 b 是否为 1，如果为 1，则继续发送，发送结束时，在 CCP1 中断置 b 为 0，因此每个新的 ADRESH 值只发送一帧红外信号，符合接收端每个等间隔时间接收一组数据的要求。

⑥　考虑到红外传输不同代码结构时一帧数据的时间差别很大，如图 9-24 所示，传输 8 个 0 比传输 8 个 1 少用 $8 \times 2 \times$ 同步头传输时间$= 8 \times 2 \times 104\ \mu s$。如果接收端要求等间隔时间接收 A/D 转换结果，则必须对每次传输的代码进行时间补偿，如不做补偿，本例将不适合用于要求采样周期一致的场合。

⑦　时间补偿的方法是：以传输 8 个 1 为最大传输时间，每增加一个 0，补偿 $2 \times 104\ \mu s$。补偿的任务在接收端完成，补偿后把接收的 D/A 转换值送 D/A 转换器。

⑧　D/A 转换器选择 DAC0808，不用初始化，直接把二进制数送到数据端口即可，但是它的数据口从 A1 到 A8 才是高到低位，因此，接收单片机利用 PORTD 送数据时，连接电路图时 RD0 连接 A8，等等。它的 V_{REF+} 和 V_{REF-} 是基准电源接点，外接 +5 V、−5 V，输出的模拟量是电流 I_{OUT}，通过运算放大器 U4 转变为电压输出。

⑨　根据上述设计思路，设计的电路图如图 10-16 所示，其中 U2 发送单片机 RA0/AN0 引脚外接一个模拟输入信号，该信号由幅值是 2.5 V 的 1 Hz 正弦波，叠加一个 2.5 V 直流信号组成，通过加法器，加上 2.5 V 的直流电压，把正弦波的负半周移到正值区域，使得 A/D 转换器能对整个正弦波周期的值进行转换。

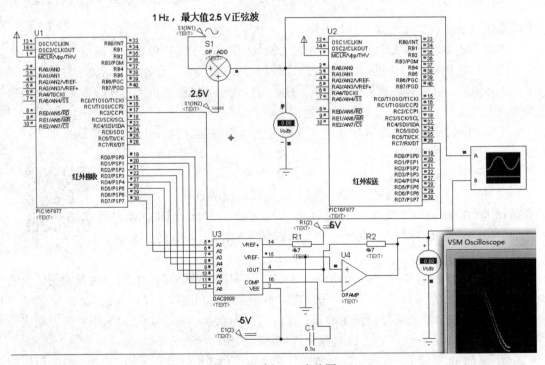

图 10-16　例 10-4 电路图

(2) U2 发送端单片机程序。U2 发送端单片机程序如下，与例 9-7 发送程序的不同处用下画线标注。

```
#include<pic.h>
__CONFIG(0xFF29);
bit a, b, c;
char data, data_cnt;
void interrupt ccp1_int()          //中断服务程序
{
    if(T0IF == 1)
    {
        RC7 = 0;
        T0IF = 0; TMR0 = 0Xd0; GO_nDONE = 1;
    wait: if(ADIF == 0) goto wait;
        data = ADRESH; ADIF = 0; b = 1; c = 1; a = 1;
        //data = 0x35; MPLAB 软件仿真时用
        CCP1CON = 0; T1CON = 0; CCPR1H = 0; CCPR1L = 0X50;
        TMR1H = 0; TMR1L = 0; CCP1CON = 0x0a; TMR1ON = 1;
    }
    else {
        CCP1IF = 0; //PIR1.2
        if(b == 0){RC7 = 0; goto exit; }
        else
        {
            a =! a;
            if(a == 1)
            {
                RC7 = 0; TMR2ON = 0; TMR2 = 0;
                data_cnt -= 1;                  //位数 - 1
                if(data_cnt == 0) goto period_delty;  //全部发送完，转 624 μs 延时
                asm("rlf _data, f");  //未发送完，取下一位待发送数据(数据移入 CARRY 中)
                if(CARRY == 1) goto data_5eh;   //待发送数据 =1，CCPR1L = 5EH
                CCPR1L = CCPR1L+0X68;           //待发送数据 =0，叠加低电平时长 68H
                CCPR1H = CCPR1H+CARRY;
                goto ret_fie;
            data_5eh:
                CCPR1L = CCPR1L+0X38;           //待发送数据 =1，叠加高电平时长 138H
                CCPR1H = CCPR1H+CARRY+1;        //高位字节加上低位叠加时的进位
                goto ret_fie;                   //转到中断返回
            period_delty:
```

```
                GO_nDONE = 1;
                CCPR1L = CCPR1L+0X70;          //叠加 624 μs 的延时参数 270H
                CCPR1H = CCPR1H+CARRY+2;       //高位字节加上低位叠加时的进位和 2
                data_cnt = 0X09; c = 0;
            ret_fie:
                return;
            }
            {
                RC7 = 1; TMR2ON = 1;
                CCPR1L = CCPR1L+0X68;               //叠加同步头的延时参数 68H
                CCPR1H = CCPR1H+CARRY;              //高位字节加上低位叠加时的进位
                if(c == 0)b = 0;
                return;
            }
        }
        exit:;
    }
}
void main()
{
    TRISA0 = 1; ADIF = 0;
    ADCON0 = 0B01000001;      //AN0 通道
    ADCON1 = 0B00001110;      //除 RA0 是模拟输入端口外，其他 ANX 都是做 I/O
    OPTION_REG = 0B00000111; T0IE = 1; T0IF = 0; TMR0 = 0;
    TRISC7 = 0; RC7 = 0;      //只定义 RC7 作输出
    CCP1IE = 1; T1CON = 0; PEIE = 1; GIE = 1;        //设置预分频比=1：1，开中断
    data_cnt = 0X09;          //每组数据位数=9－1=8，因为子程序是先减 1 后判断
    b = 0;
    T2CON = 0; PR2 = 25; TMR2 = 0; CCP2CON = 0X0C; CCPR2L = 13;
    while(1);
}
```

(3) U1 接收端单片机程序。U1 接收端单片机程序如下，与例 9-7 发送程序的不同处用下画线标注。

```
#include<pic.h>
char A, B, C;
void DELAY()
{unsigned char i; for(i = 9; i > 0; i--); }
void interrupt ccp1_int()        //中断服务程序
{
```

```
        CCP1IF = 0;
        if(CCP1M0 == 0)
        {
            TMR1H = 0; TMR1L = 0;    //本次捕捉下降沿
            CCP1CON = 0X05;          //改为捕捉上升沿
            CCP1IF = 0;
        }
        else
        {   CCP1CON = 0X04;          //改为捕捉下降沿
            //CCP1IF = 0; PIR1.2
            if(CCPR1L > 0&&CCPR1H == 0x00){ B = B<<1; A++; }//'0'
            if(CCPR1H == 0x01){B = B<<1; B = B+1; }//'1'
            if(CCPR1H == 0x02)
            {
                for(C = 2*A; C > 0; C--)DELAY();      //时间补偿
                PORTD = B; A = 0;
            }                        //结束信号
        }
    }
    void main()
    {
        CCPR1H = CCPR1L = 0;
        INTCON = 0; PIR1 = 0; PIR2 = 0; PIE1 = 0; PIE2 = 0;      //清所有中断
        TRISC = 0X04;                            //C 口定义为输出口，只定义 RC2/CCP1 作输入
        CCP1IE = 1; T1CON = 0; PEIE = 1; GIE = 1;    //开中断
        PORTC = 0X80;                            //点亮 LED8
        CCP1CON = 0X04;                          //CCP1 设为捕捉模式，捕捉下降沿
        A = 0; B = 0; TRISD = 0; PORTD = 0X22;
        TMR1ON = 1;                              //启动 TMR1
    loop: goto loop;
    }
```

(4) 几点说明。

① 由于输入模拟信号频率是 1 Hz，因此用虚拟示波器显示时是一个慢扫描的变化过程，不能用屏幕抓图获得完整的输入/输出波形关系。由于不加滤波电路，如图 10-16 右下角所示，其中光滑的波形是 A/D 输入信号，带锯齿的是 D/A 输出。

② 从模拟信号经过 A/D 转换、红外基带传送和接收、D/A 转换、滤波输出，得到的输出模拟信号比输入信号滞后、幅值小(滤波造成的)。

③ U2 发送单片机在 MPLAB 软件用逻辑分析仪仿真 RC7 引脚电平，添加语句 data = 0x35; 后，仿真结果如图 10-17 所示，其中每帧信号的红外基带代码都是 35H，前后 2 帧信

号时间间隔就是 TMR0 的定时结果，符合 A/D 转换需要等周期采样的要求。

图 10-17　发送单片机的前后 5 次采样周期发出的红外基带信号

④ 软件仿真时，为了能在逻辑分析仪上看到前后 5 次采样周期的结果，语句 TMR0 = 0Xb0; 把 TMR0 定时时间(即采样周期)改小为 256 × (100H − B0H)，否则逻辑分析仪一个满屏看不到 5 次采样周期的结果。仿真结束后也可以不删除此语句，因为采样周期越小，D/A 转换结果滤波效果越好。

⑤ 语句 CCPR1H = 0; CCPR1L = 0X50; 和 TMR1H=0; TMR1L=0; 的作用是使得程序出了本次采样中断后，在 50H × 1 μs(可以通过调试修改)的时间后第一次进入 CCP1 中断发第一个同步头，这样，在每个采样周期内的固定时间开始发送信号，才能获得图 10-17 所示的均匀时间间隔。

⑥ 接收端在接收到所有 8 位信号后加上补偿时间，才送 D/A 转换。

⑦ 从发送到接收结果送 D/A 转换之间的时间滞后包括：启动 A/D 转换直到得到结果的 10 × 2 μs，后 3 行语句的执行时间，上述等待第一次发同步头的固定时间间隔 50H × 1 μs，接收端接收过程按照最长时间((1 + 3 + 2) × 8 × 104 + 624) μs 后才送 D/A 转换，等等。

⑧ 经过仿真，得到如图 10-17 所示的正确结果后，只要删除 data = 0x35; 语句，在图 10-16 的电路仿真上就能得到正确的结果，但是 D/A 转换结果与滤波器电路还有关系。

本例的发送程序把单片机的三个定时器(CCP1、CCP2、ADC 模块)都利用了，编写程序时仍然遵循初始化、主循环、中断的顺序，但是要安排好哪些模块需要使能中断、中断优先权等，最后根据控制逻辑顺序编写程序。编写程序时不能仅按照控制系统的动作前后时间逻辑关系把程序写成流水账，而必须基于单片机的运行规律，复位后先初始化，后进入主循环，最后等待并处理中断，而且单片机只要正常运行，就会一直在主循环处等待并处理中断。

对于本例来说，通常要求采样周期比较一致，因此安排 TMR0 中断优先权最高，只要中断，就要响应，响应后读取结果，接下来可以进行 CCP1、CCP2 工作，在发送红外信号时也不受影响，因为一帧红外信号会在 TMR0 下一次中断前发送完。

思考练习题

1. 将例 10-2 的 A/D 转换测量结果作为 PWM 的脉宽，控制直流电机(Proteus 中符号：MOTOR)的旋转，测量结果越大，电机转速越高，PWM 的周期固定为 256 μs，设单片机晶体振荡器频率是 4 MHz。电路示意图如图 10-18 所示，当前模拟输入信号为 0.6 V，参考电源为 1 V，转换结果为 266H，此时电机转速应该是额定转速的 6/10，电机旋转。

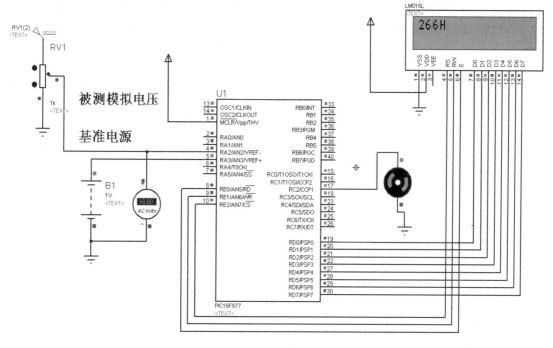

图 10-18　练习题 1 电路图

2. 利用例 4-3 的 4×4 键盘，设计一个 8 通道的单片机 ADC 模拟信号采样系统，通道号由键盘值决定，采样结果用 LCD 显示。电路示意图如图 10-19 所示，当前按键 6 选择 ADC 的通道 6，模拟输入信号为 4.59 V，参考电源为 5 V，转换结果为 3ABH。

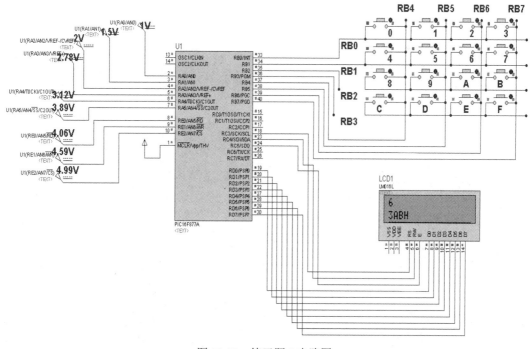

图 10-19　练习题 2 电路图

3. 若某实验板的 LCD 占用了 RA3、RA5，那么如何设计才能实现题 2 的多路 ADC 转换功能？参考电路如图 10-20 所示，同时要求 A/D 转换结果用对应的电压表示。

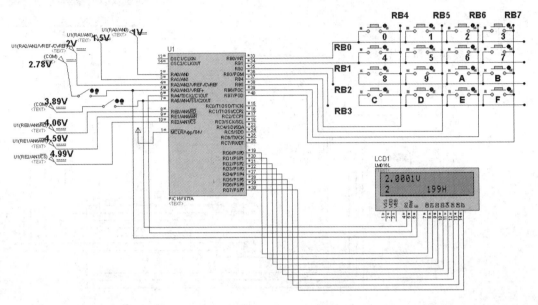

图 10-20　　练习题 3 电路图

4. 在例 10-3 基础上把图 10-15 中的 SW 用 74HC4051 代替，设计一个量程自动选择的电压表，画出电路图并设计相关程序。

第 11 章　通用同步/异步收发器 USART

本章介绍 USART 模块，包含 UART 异步收发器(做异步通信)和 USRT 同步收发器(做同步通信)。USART 模块应用时相应的引脚是 RC6、RC7，因此定义 TRISC6 = 1，TRISC7 = 1，以阻断 RC 端口电路与这两个引脚之间的电气连接关系。本章在第 9 章的红外基带信号通信例 9-7 的基础上，先介绍异步通信，接着利用异步通信对比介绍同步通信。有关 USART 的通信内容请参考有关书籍，本章不准备涉及。学习本章的主要目的是学会如何利用 USART 模块进行单片机与单片机、单片机与计算机、单片机与具有 USART 接口的芯片之间的通信。

11.1　与 USART 模块相关的寄存器

与 USART 模块相关的寄存器如表 11-1 所示。

(1) 与中断有关的寄存器中，关键位是 GIE、PEIE、RCIE、RCIF、TXIE、TXIF。

(2) USART 输入/输出端口有 2 个，即端口 RC6、RC7，对应 TRISC6 = 1，TRISC7 = 1。

(3) USART 发送、接收寄存器为 TXREG、RCREG。

(4) USART 状态寄存器为 TXSTA、RCSTA。通过这两个状态寄存器来定义 USART 模块的功能、查询通信结果，下面将重点介绍。

表 11-1　与 USART 模块相关的寄存器

寄存器名称	寄存器符号	寄存器地址	寄存器内容							
			bit7	bit6	bit5	bit4	bit3	bit2	bit1	bit0
中断控制寄存器	INTCON	0BH/8BH/10BH/18BH	GIE	PEIE	T0IE	INTE	RBIE	T0IF	INTF	RBIF
第 1 外设中断标志寄存器	PIR1	0CH	PSPIF	ADIF	RCIF	TXIF	SSPIF	CCP1IF	TMR2IF	TMR1IF

寄存器 名称	寄存器 符号	寄存器 地址	寄存器内容							
			bit7	bit6	bit5	bit4	bit3	bit2	bit1	bit0
第1外设 中断屏蔽 寄存器	PIE1	8CH	PSPIE	ADIE	RCIE	TXIE	SSPIE	CCP1IE	TMR2IE	TMR1IE
第2外设 中断标志 寄存器	PIR2	0DH	—	—	—	REIF	BCLIF	—	—	CCP2IF
第2外设 中断屏蔽 寄存器	PIE2	8DH	—	—	—	EEIE	BCLIE	—	—	CCP2IE
C端口方 向寄存器	TRISC	87H	TRISC7	TRISC6	TRISC5	TRISC4	TRISC3	TRISC2	TRISC1	TRISC0
发送状态 寄存器	TXSTA	98H	CSRC	TX9	TXEN	SYNC	—	BRGH	TRMT	TX9D
接收状态 寄存器	RCSTA	18H	SPEN	RX9	SREN	CREN	ADDEN	FERR	OERR	RX9D
发送 寄存器	TXREG	19H	USART 发送缓冲寄存器							
接收 寄存器	RCREG	1AH	USART 接收缓冲寄存器							
波特率 寄存器	SPBRG	99H	与波特率有关的初值寄存器							

1. 发送状态寄存器 TXSTA

发送状态寄存器 TXSTA 有 7 位。

(1) bit 7 CSRC：时钟源选择位，在异步模式下此位未用。在同步模式下，

1 = 主控模式(由内部波特率发生器产生时钟)；

0 = 从动模式(由外部时钟源提供时钟信号)。

(2) bit 6 TX9：9 位发送使能位。

1 = 选择 9 位数据发送；

0 = 选择 8 位数据发送。

(3) bit 5 TXEN：发送使能位。

1 = 允许发送；

0 = 禁止发送。

(4) bit 4 SYNC：USART 模式选择位。

1 = 同步模式；

0 = 异步模式。

(5) bit 3 未用位：读为 0。

(6) bit 2 BRGH：高速波特率使能位。

异步模式：1 = 高速；0 = 低速。

同步模式：此位未用。

(7) bit 1 TRMT：发送移位寄存器状态位。

1 = TSR 空；

0 = TSR 满。

(8) bit 0 TX9D：发送数据的第 9 位，可作为奇偶校验位。

2. 接收状态寄存器 RCSTA

接收状态寄存器 RCSTA 共 8 位。

(1) bit 7 SPEN：串口使能位。

1 = 允许串口工作(把 RX/DT 和 TX/CK 引脚配置为串口引脚)；

0 = 禁止串口工作。

(2) bit 6 RX9：9 位接收使能位。

1 = 选择 9 位接收；

0 = 选择 8 位接收。

(3) bit 5 SREN：单字节接收使能位。

异步模式：此位未用。

同步主控模式：1 = 允许接收单字节，0 = 禁止接收单字节，在接收完成后该位被清 0。

同步从动模式：此位未用。

(4) bit 4 CREN：连续接收使能位。

异步模式：1 = 允许连续接收；0 = 禁止连续接收。

同步模式：1 = 允许连续接收直到 CREN 位被清 0(CREN 位比 SREN 位优先级高)；0 = 禁止连续接收。

(5) bit 3 未用位：读为 0。

(6) bit 2 FERR：帧出错标志位。

1 = 帧出错(读 RCREG 寄存器可更新该位，并接收下一个有效字节)；

0 = 无帧错误。

(7) bit 1 OERR：溢出错误位。

1 = 有溢出错误(清零 CREN 位可将此位清 0)；

0 = 无溢出错误。

(8) bit 0 RX9D：接收数据的第 9 位，可作为奇偶校验位。

11.2 UART 异步工作模式

本书在第 9 章 CCP1 模块输出比较工作模式中介绍了红外基带信号，如果直接进行基带信号传输，如例 9-7，则从发送单片机的 RC7 引脚直接把基带信号用一根导线送到接收单片机的 RC2 引脚接收解码，观察图 9-24 中 RC7 引脚的波形，发现有以下特点：

(1) 波形中带有基本时钟信息，即同步头和表示"1"的低电平的宽度与基本时钟周期一致，表示"0"的低电平宽度是基本时钟宽度的 3 倍，表示"结束信号"的低电平的宽度是基本时钟宽度的 6 倍。

(2) 用低电平宽度来表示二进制 0、1。

(3) 发送时先发 bit7，接着按顺序发送直到 bit0。

(4) 不发送信号时，线路保持低电平。

本章的 UART 模块工作在异步通信模式，与上述红外基带信号相比，也是用一根导线既传递二进制信息也传递时钟信息，如图 11-1 所示。线路在不发送信号时一直是高电平，准备发送信号，先输出一个时钟宽度的低电平，称为"起始位"；接着按照 bit0 到 bit7 的顺序，每个时钟周期输出一个与发送相应位置数值一致的电平信号，如二进制 0，对应发一个时钟低电平；发送完数据位，可以有选择地发送 bit8；最后再发送一个时钟周期的高电平，表示一帧数据结束。如果需要发送下一帧数据，则重复以上动作，否则线路一直保持高电平。

图 11-1　UART 异步通信模式

例如，传送一个字符"E"，ASCⅡ码为 01000101B = 45H，对应的异步发送波形如图 11-2 所示。

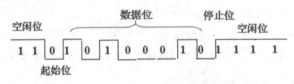

异步通信的
数据发送格式

图 11-2　传送一个字符"E"

对于红外基带信号接收端来说，根据接收信号相邻 2 个同步头之间低电平宽度的大小，即可判决接收的二进制信息，这时无须知道发送端单片机刚才发送信号中的基本时钟周期，发、收单片机不需要有一个相同周期的时钟，就可以进行红外基带信号的解码。

UART 模块的接收端必须有一个与发送端一样的时钟电路，它们工作在相同时钟频率下，称为波特率时钟，时钟周期就是图 11-2 中每位二进制信号的持续时间，因此波特率就是每秒发送二进制的位数。

从图 11-2 可见，当连续发送 3 个"0"时，线路上出现 3 个波特率时钟长度的低电平，对应接收端来说，正确接收的结果应该也是 3 个"0"，不正确的接收结果可能就是 2 个或 4 个"0"，因此这种通信模式，对通信双方的波特率时钟有要求，必须正确设置。

比较以上 2 种方式，即使红外基带信号如图 9-24 所示出现连续 7 个"0"，对接收解码来说也不需要一个与发送端有关的时钟来正确解码，但是发送一帧信号的时间长度不一。而 UART 通信模式对发收双方波特率时钟有要求，且在相同初始化条件下每帧信号的发送时间是一致的。

在异步工作模式下，USART 采用的是标准非归零(NRZ)编码格式(1 位起始位、8 位或 9 位数据位和 1 位停止位)。最常用的数据格式是 8 位。片内专用的 8 位波特率发生器可用于由振荡器产生标准的波特率频率，作为时钟信号。USART 首先发送和接收最低有效位。

　　USART 的发送器和接收器在功能上是独立的,但它们采用相同的数据格式和波特率。波特率发生器可以根据 BRGH 位(TXSTA<2>)的状态产生两种不同的移位速率:对应系统时钟 16 分频或 64 分频的波特率时钟。

　　USART 硬件不支持奇偶校验,但可以用软件实现(奇偶校验位是第 9 个数据位)。在休眠状态下,USART 不能在异步模式下工作。通过对 SYNC 位(TXSTA<4>)清 0,可选择 USART 异步工作模式。

　　USART 异步工作模式包括几个重要组成部分:波特率发生器、采样电路、异步发送器、异步接收器。

　　异步工作模式的引脚连接关系如图 11-3 所示,RC6/TX 是异步发送引脚,相当于例 9-7 发送单片机的 RC7,RC7/RX 是异步接收引脚,相当于例 9-7 接收单片机的 RC2。

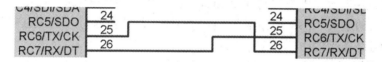

图 11-3　异步工作模式的引脚连接关系

　　图 11-3 中,引脚异名端相连,构成异步全双工通信,即左边单片机通过 RC6/TX 发送信号给右边单片机的 RC7/RX 接收,同时右边单片机的 RC6/TX 发送信号给左边单片机的 RC7/RX 接收。当然也可以根据需要只连一根线,构成异步单工通信模式。

11.2.1　异步发送电路

　　UART 异步发送电路如图 11-4 所示,可以把电路简化理解为一个并入串出的移位寄存器"TSR 寄存器",并入的数据从 TXREG 寄存器送入,移位时钟是通过 G1 门进入的波特率时钟,串出端在"TSR 寄存器"的 LSB 最低位,串出的信号经引脚缓冲器和控制电路后从 RC6/TX 引脚送出。设当前通过 TXREG 并入的数据是 ASCII 码的"E",当一帧数据完全送出时,波形如图 11-5 所示。

异步发送电路分析

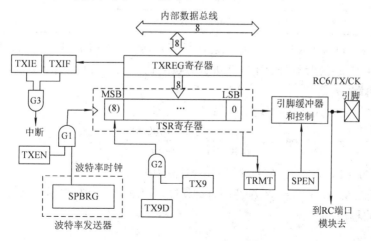

图 11-4　异步发送电路框图

图 11-4 的工作原理如下:

(1) TXREG 的发送数据由内部数据总线送来,即待发送的数据,这个寄存器的数据一旦进入"TSR 寄存器",TXREG 就空,即无数据。当"TSR 寄存器"把最高位都从 LSB 移出后,TXREG 中的数据自动进入"TSR 寄存器",进行下一次的移位。

(2) TRMT 作为"TSR 寄存器"空满标志位,可以通过查询 TMRT,来决定是否需要写入一个新的数据到 TXREG,如查询 TRMT 当前为 1,说明"TSR 寄存器"已空,可以写入新的数据到 TXREG,一旦数据进入"TSR 寄存器",TRMT 即为 0,TXREG 此时又空了,这时可以写入一个数据到 TXREG,等待发送,因此"TSR 寄存器"和 TXREG 构成双缓冲器结构。

(3) 编写程序时,通常不是用查询发送,而是使能 TXIE = 1 后,通过中断标志位 TXIF = 1,进入中断来写入数据到 TXREG。当 TXREG 为空时(即"TSR 寄存器"已空,TXREG 数据自动进入"TSR 寄存器"),TXIF = 1,新的数据写入 TXREG 后,TXIF 自动清 0,这和前述各章节的中断标志位不同。

(4) G2 门连接的 TX9D 和 TX9 可选,若需要发送 bit8,则使能 TX9 = 1,待发送的数据位存入 TX9D,发送时自动插入 bit8 位置发送。不需要时,使能 TX9 = 0,不再出现 bit8 的位置信号。

(5) G1 门的控制信号 TXEN,作为波特率时钟使能控制,当 TXEN = 1 时,进行移位发送。

(6) SPEN 是发送引脚三态门控制端,SPEN = 1 时,三态门导通,信号从 RC6 送出。

异步发送程序设计
用中断方式

(7) 8 位波特率发生器:支持 USART 的同步模式和异步模式。SPBRG 寄存器控制着独立的 8 位定时器的周期。表 11-2 表示在不同初始化定义下的波特率计算公式,其中 X 就是 SPBRG 寄存器的值。

表 11-2　波特率计算公式

SYNC	BRGH = 0(低速)	BRGH = 1(高速)
0	波特率 $= f_{osc}/(64(X + 1))$	波特率 $= f_{osc}/(16(X + 1))$
1	波特率 $= f_{osc}/(4(X + 1))$	无

【例 11-1】 利用 UART 的发送功能,异步发送 ASCII 码"E",波特率是 6400,从 RC6/TX 引脚获取发送波形,与图 11-2 进行分析对比,设单片机 $f_{osc} = 4\,MHz$。

(1) 设计思路。

① 波特率计算公式选择异步高速的:

$$6400 = \frac{4M}{16(X + 1)}, X = \frac{4000000}{6400 \times 16} - 1 = 38$$

② TRISC6 = 1,阻断 RC6 引脚与端口电路的电气联系。

③ 不发送第 9 位,TX9 = 0;波特率时钟使能,TXEN = 1;发送端引脚使能,SPEN = 1。

(2) 编写的程序。

```
#include<pic.h>
void interrupt usart_seve()
```

```
    {
        TXREG = 0x45;                    //连续发送 "E"
    }
    main()
    {   TRISC = 0xc0;                    //c 作输出口
        SPBRG = 38;                      //转载波特率发生器
        TXSTA = 0; SYNC = 0; BRGH = 1;   //使能异步 USART 发送
        RCSTA = 0; SPEN = 1;             //使能 RC6
        TXEN = 1;                        //使能波特率时钟
        GIE = 1; PEIE = 1; TXIE = 1;     //开放 USART 发送中断
        TXREG = 0x45;                    //发送 "E" 的 ASCII 码
    loop:goto loop;
    }
```

从发送引脚 RC6/TX 得到图 11-5 所示的波形，因为发送数据 45H，无第 9 位，从左到右，第一个波特率时钟的高电平是线路空闲时的 "1"，第二个波特率时钟的低电平就是起始位的 "0"，接着按照 45H = 01000101B 从 bit0 到 bit7 的顺序，每个时钟输出一个对应二进制数据，如图中的起始到停止之间的 10100010。因为中断程序连续发送 "E"，所以停止位之后，就是下一帧数据的起始位低电平，下一帧数据仍然是 10100010。图 11-2 在发送一帧数据后的停止位之后，是线路的空闲位，都是高电平。

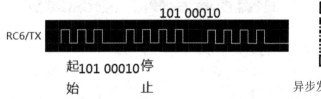

图 11-5　异步发送 'E'

异步发送器电路及发送
单帧数据时序图分析

程序中有 2 处 TXREG = 0x45 的语句，其中初始化处的语句一旦执行，0x45 即刻进入 "TSR 寄存器"，因为此时的移位寄存器是空的，UART 模块开始从 RC6/TX 引脚发送图 11-5 的信号。所以 TXREG 很快就空了，TXIF = 1，程序进入中断部分，再次执行 TXREG = 0x45 后，程序回到主循环，而 TXIF 被自动清 0。当 "TSR 寄存器" 完成第一帧数据的移位后，第一次进入中断赋值的 0x45 自动进入 "TSR 寄存器"，做第二次的移位输出，TXREG 再次为空，TXIF = 1，第二次进入中断程序，赋值后，再次回到主循环，而 TXIF 又自动清 0，此后重复上述动作。

上述过程的时序图如图 11-6 所示，Word 1 是初始化处的 TXREG = 0x45 语句，下跳变时，数据存储在 TXREG 后马上进入 "TSR 寄存器"，因此 TXIF 只在 Word 1 的下跳变后短暂时间是 0，表示当时 TXREG 满。数据进入 "TSR 寄存器" 后，TXREG 又空，TXIF 马上置 1。程序进入中断部分后，Word 2 是中断程序处的 TXREG = 0x45 语句，下跳变后 TXIF 被自动清 0，表示 TXREG 已满。等待 "TSR 寄存器" 发送第一帧数据后的停止位前，当前 TXREG 值自动进入 "TSR 寄存器"，TXIF 被清 0。TRMT 是 "TSR 寄存器" 的空满标志位，从 Word 1 的下跳变之后，发送数据经过 TXREG 自动进入 "TSR 寄存器" 开始，TMRT

一直满，因为此后数据会源源不断地自动进入"TSR 寄存器"。

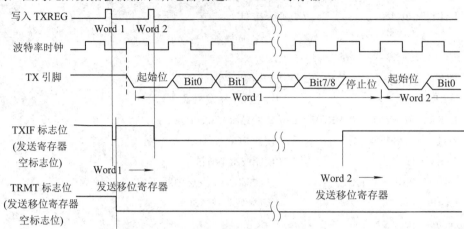

图 11-6　例 11-1 时序图

在程序初始化部分添加 TX9 = 1; TX9D = 0;，即使能发送 bit8，由于 bit8 = 0，因此得到的发送信号波形如图 11-7 所示，只是在停止位前多了一个波特率时钟的"0"。

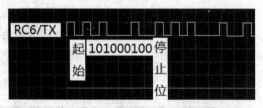

图 11-7　例 11-1 发送 bit8 的波形

综上所述，异步发送做好两个步骤：根据需要对 UART 模块初始化；等待中断，后赋值 TXREG。相比用 CCP 模块的输出比较功能发送红外基带信号，每个波形电平的输出都由程序编写而言，UART 则具有与功能对应的完整电路，如图 11-4 所示，实现它的发送功能的过程交由电路自动完成。

异步发送程序设计用
TRMT 方式

异步发送除了用中断方式外，还可以通过判断 TRMT 位进行，请直接扫码学习。

11.2.2　异步接收电路

UART 的接收电路如图 11-8 所示，其核心部分是"RSR 寄存器"，完成串入并出的功能，串行输入端在 MSB 最高位，并行输出信号送到 RCREG 寄存器，移位时钟是经过 G1 门的波特率时钟。由于图 11-4 的发送单片机的移位寄存器"TSR 寄存器"在波特率时钟控制下从 LSB 串行输出，经过 RC6/TX 引脚，通过外接导线后，到接收单片机的 RC7/RX 引脚输入，因此，接收单片机的"RSR 寄存器"应该从 MSB 串行输入，经过 8 个或 9 个波特率时钟后，发送端发送的数据按照从高到低的顺序，存放在"RSR 寄存器"的 bit7～bit0，或 bit8～bit0。

异步接收电路工
作原理分析

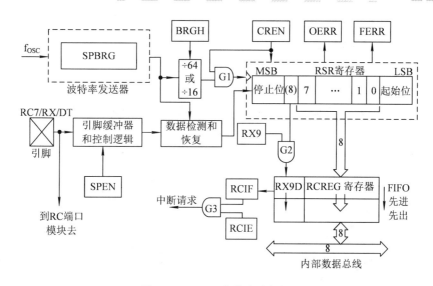

图 11-8　UART 接收电路框图

图 11-8 的工作原理如下：

(1) RCREG 是接收数据寄存器，其功能与 TXREG 相对应，当"RSR 寄存器"把接收数据送到 RCREG 时，接收中断标志位 RCIF = 1，通知 CPU 可以取接收数据，数据一旦被读走，RCREG 即空，RCIF 自动清 0。

(2) RCREG 下还有一个没有命名的寄存器，不可读写，但是与 RCREG 构成双缓冲器结构，说明可以连续接收 2 帧数据后，CPU 再读取，但是 RCIF 只反映 RCREG 的状态。

(3) G2 门的 2 个输入端分别是接收第 9 位使能 RX9 和接收到的第 9 位 bit8，输出端即是送到接收存储位的 RX9D。

(4) OERR 和 FERR 是与接收数据错误有关的标志位，通过查询获得。如图 11-9 所示，描绘的是 3 个数据帧出现在 RX 引脚，接收寄存器 RCREG 在第 3 个数据帧到来时才读取，导致 OERR 位被置 1。

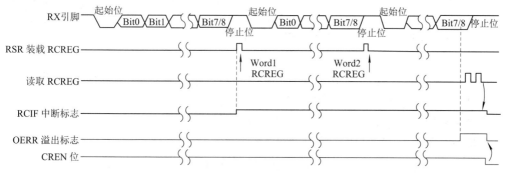

图 11-9　UART 异步接收时序

(5) 正确的接收方式是只要 RCREG 满→RCIF = 1→进中断程序→读取 RCREG→RCREG 为空→RCIF 自动清 0→等待下一次 RCIF = 1……。

(6) 8 位波特率时钟与图 11-4 一致，只要收发单片机初始化定义、晶体振荡器频率相同，波特率就一致。当执行单片机与计算机等异步通信时，应该力求通信双方的波特率相同，以减少通信过程的误码率。

【**例 11-2**】　在例 11-1 的基础上，模仿例 9-5 设计两片单片机间的异步单工通信，发送单片机外接在 PORTB 的信号通过异步通信送到接收单片机 PORTD 端外接的 LED 上显示，其他条件同上例。

电路如图 11-10 所示，U2 单片机发送 01001011B，U1 单片机接收同样的值，改变 U2 的输入，U1 的输出随之改变，图中右下角是示波器上显示的发送波形。

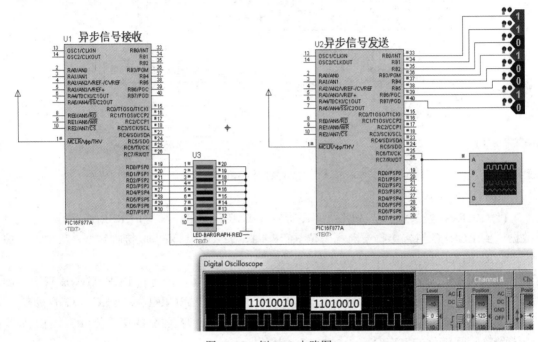

图 11-10　例 11-2 电路图

(1) U2 异步发送单片机程序。

```c
#include<pic.h>
void interrupt usart_seve()
{
    TXREG = PORTB;        //TXREG 被赋值后满，TXIF 自动清 0
}
main()
{   TRISB = 0XFF; nRBPU = 0; PORTB = 0;
    TRISC = 0xc0;                //c 其他引脚作输出口
    SPBRG = 38;                  //转载波特率发生器
    TXSTA = 0; SYNC = 0;         //使能异步 USART 发送
    RCSTA = 0; SPEN = 1;         //使能 RC6
    TXEN = 1;                    //工作于发送器方式
    GIE = 1; PEIE = 1; TXIE = 1; //开放 USART 发送中断
    TXREG = PORTB;
loop: goto loop;
}
```

异步接收电路时序
分析及程序设计方法

(2) U1 异步接收单片机程序。

```c
#include<pic.h>
void interrupt usart_seve()
{
    PORTD = RCREG;                    //接收数据送 PORTD 显示，RCREG 空，RCIF 自动清 0
}
main()
{
    TRISD = 0; PORTD = 0;
    TRISC = 0xc0;                     //c 其他引脚作输出口
    SPBRG = 38;                       //转载波特率发生器
    TXSTA = 0; SYNC = 0; RCSTA = 0; SPEN = 1;        //使能 RC7
    CREN = 1;                         //使能异步 USART 接收
    GIE = 1; PEIE = 1; RCIE = 1;      //开放 USART 接收中断
loop: goto loop;
}
```

【例 11-3】 在例 11-2 的基础上设计全双工异步通信系统。

电路如图 11-11 所示，U2、U1 单片机的 RC6/TX 和 RC7/RX 异名端相连，构成全双工异步通信电路。U2 发送 01001001B，U1 发送 01101001B，对方都能正确接收。

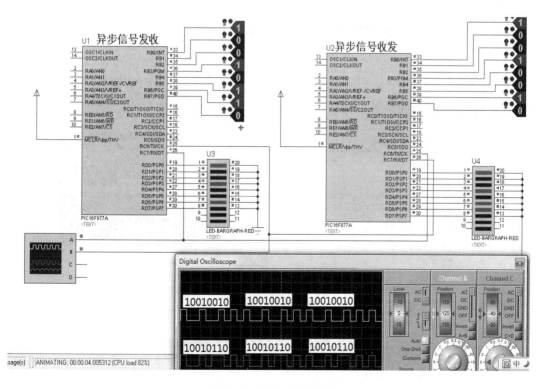

图 11-11　例 11-3 电路图

异步双工通信，双方功能相同，所以用同样的程序实现，程序如下：

```
#include<pic.h>
void interrupt usart_seve()
{
    if(TXIF == 1)TXREG = PORTB;
    else PORTD = RCREG;
}
main()
{   TRISD = 0; PORTD = 0;
    TRISB = 0XFF; nRBPU = 0; PORTB = 0;
    TRISC = 0xc0;                          //c 其他引脚作输出口
    SPBRG = 38;                            //转载波特率发生器
    TXSTA = 0; SYNC = 0; RCSTA = 0; SPEN = 1; //使能 RC6、RC7
    CREN = 1; TXEN = 1;                    //工作于收、发模式
    GIE = 1; PEIE = 1; TXIE = 1; RCIE = 1; //开放 USART 收发中断
    TXREG = PORTB;
loop: goto loop;
}
```

设计全双工异步通信
系统及其仿真分析

11.3　同步通信模块 USRT

同步通信模块 USRT 的发送端电路、程序、输出波形如图 11-12 所示，通过和异步通信 UART 做比较来进行介绍。

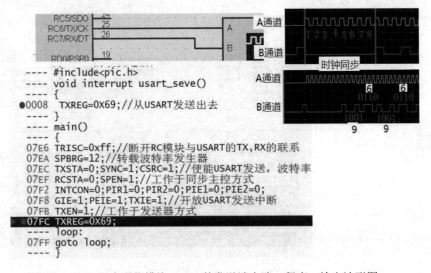

图 11-12　同步通信模块 USRT 的发送端电路、程序、输出波形图

(1) 同步发送时 RC6/CK 做同步时钟输入/输出引脚,RC7/DT 做同步通信数据线通道引脚。图中分别用示波器 A 通道和 B 通道测试其波形。

(2) 定义 TRISC = 0xFF,把 RC6、RC7 的引脚和端口电路断开。

(3) 根据表 11-2 所示,当晶体振荡器频率是 4 MHz 时,波特率是:$\dfrac{4000\ \text{kHz}}{4(12+1)} = 76.9\ \text{KB}/\text{s}$。

(4) 同步通信时定义 SYNC=1;,还必须定义通信双方谁发送时钟,定义 CSRC=1;者即是发送时钟的一方,对方的 CSRC 必须定义为 0,接受时钟,不能双方都定义 CSRC 为 1 或为 0。图中定义 CSRC=1,因此是时钟发送方。

(5) 其他控制位定义方式和异步通信一样。

(6) 程序初始化后,连续发送 69H,从图中示波器测量结果看,A 通道的波形即发送方发送的波特率时钟,B 通道输出的是同步通信数据信号。对比上下两个波形,可见,同步通信开始,数据线先拉高到高电平,一个波特率时钟宽度后,发送 8 个波特率时钟宽度的低电平,作为通信双方的同步信号,进行时钟同步,接着按照 bit0~bit7 的顺序,连续发送 69H,没有起始位和停止位。

综上所述,同步通信的特色是:2 个 USART 引脚定义为时钟和数据;初始化定义 SYNC=1;根据双方约定各自定义 CSRC 为 0 或 1;发送波形有开始时的时钟同步部分,发送数据之间无间隔,连续发送。因此,相对于异步通信,同步通信因为没有起始位和停止位,相同波特率条件下,通信速度更快。异步通信可以做全双工的通信方式,同步通信只能做半双工的通信方式。

【例 11-4】 把例 11-2 的单工异步通信改为单工同步通信。

电路如图 11-13 所示,U2 同步主控发送单片机发送数据 01011001B,U1 同步从动接收单片机结果显示 10110010B,仔细观察,是因为接收结果按照发送数据的 bit6~bit0、bit7 的顺序排列,修改发送端的数据,结果仍是按照此规律变化。通常这种结果不会出现在硬件调试中。

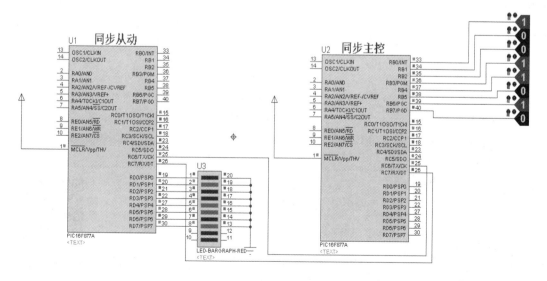

图 11-13　例 11-4 电路图

(1) U2 同步主控发送单片机程序如下：

```
#include<pic.h>
void interrupt usart_seve()
{
    TXREG = PORTB;
}
main()
{
    TRISB = 0XFF; nRBPU = 0; PORTB = 0;
    TRISC = 0xc0;                        //c 作输出口
    SPBRG = 38;                          //转载波特率发生器
    TXSTA = 0; SYNC = 1; CSRC = 1;       //使能同步主控
    RCSTA = 0; SPEN = 1;                 //使能 RC6、RC7
    CREN = 0; TXEN = 1;                  //工作于发送器方式
    GIE = 1; PEIE = 1; TXIE = 1; RCIE = 0; //开放 USART 发送中断
    TXREG = PORTB;
loop:
    goto loop;
}
```

（2）U1 同步从动接收单片机程序如下：

```
#include<pic.h>
void interrupt usart_seve()
{
    PORTD = RCREG;
}
main()
{
    TRISD = 0; PORTD = 0;
    TRISC = 0xc0;                        //c 作输出口
    SPBRG = 38;                          //转载波特率发生器
    TXSTA = 0; SYNC = 1; CSRC=0;         //使能同步从动
    RCSTA = 0; SPEN = 1;                 //使能 RC6、RC7
    CREN = 1; TXEN = 0;                  //工作于接收器方式
    GIE = 1; PEIE = 1; TXIE = 0; RCIE = 1; //开放 USART 接收中断
loop:
    goto loop;
}
```

单工同步通信
设计举例

同步通信 USAT 模块按照时钟和发送接收数据，分为：
同步主控发送(SYNC = 1; CSRC = 1; TXEN=1; TXIE = 1; CREN = 0; RCIE = 0;);

同步主控接收(SYNC＝1; CSRC＝1; CREN＝1; RCIE＝1; TXEN＝0; TXIE＝0;);
同步被控发送(SYNC＝1; CSRC＝0; TXEN＝1; TXIE＝1; CREN＝0; RCIE＝0;);
同步被控接收(SYNC＝1; CSRC＝0; CREN＝1; RCIE＝1; TXEN＝0; TXIE＝0;)。

通信双方必须配合好，若对方当前是同步主控发送，则只能配合同步被控接收；若对方当前是同步被控发送，则只能配合同步主控接收。程序运行过程中可以通过修改初始化定义改变当前单片机的工作方式。

11.4　USART 模块的应用

USART 通信直接用在电路板级时，把对应的通信端口连接，可做单片机与单片机、单片机与具有 USART 接口的芯片之间的通信。

异步串行通信通过如 MAX232 芯片驱动后，可以做 1.5 米的近距离有线通信，通常通过 RS232 接口，实现单片机与计算机之间的通信。单片机与 MAX232 芯片连接电路图如图 11-14 所示，其中 COM 就是常见的 9 针串行接口端子，RXD 与单片机的 RC7/RX 引脚相连，TXD 与单片机的 RC6/TX 引脚相连。

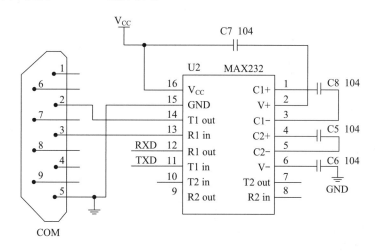

图 11-14　串行接口电路图

RS232 接口任何一条信号线的电压均为负逻辑关系。即逻辑“1”为 -3～-15 V，逻辑“0”为 +3～+15 V，噪声容限为 2 V。要求接收器能识别高于 +3 V 的信号作为逻辑“0”，低于 -3 V 的信号作为逻辑“1”，单片机输出电平是 TTL 电平，5 V 为逻辑“1”，0 为逻辑“0”。因此 RS232 电平规范与 TTL 电平不兼容，需使用电平转换电路方能与 TTL 电路连接，图中 MAX232 做电平转换用，引脚 $T1_{out}$ 和 $R1_{in}$ 是经电平转换后的异步串行通信发送接收引脚。

【例 11-5】　模仿例 10-4，利用 USART 的同步通信模式，完成同样功能的设计。

电路图如图 11-15 所示，U2 同步主控发送，发送从 AN0 通道输入的模拟量转换结果，TMR0 做采样周期定时器，使能 TMR0 中断；U1 同步被控接收，接收结果送 0808 芯片进行 D/A 转换。

与例 10-4 相比，使用单片机功能模块完成信号传输，相应的程序编写简单得多，只要把 USRT 模块初始化，数据送到 TXREG，即可发送，接收方从 RCREG 读取数据即可。

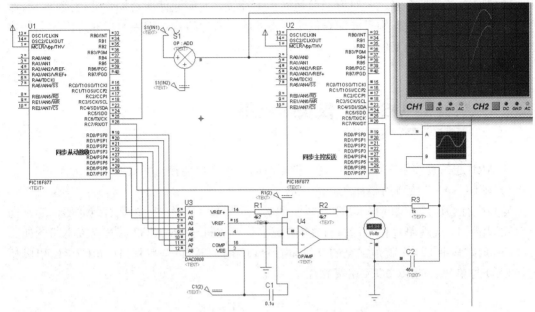

图 11-15 例 11-5 电路图

(1) U2 发送单片机程序如下：

```
#include<pic.h>
char X;
void interrupt usart_seve()
{    T0IF = 0; TMR0 = 0;
     GO_nDONE = 1;
wait:
     if(ADIF == 0) goto wait;          //等待 A/D 转换完
     TXREG = ADRESH; ADIF = 0;
}
main()
{
     TRISC = 0xc0;       //断开 RC 模块与 USART 的 TX、RX 的联系
     SPBRG = 12;         //转载波特率发生器
     TXSTA = 0; SYNC = 1; CSRC = 1;    //使能 USART 发送
     RCSTA = 0; SPEN = 1;            //工作于同步主控方式
     TXEN = 1;         //工作于发送器方式
     //*****************
     TRISA = 1;
     ADCON0 = 0X41;       //设置时钟源，暂不打开 ADC，选中 AN0
```

```
    OPTION_REG = 0X87; TMR0 = 0; GIE = 1; PEIE = 1; T0IE = 1;
    //不用 RB 口弱上拉，分频器给 tmr0，分频比＝1：256
    ADCON1 = 0X0E;          //只选 AN0 引脚为模拟通道，结果左对齐，V_DD 和 V_SS 为参考电源
    //***************
loop:goto loop;
}
```

(2) U1 接收单片机程序如下：

```
#include<pic.h>
void interrupt usart_seve()
{
    PORTD = RCREG;
}
main()
{   TRISB = 0; TRISD = 0;
    TRISC = 0xff;        //断开 RC 模块与 USART 的 TX、RX 的联系
    SPBRG = 12;          //转载波特率发生器
    TXSTA = 0; SYNC = 1; CSRC = 0;
    RCSTA = 0; SPEN = 1;
    GIE = 1; PEIE = 1; RCIE = 1;
    CREN = 1;            //工作于接收器方式
loop:goto loop;
}
```

【例 11-6】 利用 USART 的异步通信功能实现 10 位异步发送接收设计，其中 10 位二进制数是 A/D 转换结果。

例 11-6A

(1) 设计思路。

① 一次异步发送最多 9 位数据，10 位数据要分两次发送，按照 A/D 转换结果，分别发高 2 位和低 8 位，利用异步发送的第 9 位作为标志位，在使能 TX9 = 1 后，定义 TX9D = 1 时，同时发送高 2 位，TX9D = 0 时，同时发送低 8 位。

② 发送时通过查询 TRMT 是否满，决定要不要写入数据到 TXREG。

③ 异步接收时，使能 RX9 = 1 后，根据接收的 RX9D 是 1 还是 0，把结果做相应处理。10 位结果分别送 RC1、RC0、RB7～RB0 显示，同时结果的高 8 位送 PORTD，进行 D/A 转换，本例输入信号是可变电阻器的 0～5 V 电压，经过 A/D 转换、异步发送、接收、D/A 转换后，结果基本一致才是正确，误差原因是结果只送高 8 位，低 2 位被忽略。

电路如图 11-16、图 11-17 所示，发送端模拟量输入信号是 3.95 V，A/D 转换结果是 328H，发送程序先发送 TX9D = 1，及 03H，接着发送 TX9D = 0，及 28H，接收端根据接收到 RX9D = 1 时，同时收到的 8 位数据即为 03H，当 RX9D = 0 时，同时收到的就是 28H。特别强调，在某些版本的仿真软件中，RX9D 与它之后的数据对应关系必须相反，才是正确的结果显示，实际硬件调试时按照上述关系显示正确。

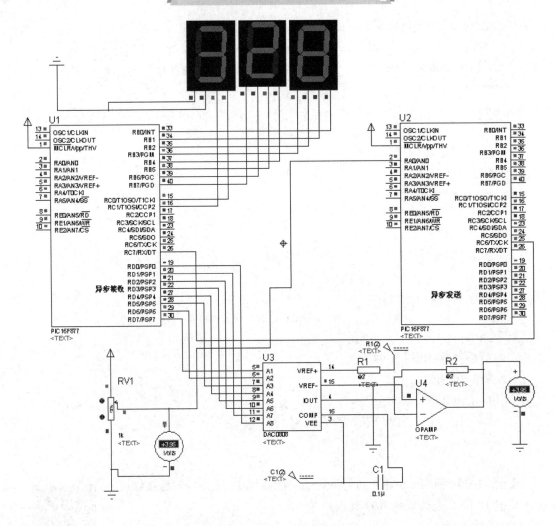

图 11-16　例 11-6 电路图

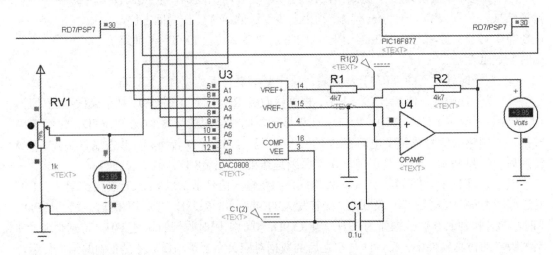

图 11-17　例 11-6 电路图中输入/输出模拟量关系

(2) U2 发送单片机程序。

```
#include<pic.h>
char X, Y;
void interrupt usart_seve()
{   T0IF = 0; TMR0 = 0;
    GO_nDONE = 1;
wait:
    if(ADIF == 0) goto wait;          //等待 A/D 转换完
    X = ADRESH; Y = ADRESL; ADIF = 0;
}
main()
{
    TRISC = 0xc0;           //断开 RC 模块与 USART 的 TX、RX 的联系
    SPBRG = 12;             //转载波特率发生器
    TXSTA = 0; SYNC = 0;
    TX9 = 1;
    RCSTA = 0; SPEN = 1;
    GIE = 1; PEIE = 1;
    TXEN = 1;               //工作于发送器方式
    //****************
    TRISA=1;
    ADCON0 = 0X41;          //设置时钟源，暂不打开 ADC，选中 AN0
    OPTION_REG = 0X87; TMR0 = 0; T0IE = 1;
    //不用 RB 口弱上拉，分频器给 tmr0，分频比＝1∶256
    ADCON1 = 0X8E;          //只选 AN0 引脚为模拟通道，结果右对齐，V_DD 和 V_SS 为参考电源
    //****************
loop:
    //------发送 A/D 转换的高 2 位---------
wait1:if (TRMT == 0)goto wait1;
    {TX9D = 1; TXREG = X; };
    //----发送 A/D 转换的低 8 位-----
wait2:if (TRMT == 0)goto wait2;
    {TX9D = 0; TXREG = Y; };
    goto loop;
}
```

例 11-6B

(3) U1 接收单片机程序。

```
#include<pic.h>
char X, Y;
void interrupt usart_seve()
```

```
{
    if(RX9D == 0){X = RCREG; }        //从 USART 接收，硬件调试时此处判断条件改为 1
    else Y = RCREG;
}
main()
{   TRISB = 0; TRISD = 0;
    TRISC = 0xC0;               //断开 RC 模块与 USART 的 TX、RX 的联系
    SPBRG = 12;                 //转载波特率发生器
    TXSTA = 0; SYNC = 0;
    RCSTA = 0; SPEN = 1; RX9 = 1;
    GIE = 1; PEIE = 1; RCIE = 1;  //开放 USART 接收中断
    CREN = 1;                    //工作于接收器方式
loop:
    PORTC = X; PORTB = Y;
    RD7 = RC1; RD6 = RC0; RD5 = RB7; RD4 = RB6;
    RD3 = RB5; RD2 = RB4; RD1 = RB3; RD0 = RB2;
    goto loop;
}
```

　　下面这个例子介绍单片机与计算机之间的通信，单片机的 TX 和 RX 引脚需要通过如图 11-14 所示的 MAX232 芯片，把电平转换为 TXD 和 RXD 引脚的 RS232 电平，才能和具有 RS232 接口的计算机进行异步通信。在计算机上安装如超级终端这样的工具，进行与单片机的"对话"。

　　设置要求如图 11-18 所示，其中 COM1 是计算机的串口编号，根据当前计算机的接口，也可能是 COM2、COM3 等。波特率设置为 19200，因此单片机初始化波特率也是19200，数据位为 8 位，没有第 9 位即校验位，停止位为 1 位，与单片机异步格式停止位1 位一致。单片机端没有数据流控制，超级终端处选择无数据流控制，设置结束后，单击"确定"按钮。

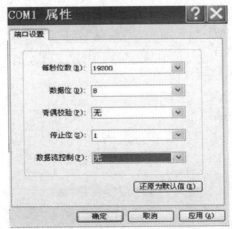

图 11-18　计算机串口异步通信设置

【例 11-7】 利用单片机的异步通信功能，和计算机进行异步通信。

(1) 设计的程序。

```c
#include<pic.h>
char x, Y, addr;
static volatile char table[21] = {"my name is pic16f877 "};
void delay(Y)                    //晶体振荡器频率＝4 MHz
{
    unsigned int i; for(i = Y; I > 0; i--); }
void delay1(Y)                   //晶体振荡器频率＝4 MHz
{
    unsigned int i; for(i = Y; i > 0; i--); }
void interrupt usart_seve()
{
    TXREG = RCREG;              //从 USART 接收数据并从 USART 转送出去
    EEPROM_WRITE(addr, RCREG); delay1(1000);
    addr++;
}
main()
{
    addr = 0;
    TRISC = 0xC0;              //断开 RC 模块与 USART 的 TX、RX 的联系
    SPBRG = 12;               //转载波特率发生器，为 19200B/s
    TXSTA = 0B00100100;       //使能 USART 发送，波特率发生器为高速方式
    RCSTA = 0B10010000;       //连续接收
    GIE = 1; PEIE = 1; RCIE = 1;  //开放 USART 接收中断
    for(x = 0; x < 21; x++)
    {
        TXREG = table[x];
        delay(500);
    }
    for(x = 0; x < 100; x++)
    {
        TXREG = EEPROM_READ(x);
        delay(500);
    }
    addr = 0;
    while(1);
}
```

例 11-7A

例 11-7B

程序下载到单片机后运行，在超级终端上可看到如图 11-19 所示的结果。

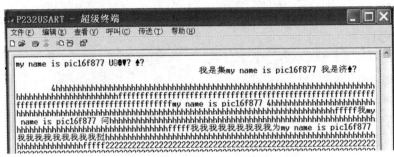

图 11-19　例 11-7 运行结果

(2) 运行结果分析。

① 程序初始化为波特率 19200 B/s 的异步全双工通信模式，其中 $19.2 = \dfrac{4000\text{kHz}}{16 \times (12 + 1)}$。

② 语句 for(x = 0; x < 21; x++){TXREG = table[x]; delay(500); }把表格 static volatile char table[21] = {"my name is pic16f877 "}; 字符通过 TXREG 发送，每送一个字符到 TXREG，延时 delay(500); 作为异步发送时间，一共有 21 个字符，这样的动作重复 21 次。因此程序首先把字符串 my name is pic16f877 发送到超级终端上，过程是：单片机→RS232→计算机→超级终端，最后在超级终端上看到第一行的 **my name is pic16f877** 的显示结果，说明从单片机端发送到计算机的通信链路发送成功。

③ 语句 for(x = 0; x<100; x++){TXREG = EEPROM_READ(x); delay(500); }把当前 EEPROM 的地址 00H 到 63H 的内容读出，通过语句 TXREG = EEPROM_READ(x); 送到发送寄存器发送，同理延时 delay(500); 作为异步发送时间，一共有 100 个，但是存储在 EEPROM 中的内容不一定都是可以在超级终端上显示的字符，因此大部分没有显示结果。

④ 语句 addr = 0; while(1); 表示变量 addr 清 0 后，程序进入主循环，等待中断，程序初始化接收中断，计算机向单片机发送数据，RCREG 满，RCIF = 1 时进入中断。计算机通过键盘→RS232→单片机，发送数据。

⑤ 从第 4 行的 4hhhhhh…开始的字符是从计算机键盘输入的字符，第一个字符"4"通过键盘→RS232→单片机→中断服务程序→语句 TXREG = RCREG; →单片机转送→ RS232 →计算机→超级终端，最终在超级终端上看到字符"4"。

⑥ 中断服务程序的语句 EEPROM_WRITE(addr, RCREG); 把字符"4"写入 EEPROM 的 00H 单元中，因为初始化 addr = 0，语句 delay1(1000); 是留给 EEPROM 的写入时间。

⑦ 第 2 个字符"h"从键盘输入后，重复上述动作。直到图 11-19 第 6 行最后一个字符"f"，是本次键盘输入的最后一个字符。

⑧ 第 6 行最后一个"f"之后的 **my name is pic16f877** 是单片机复位后，重新运行到语句 for(x = 0; x < 21; x++){TXREG = table[x]; delay(500); }处的执行结果。

⑨ 后续的 4hhhhhh…就是上次复位前键盘输入的字符存储在 EEPROM，被语句 for(x = 0; x < 100; x++){TXREG = EEPROM_READ(x); delay(500); }送出显示的结果。

⑩ 之后重复键盘输入→RS232→单片机→中断服务程序→语句 TXREG = RCREG; →单片机转送→RS232→计算机→超级终端，本次又输入一片字符，显示在超级终端上，同时也存储在 EEPROM 的 00H 单元开始的单元中。

【例 11-8】 将 A/D 转换与异步通信结合，完成将 ADC 转换值显示在超级终端上的设计，这是一个上、下位机的设计范例。

电路如图 11-20 所示，是一个参考电源是 5 V 的电压表设计，加上一个 RS232 接口，为了与电脑上的 RS232 通信，把电压表测量结果也显示在超级终端上。实际应用时应该在单片机与 RS232 中间加上 MAX232 芯片，做电平转换。

如果电脑上没有串口，则可以做虚拟测试，安装一对虚拟串口，一个给单片机，另一个给超级终端，本例就是利用虚拟串口做的测试。

利用虚拟串口软件安装一对 COM3、COM4 的虚拟串口，图 11-20 的 COMPIN 设置为 COM3，超级终端设置为 COM4。

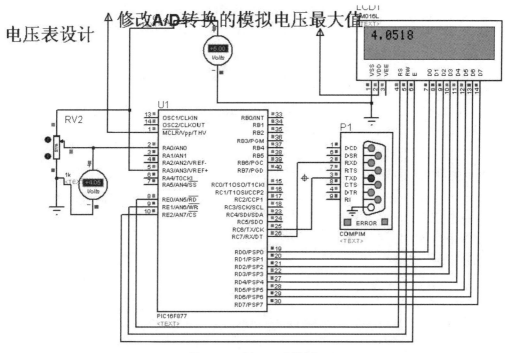

图 11-20　例 11-8 电路图

在超级终端界面上得到如图 11-21 所示的结果，当调整图 11-20 中的电位器时，电压表的值随即改变。超级终端的显示结果数量和异步发送时刻有关，不适合做上位机显示，应该利用 VB 或 Labview 软件在上位机设计一个显示界面，因为这部分内容超出本课程范畴，此处不再介绍。

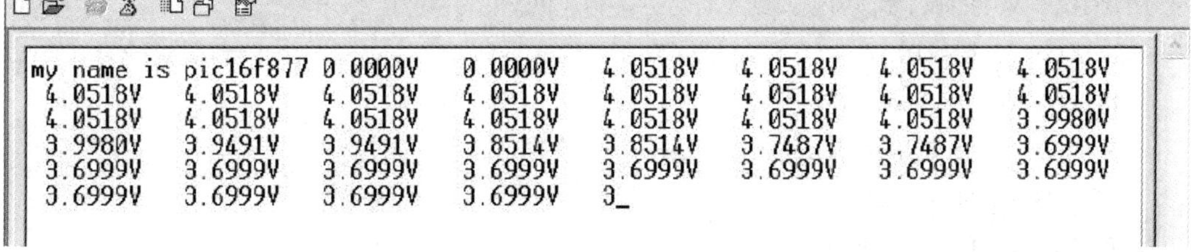

图 11-21　当调整电位器时超级终端上电压表的值

相应的程序如下，本例的 A/D 转换采样周期采用 CCP2 特殊事件触发方式，因此在中断服务程序中没有 GO_nDONE = 1 这样的启动 A/D 转换的语句。

```
#include<pic.h>
static volatile char table[16] = {0x30, 0x31, 0x32, 0x33, 0x34, 0x35,
0x36, 0x37, 0x38, 0x39, 0x41, 0x42, 0x43, 0x44, 0x45, 0x46};
char X, Y;
static volatile char table1[21] = {"my name is pic16f877 "};
char adh, adl, a, b, c, d, e, f, x3;
int adc, x, y, x1, x2;
long lcd, x4, buf;
void DELAY(){unsigned int i; for(i = 1999; I > 0; i--); }
void ENABLE()                    //写入控制命令的子程序
{ RE0 = 0; RE1 = 0; RE2 = 0; DELAY(); RE2 = 1; }
void ENABLE1()                   //写入字的子程序
{ RE0 = 1; RE1 = 0; RE2 = 0; DELAY(); RE2 = 1; }
//********************
void interrupt ccp1_int()        //中断服务程序
{
    CCP2IF = 0;                  //清 CCP2 中断
    wait: if(ADIF == 0) goto wait;   //等待 A/D 转换结束
    adh = ADRESH; adl = ADRESL;
    ADIF = 0; //PIR1.6
}
void main()
{
    TRISA = 0X01; TRISC = 0XFF; TRISD = 0; TRISE = 0; PORTD = 0;
    SPBRG = 12;                  //转载波特率发生器，为 19200 B/s
    TXSTA = 0B00100100;          //使能 USART 发送，波特率发生器为高速方式
    RCSTA = 0B10010000;          //连续接收
    for(X = 0; X < 21; X++)
    {TXREG = table1[X]; DELAY(); }
    ADCON1 = 0X85;
    //只选 AN0 引脚为模拟通道，结果右对齐，V_DD 和 V_SS 为参考电源
    PORTD = 1; ENABLE();         //LCD 初始化
    PORTD = 0x38; ENABLE();
    PORTD = 0x0c; ENABLE();
    PORTD = 0x06; ENABLE();
    PEIE = 1; GIE = 1; CCP2IE = 1;
    CCPR2L = 0XFF; CCPR2H = 0XFF;        //用最大值作周期寄存器
```

```
        T1CON = 0X30;                 //预分频器=1∶8，内部时钟源，同步，禁止振荡器
        CCP2CON = 0X0B;               //设定 CCP2 为特殊事件模式
        TMR1ON = 1;                   //开启 TMR1，T1CON.0
        ADCON0 = 0X41;                //设置 RC 时钟源，暂不打开 ADC，选中 AN0
loop:
        x = (int)adh<<8;              //电压结果二-十进制转换
        adc = x+(int)adl;
        lcd = (adc*50000);            //扩大 10000 倍，保证计算精度
        buf = lcd/0x3ff;
        a = buf/100000; x4 = buf-a*100000;  //求余数
        b = x4/10000; x1 = x4-b*10000;      //求余数
        c = x1/1000; x2 = x1-c*1000;        //求余数
        d = x2/100; x3 = x2-d*100;          //求余数
        e = x3/10; f = x3-e*10;             //求余数
        //----------------
        PORTD = 0x80; ENABLE();
        PORTD = table[b]; ENABLE1();
        TXREG = table[b];             //异步发送，利用 LCD 显示延时做异步发送时间
        PORTD = '.'; ENABLE1();
        TXREG='.';                    //异步发送
        PORTD = table[c]; ENABLE1();
        TXREG = table[c];             //异步发送
        PORTD = table[d]; ENABLE1();
        TXREG = table[d];             //异步发送
        PORTD = table[e]; ENABLE1();
        TXREG = table[e];             //异步发送
        PORTD = table[f]; ENABLE1();
        TXREG = table[f]; DELAY();    //异步发送
        TXREG = 'V'; DELAY();         //异步发送
        TXREG = ' '; DELAY();         //异步发送，发送空格
        TXREG = ' '; DELAY();         //异步发送，发送空格
        TXREG = ' ';                  //异步发送，发送空格
        goto loop;
}
```

【例 11-9】　利用单片机做 8 路巡回检测的 A/D 转换，结果是 A/D 转换值的 BCD 码，显示在 LCD 和上位机的超级终端上。

电路如图 11-22 所示，8 个模拟量输入通道电压如图所示，如 RA0/AN0 是 2.5 V。

例 11-9

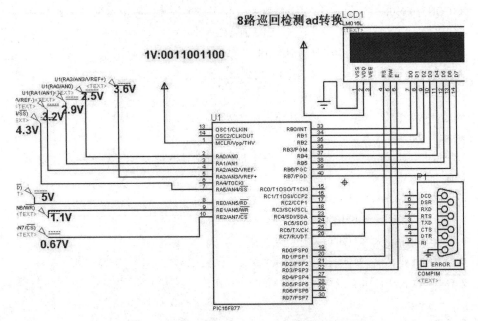

图 11-22　例 11-9 电路图

电路运行结果及超级终端显示结果如图 11-23 所示，图中"5:0880"表示第 5 通道的

A/D 转换结果是：$4.3V \times \dfrac{1023}{5V} = 879.78 \approx 0880$，即显示结果是 A/D 转换值的十进制数。

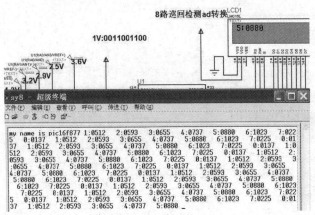

图 11-23　例 11-9 运行结果

因为需要轮流显示 8 路结果，这时体现出超级终端显示的优势，但每个 A/D 转换结果都会被送到超级终端显示，可见超级终端只适合调试过程使用。

本例如果用电压表方式显示 A/D 转换结果，请参考上例有关部分进行修改。COMPIM和超级终端设置与上例相同。

程序如下：

```c
#include<pic.h>
char x1, x2, x3, x4, x6, x7, x8;
int x5, x9;
char const table[8] = {0x01, 0X09, 0X11, 0X19, 0X21, 0X29, 0X31, 0X39};
```

```
//修改 A/D 转换通道号用, 8 个通道对应 8 个数据
char X, Y;
static volatile char table1[21] = {"my name is pic16f877 "};
//****************
void DELAY()
{unsigned int i; for(i = 1999; I > 0; i--); }
void ENABLE()        //写入控制命令的子程序
{ RD1 = 0; RD2 = 0; RD3 = 0; DELAY(); RD3 = 1; }
void ENABLE1()        //写入字的子程序
{ RD1 = 1; RD2 = 0; RD3 = 0; DELAY(); RD3 = 1; }
void asc()
{
    if(x4 > 9)      //如果转换结果大于 9, 则显示时加 37H 做显示码, 同时送 TXREG 发送
    //因为本例显示 BCD 码, 不会出现大于 9 的数
    {PORTB = x4+0x37; TXREG = PORTB; goto loop2; };
    PORTB = x4+0x30; TXREG = PORTB;      //转换结果加 30H 做显示码
loop2:ENABLE1();
}       //送 LCD 显示
void div()
{    x5 = x2*0x100+x3;                //A/D 转换结果组合成 2 个字节
    x4 = x5/1000; asc();            //求千位数, 送显示
    x9 = x5-x4*1000;
    x4 = x9/100; asc();            //求百位数, 送显示
    x6 = x9-x4*100;
    x4 = x6/10; asc();            //求十位数, 送显示
    x4 = x6-x4*10; asc();
}
//*********************
void interrupt ad()
{    x2 = ADRESH; x3 = ADRESL;      //读取 A/D 转换结果
    x1++;                //通道编号加 1
    if(x1>7)x1 = 0;            //一共 8 个通道, 编号从 0 到 7
    ADCON0 = table[x1];            //table 中已经把通道编写好做控制字
    ADIF = 0;
}
void main()
{    TRISA = 0XFF; TRISD = 0; TRISC = 0XFF; TRISE = TRISE|0X07; TRISB = 0;
    x1 = 0; RD3 = 1;
    ADCON0 = table[x1];            //初始化指向通道 0
```

```
        ADCON1 = 0B10001110;

        INTCON = 0XC0; PIE1 = 0X40; PIR1 = 0;

        SPBRG = 12;                        //转载波特率发生器，为 19200 B/s

        TXSTA = 0B00100100;                //使能 USART 发送，波特率发生器为高速方式

        RCSTA = 0B10010000;                //连续接收

        for(X = 0; X < 21; X++)            //发送字符串到超级终端

        {TXREG = table1[X]; DELAY(); }

        //*****************

        PORTB = 1; ENABLE();               //清屏

        PORTB = 0x38; ENABLE();            //8 位 2 行 5×7 点阵

        PORTB = 0x0C; ENABLE();            //显示器开、光标开、闪烁开

        PORTB = 0x06; ENABLE();            //文字不动，光标自动右移

        //*****************

loop1:GO_nDONE = 1;

    {   PORTB = 0X80; ENABLE();      //LCD 显示

        PORTB = x1+0x30; ENABLE1(); TXREG = PORTB;

        PORTB = ':'; ENABLE1(); TXREG = PORTB;

        div();

        PORTB = ' '; ENABLE1(); TXREG = PORTB;

        PORTB = ' '; ENABLE1(); TXREG = PORTB;

        PORTB = ' '; ENABLE1(); TXREG = PORTB;

    };

    goto loop1;

}
```

本章主要介绍单片机之间的 USART 通信，以及最后 3 个例题中单片机与计算机间的异步通信。单片机与串行接口芯片间的通信方式主要在第 12 章 SPI 和附录 A 芯片间总线(I^2C)中介绍。

思考练习题

1. 利用 USART 模块设计一个双机通信系统，其中 U1 单片机完成 8 路 ADC 转换，A/D 转换通道由 4×4 键盘选择，转换的 10 位结果分 2 次发送到 U2 单片机，U2 单片机接收并将 10 位结果显示在 LCD 上，同时 U2 单片机的 4×4 键盘也可以选择 U1 单片机的 ADC 转换通道，参考电路如图 11-24 所示。其中 LCD 第 1 行显示通道 5 的 ADC 转换结果的十六进制数，第 2 行显示该结果对应的电压值，后面的两个"5"中，前一个表示当前转换的是通道 5，后一个表示 U2 单片机键盘的最近一次有效操作后的键值，因此当前 ADC 转换通道 5 就是由 U2 单片机键盘选择的结果。

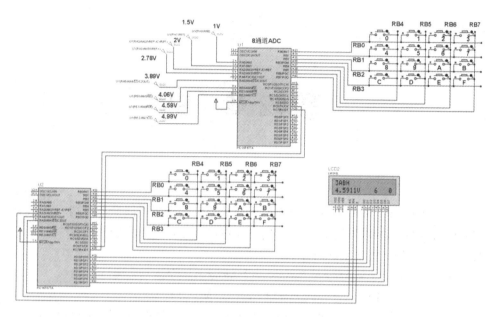

图 11-24　练习题 1 的电路图

2. 修改练习题 1，把通信方式从异步全双工通信改为同步半双工通信。

3. 在第 10 章练习题 3 的基础上，利用 RS232 接口，设计如图 11-25 所示的电路，图中 LCD 显示值表明当前 A/D 转换通道 5 的 4.06 V 的模拟电压，转换的 10 位结果是 33FH，对应的电压值是 4.0631 V，超级终端上连续显示最初转换通道 0，接着修改为通道 5，在此基础上，要求通过电脑键盘的 0～7 的数字键，也能控制单片机的 A/D 转换通道。

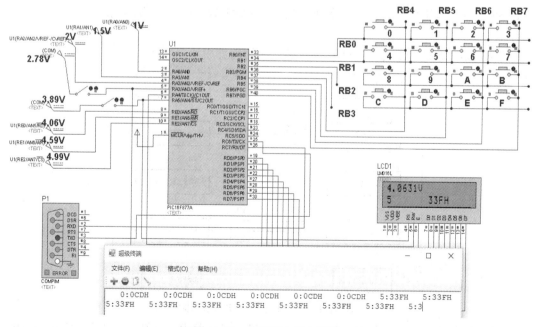

图 11-25　练习题 3 的电路图

第 12 章 SPI

SPI 概述

微芯公司在 PIC16F87X 单片机内部配置了可以实现主控同步串行端口 MSSP 功能的模块(以下简称 SSP)，用来与带串行接口的外围器件或单片机进行通信。SSP 包含以下两种工作模式：

(1) 串行外围接口 SPI(Serial Peripheral Interface)，简称 SPI 接口。

(2) 芯片间总线 I²C(Inter Integrated Circuit)，简称 I²C 总线。

实施科教兴国战略，强化现代化建设人才支撑，加快建设国家战略人才力量，努力培养造就更多大师、战略科学家、一流科技领军人才和创新团队、青年科技人才、卓越工程师、大国工匠、高技能人才。以一辆电动汽车为例，车内可能有成百上千片的单片机，它们之间的数据交换、信息传输是如何进行的？SPI、I²C 就是常见的单片机间的有线通信方式。

本章先介绍 SPI 接口。SPI 是一种串行同步通信协议，由摩托罗拉公司开发，大量用在 EEPROM、ADC、FLASH、显示驱动器等慢速外设器件通信。

与第 11 章的 USART 模块相比，PIC16F877A 单片机的 RC3/SCK、RC4/SDI、RC5/SDO、RA5/SS 完成与 SPI 有关的工作。下面通过与 USART 异、同步工作原理比较来理解 SPI 的工作原理。

如图 12-1 是 UART 通信时两片单片机连接的内部模块示意图。

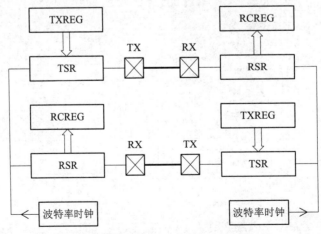

图 12-1 UART 全双工通信示意图

单片机的每个 UART 模块各自包含一个：TXREG、TSR、RCREG、RSR、波特率时钟，把两片单片机的 TX 和 RX、RX 和 TX 相连，形成图中所示的 2 对 TSR→RSR 的不循环右移寄存器组，数据从发送单片机 TSR 的 bit0 移出，经过 TX 引脚到接收单片机的 RX 引脚，进入 RSR 的 bit7，8 个波特率时钟后，发送单片机所有的 TSR 中的数据进入接收单片机的 RSR 中，完成一次异步通信，因为有 2 个相同的收发电路，所以 UART 称为全双工异步通信。

电路图 12-2 是 USRT 通信时两片单片机连接的内部模块示意图，这时两片单片机的 USRT 模块只能连接出一对 TSR→RSR 的不循环右移寄存器组，如图 12-2 中与引脚相连的 TSR→RSR 寄存器组，另一组当前闲置，因此同步通信在任意一个时刻只能做单向数据传递，而且图中发送单片机用的是接收单片机发的波特率时钟，因此发送单片机工作在被控发送状态，接收单片机工作在主控接收状态，当然反之也可以，但是任意一个时刻只能由通信双方中的一方提供波特率时钟，通过 CK 引脚送到另一方的移位寄存器做移位时钟。

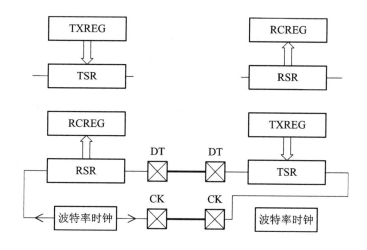

图 12-2　USRT 半双工通信示意图

图 12-3 把两片单片机的 SPI 引脚对应端连接，SPI 工作原理相当于 2 个 8 位移位寄存器 SSPSR 首尾相连，在串行时钟控制下，用 8 个时钟周期完成处理器 1 和处理器 2 中 SSPSR 寄存器内容的交换。

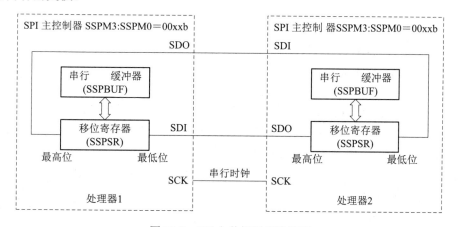

图 12-3　SPI 主从控制器连接图

处理器 1 作为主控制器(发送时钟)从最高位开始发送数据，处理器 2 作为被控制器(接收时钟)从最低位移入数据，2 个 8 位 SSPSR 移位寄存器组成 16 位的循环左移电路结构。SSPSR 无对应地址，数据由 SSPBUF 写入 SSPSR，或者从 SSPSR 送到 SSPBUF 再读取。

和同步通信 USRT 相比，当图 12-3 只连接处理器 1 的 SDO 到处理器 2 的 SDI 以及时钟 SCK 时，处理器 1 相当于同步主控发送，处理器 2 相当于同步被控接收；当只连接处理器 2 的 SDO 到处理器 1 的 SDI 以及时钟 SCK 时，处理器 1 相当于同步主控接收，处理器 2 相当于同步被控发送。这两种方式在第 11 章称为单工同步通信，数据通信方向是单向的，按照图 12-3 连接，两种不同方向的单工通信组成双工同步通信，经过 8 个 SCK 时钟后，处理器 1、2 的 SSPSR 寄存器内容互换，即"全双工"的同步通信。但是 SPI 的从机不能主动地发起通信，因此此处的"全双工"与异步通信中的全双工含义不同。

从这里可以看出，SPI 与 USART 的最大区别是：SPI 把双方移位寄存器 SSPSR 组成一个循环左移的 16 位寄存器；USART 把双方移位寄存器 TSR/RSR 组成 16 位的不循环右移寄存器，因此 UART 必须通过 2 对 TSR→RSR 的不循环右移寄存器组组成全双工异步通信，SPI 只要一组 SSPSR 移位寄存器首尾相连即可形成"全双工"同步通信。与 USRT 模块可以选择通信双方中的一方发送时钟不同，SPI 模块只能由主机发送时钟，从机接收时钟。

SPI 通信时，数据在时钟的上升或下降沿由 SDO 输出，在紧接着的下降或上升沿由 SDI 读入，这样经过 8 次时钟的改变，完成 8 位数据的传输。

SPI 通信可以由一个主机和一个或多个从机、设备组成，主机启动一个与从机、设备的同步通信，从而完成数据的交换。在一次数据传输过程中，接口上只能有一个主机和一个从机能够通信，当进行多从机设计时 RA5/SS 做从机片选用。

12.1　与 SPI 相关的寄存器

1. 与 SPI 模块相关的寄存器

与 SPI 相关的寄存器如表 12-1 所示。

(1) 与中断有关的寄存器中，关键位是 GIE、PEIE、SSPIE、SSPIF。

(2) SPI 输入/输出端口有 3 个，端口 RC3/SCK、RC4/SDI、RC5/SDO。RA5/SS(从机片选)对应定义 TRISC3、TRISC4、TRISC5、TRISA5，其中 ADCON1 设置 RA5 为 I/O 口。

(3) SPI 发送、接收寄存器为 SSPBUF。

(4) SSP 状态、控制寄存器为 SSPSTAT、SSPCON，通过这两个寄存器，定义 SPI 模块的功能，查询通信结果。

表 12-1　与 SPI 相关的寄存器

寄存器名称	寄存器符号	寄存器地址	寄存器内容							
			bit7	bit6	bit5	bit4	bit3	bit2	bit1	bit0
中断控制寄存器	INTCON	0BH/8BH/10BH/18BH	GIE	PEIE	T0IE	INTE	RBIE	T0IF	INTF	RBIF
第 1 外设中断标志寄存器	PIR1	0CH	PSPIF	ADIF	RCIF	TXIF	SSPIF	CCP1IF	TMR2IF	TMR1IF
第 1 外设中断屏蔽寄存器	PIE1	8CH	PSPIE	ADIE	RCIE	TXIE	SSPIE	CCP1IE	TMR2IE	TMR1IE
A 端口方向寄存器	TRISA	85H	—	—	TRISA5	TRISA4	TRISA3	TRISA2	TRISA1	TRISA0
ADC 控制寄存器 1	ADCON1	9FH	ADFM	—	—	—	PCFG3	PCFG2	PCFG1	PCFG0
C 端口方向寄存器	TRISC	87H	TRISC7	TRISC6	TRISC5	TRISC4	TRISC3	TRISC2	TRISC1	TRISC0
同步串口控制寄存器	SSPCON	14H	WCOL	SSPOV	SSPEN	CKP	SSPM3	SSPM2	SSPM1	SSPM0
同步串口状态寄存器	SSPSTAT	94H	SMP	CKE	D/$\overline{\text{A}}$	P	S	R/$\overline{\text{W}}$	UA	BF
收发缓冲器	SSPBUF	13H	8 位 SPI 收发送缓冲寄存器							

2. 同步串口控制寄存器 SSPCON

同步串口控制寄存器 SSPCON 定义如下：

(1) bit 7 WCOL：写冲突检测位。

1 = 正在发送前一个字时，又有数据写入 SSPBUF 寄存器(该位必须用软件清 0)；

0 = 表示未发生冲突。

(2) bit 6 SSPOV：接收溢出指示位。在 SPI 模式下：

1 = SSPBUF 中仍保持前一个数据时又收到新的字节。

在溢出时，SSPSR 中的数据会丢失，而且 SSPBUF 不能再被更新。溢出只会发生在从动模式下。即使只是发送数据，用户也必须读 SSPBUF，以避免产生溢出。在主控模式下，溢出位不会被置位，因为每次接收或发送新数据，都要通过写 SSPBUF 来启动。

0 = 没有溢出。

(3) bit 5 SSPEN：同步串行口使能位。当该位为 1 而使能时，应正确定义相应引脚的输入输出方向。

1 = 使能串行口，并定义 SCK、SDO、SDI 和 SS 为串行口引脚；

0 = 禁止串行口，并定义 SCK、SDO、SDI 和 SS 引脚为一般 I/O 端口引脚。

(4) bit 4 CKP：时钟极性选择位。

1 = 空闲状态时，时钟为高电平；

0 = 空闲状态时，时钟为低电平。

(5) bit3～bit0 SSPM3～SSPM0：同步串行口模式选择位。

0000 = SPI 主控模式，时钟 = f_{osc} / 4；

0001 = SPI 主控模式，时钟 = f_{osc} / 16；

0010 = SPI 主控模式，时钟 = f_{osc} / 64；

0011 = SPI 主控模式，时钟 = TMR2 输出/2；

0100 = SPI 从动模式，时钟 = SCK 引脚，使能 SS 引脚控制；

0101 = SPI 从动模式，时钟 = SCK 引脚，禁止 SS 引脚控制，SS 可用作 I/O 引脚。

3. 同步串口状态寄存器 SSPSTAT

同步串口状态寄存器 SSPSTAT 定义如下：

(1) bit 7 SMP：SPITM 输入数据的采样相位。

SPI 主控模式：

1 = 在数据输出时间的末端采样输入数据；

0 = 在数据输出时间的中间采样输入数据。

SPI 从动模式：当 SPI 为从动模式时，SMP 必须清 0。

(2) bit 6 CKE：SPI 时钟沿选择位。

CKP = 0(SSPCON<4>)；

1 = 在 SCK 上升沿发送数据；

0 = 在 SCK 下降沿发送数据。

这是手册中的定义，与同样是手册中的图 12-3 定义不一致。请参考图 12-8、12-9 得出正确结论。

CKP = 1(SSPCON<4>)：

1 = 在 SCK 下降沿发送数据；

0 = 在 SCK 上升沿发送数据。

(3) bit 5 D/A：数据/地址位(仅用于 I^2C 模式)。

(4) bit 4 P：停止位(仅用于 I^2C 模式。当 SSP 模块被禁止时该位被清 0)。

(5) bit 3 S：启动位(仅用于 I^2C 模式。当 SSP 模块被禁止时该位被清 0)。

(6) bit 2 R/W：读/写位信息(仅用于 I^2C 模式)。

(7) bit 1 UA：地址更新(仅用于 10 位 I^2C 模式)。

(8) bit 0 BF：缓冲区满状态位。

接收时(SPI 和 I^2C 模式)：

1 = 表示接收完成，SSPBUF 满；

0 = 表示接收未完成，SSPBUF 空。

发送时(I^2C 模式时)：

1 = 表示发送正在进行，SSPBUF 满；

0 = 表示发送已经完成，SSPBUF 空。

4. 初始化 SPI

初始化 SPI 时，必须通过设置 SSPCON 寄存器中的相应控制位(SSPCON<5:0>)和

SSPSTAT 寄存器中的相应控制位(SSPSTAT<7:6>)来指定以下各项：

    (1) 主控模式(SCK 作为时钟输出)；

    (2) 从动模式(SCK 作为时钟输入)；

    (3) 时钟极性(空闲时 SCK 的状态)；

    (4) 时钟边沿(决定是在 SCK 的上升沿还是下降沿输出数据)；

    (5) 输入数据的采样相位；

    (6) 时钟速率(仅用于主控模式)；

    (7) 从动选择模式(仅用于从动模式)。

12.2　SPI 模式的工作原理

    在 SPI 模式下单片机的 SSP 模块(同步串行口)的方框图如图 12-4 所示，SSP 模块由一个发送/接收移位寄存器(SSPSR)和一个缓冲寄存器(SSPBUF)组成。SSPSR 用于器件输入和输出数据的移位，最高有效位在前。

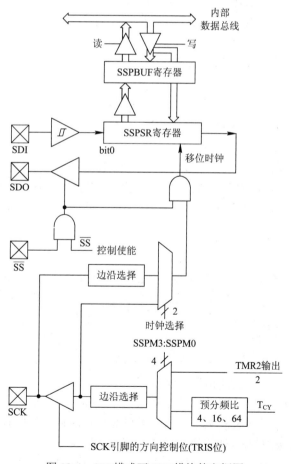

图 12-4　SPI 模式下 SSP 模块的方框图

在新的数据接收完毕前，SSPBUF 保存写入 SSPSR 的数据。一旦 8 位新数据接收完毕，该字节被送入 SSPBUF 寄存器，同时缓冲区满标志位 BF(SSPSTAT<0>)和中断标志位 SSPIF 置 1。这种双重缓冲接收方式，允许接收的数据被 CPU 读取之前，开始接收下一个数据。

在数据发送/接收期间，任何试图写 SSPBUF 寄存器的操作都无效，因为此期间会将冲突检测位 WCOL(SSPCON<7>)置 1。此时用户必须用软件将 WCOL 位清 0，否则无法判别下一次对 SSPBUF 的写操作是否成功。当应用软件要接收一个有效数据时，应该在下一个要传送的数据写入 SSPBUF 之前，将 SSPBUF 中的前一个数据读出。

缓冲器满标志位 BF (SSPSTAT<0>)用于表示何时把接收到的数据送入 SSPBUF 寄存器(传输完成)。当 SSPBUF 中的数据被读出后，BF 位即被清 0。如果 SPI 仅仅作为一个发送器，则不必理会接收的数据。

通常可用 SSP 中断来判断发送或接收是否完成，必须读并/或写 SSPBUF，如果不使用中断来处理数据的收发，则用软件查询方法同样可确保不会发生写冲突。

1. 使能 SSP 串行口

使能 SSP 串行口，必须将 SSP 使能位 SSPEN 位(SSPCON<5>)置位。要复位或重新配置 SPI 模式，先将 SSPEN 位清零，对 SSPCON 重新初始化，然后把 SSPEN 位置 1。这将设定 SDI、SDO、SCK 和 SS 引脚为 SSP 串行口引脚。要将这些引脚用于串行口功能，还必须通过 TRIS 寄存器设置正确的方向，即

(1) SDI 定义成输入：TRISC4 = 1；

(2) SDO 定义成输出：TRISC5 = 0；

(3) 主控模式时，SCK 定义成输出：TRISC3 = 0；

(4) 从动模式时，SCK 定义成输入：TRISC3 = 1；

(5) SS 定义成输入：ADCON1 = 6，TRISA5 = 1。

对于不需要的同步串行口功能，可以通过把相应的方向寄存器(TRIC)设置为上述的相反值而另作他用。例如，在主控模式下，如果只发送数据(如发送到显示驱动电路)，那么通过将 SDI 和 SS 引脚的相应 TRIS 寄存器方向位清 0，就可以把这两个引脚作为通用的输出口使用。

2. 三种数据发送方式

图 12-1～图 12-3 给出两个单片机之间的典型连接。对于主从控制器连接方式，主控制器(处理器 1)通过发送 SCK 信号来启动数据传输。根据程序设定的时钟边沿，分别位于两个处理器里的移位寄存器中的数据同时被移出，并在 SMP 位指定的时钟边沿被锁存。两个处理器的时钟极性(CKP)必须编程设定为相同，这样两个处理器就可以同时收发数据。至于数据是否有意义(或是无效"哑"数据)则取决于应用软件，这就导致以下三种数据发送方式：

(1) 主控制器发送数据，从控制器发送无效数据("哑"数据)；

(2) 主控制器发送数据，从控制器发送数据；

(3) 主控制器发送无效数据，从控制器发送数据。

因为主控制器控制着 SCK 信号，所以它可以在任何时候启动数据传输，同时主控制器通过软件协议来决定从控制器(处理器 2)何时传送数据。

在主控模式下，数据一旦写入 SSPBUF 就开始发送或接收。如果 SPI 仅作为接收器，

则可以禁止 SDO 输出(将其设置为输入端口)。SSPSR 寄存器按设置的时钟速率，对 SDI 引脚上的信号进行连续的移位输入。每接收完一个字节，都把其送入 SSPBUF 寄存器，相应的中断和状态位置 1。

时钟极性可通过对 SSPCON 寄存器的 CKP 位(SSPCON<4>)编程来设定。图 12-5～图 12-7 是 SPI 通信的时序图，最高位首先发送。

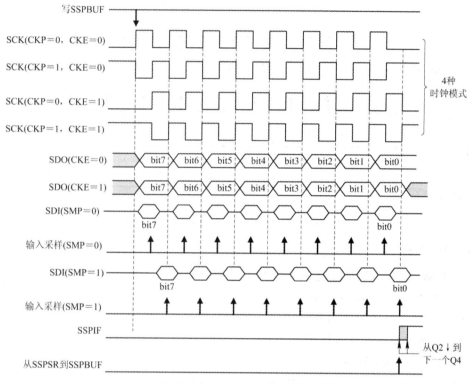

图 12-5　SPI 主控模式时序图

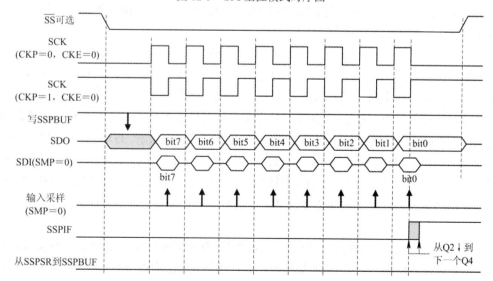

图 12-6　SPI 从动模式时序图，CKE = 0 时

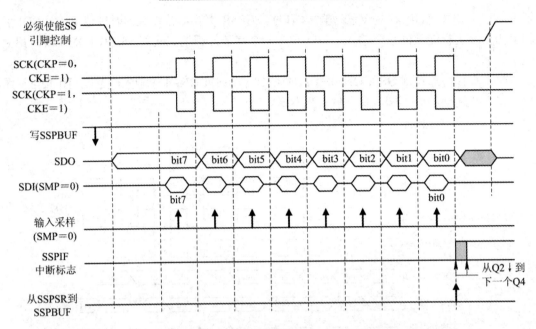

图 12-7 SPI 从动模式时序图，CKE＝1 时

3. 时钟速率

在主控模式下，SPI 时钟速率(位速率)可由用户编程设定为下面几种方式之一：

(1) f_{osc} / 4(或 1 个时钟周期)；

(2) f_{osc} / 16(或 4 个时钟周期)；

(3) f_{osc} / 64(或 16 个时钟周期)；

(4) 定时器 2 输出速率/2。

当晶振为 20 MHz 时，最大数据通信速率是 5 Mb/s。

在从动模式下，当 SCK 引脚上出现外部时钟脉冲时，发送/接收数据。当最后一位数据锁存后，中断标志位 SSPIF 置"1"。

时钟极性通过对 SSPCON 寄存器的 CKP 位(SSPCON<4>)编程来设定。在从动模式下，外部时钟必须满足最短高电平和低电平的脉宽要求。在休眠模式下，从控制器仍可发送和接收数据。如果允许中断，则接收到数据时还可唤醒单片机。

在从动选择模式下，通过 $\overline{SS}$ 引脚可以将多个从动模式器件和一个主控模式器件连接在一起工作。要将 SPI 设置成从动选择模式，SPI 必须工作在从动模式(SSPCON<3:0> = 04h)，并将 $\overline{SS}$ 引脚的 TRIS 位置位。当 $\overline{SS}$ 引脚为低电平时，允许数据的发送和接收，同时 SDO 引脚被驱动为高电平或低电平。当 $\overline{SS}$ 引脚为高电平时，即使是在数据的发送过程中，SDO 引脚也不再被驱动，而是变成高阻悬浮状态。根据应用的需要，可在 SDO 引脚上外接上拉或下拉电阻。

如果 SPI 工作在从动模式且使能 $\overline{SS}$ 引脚控制(SSPCON<3:0> = 0100)，则 $\overline{SS}$ 引脚置成 V_{DD} 电平将复位 SPI 模块。在 SPI 从动模式时，如果 CKE 位置"1"，那么 $\overline{SS}$ 引脚控制必须使能。

当 SPI 模块复位时，位计数器被强制为零。通过将 $\overline{SS}$ 引脚置 1 或者 SSPEN 位清 0，也可使位计数器强制清 0，如图 12-8 所示。

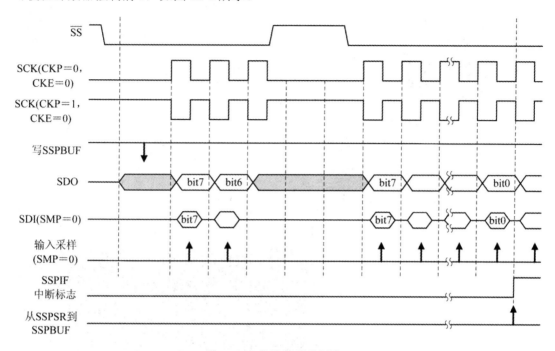

图 12-8　位计数器强制清 0

将 SDO 引脚和 SDI 引脚相连，可以仿真二线制通信。当 SPI 作为接收器时，可将 SDO 引脚定义为输入，这样就禁止 SDO 引脚发送数据。而 SDI 总是定义为输入，因为它不会引起总线冲突。

休眠状态下的操作：在主控模式下，此时所有模块的时钟都停止了，在器件被唤醒前，发送/接收也处于停滞状态。在器件恢复正常工作状态后，模块将继续数据的发送/接收。在从动模式下，SPI 发送/接收移位寄存器与器件异步工作，所以在休眠状态时，数据仍可被移入 SPI 发送/接收移位寄存器。当接收完 8 位数据后，SSP 中断标志位将置 1，如果此时该中断是使能的，则将唤醒器件。

复位的影响：复位会禁止 SSP 模块并停止当前的数据传输。

【例 12-1】　按照图 12-1～图 12-3，连接两片单片机，一片做发送，另一片做接收，完成单工同步通信。

电路连接如图 12-9，其中 U1、U2 的 RC3/SCK 相连做同步时钟，定义 U2 的 TRISC3 = 0; 输出时钟信号，U1 的 TRISC3 = 1; 输入时钟信号。定义 U2 的 TRISC5 = 0; 输出数据，U1 的 TRISC4 = 1; 输入数据。当 U2 单片机发送数据 01100101B 时，U1 单片机接收该数据并显示在 PORTD 端口。

初始化时定义 U2 的 SSPSTAT = 0; SSPCON = 0X22; CKE = 0; CKP = 0;，U1 的 SSPSTAT = 0X0; SSPCON = 0X25; CKE = 0; CKP = 0;。这两者的区别是：U2 发送时钟信号，定义为主控模式，SPI 的时钟频率是 f_{osc} / 64；U1 接收时钟信号，定义为 SPI 从动方式，SCK 时钟引脚输入使能，$\overline{SS}$ 做普通 I/O 口。

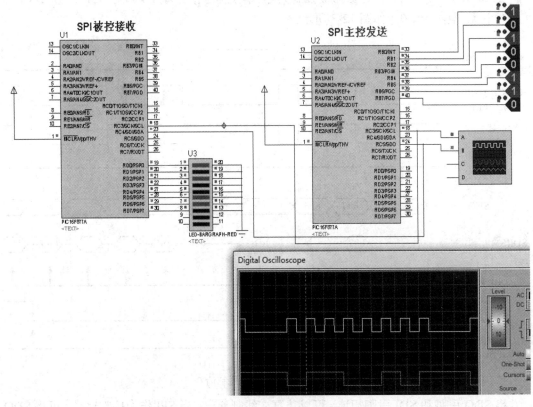

图 12-9　例 12-1 电路图

(1) U2 发送单片机程序。

```
#include<pic.h>
void interrupt int_sever()
{
    SSPBUF = PORTB;        //SSPIF = 0;
}
main()
{
    TRISC5 = 0; TRISC3 = 0;
    SSPSTAT = 0; SSPCON = 0X22; CKE = 0; CKP = 0;
    TRISB = 0XFF; nRBPU = 0;
    GIE = 1; PEIE = 1; SSPIE = 1; SSPIF = 0;
    SSPBUF = PORTB;
    while(1);
}
```

SPI 单工工作设计
及仿真分析

(2) U1 接收单片机程序。

```
#include<pic.h>
void interrupt int_sever()
```

```
    {
        PORTD = SSPBUF;        //SSPIF = 0;
    }
    main()
    {   TRISC4 = 1; TRISC3 = 1;
        SSPSTAT = 0; SSPCON = 0X25; CKE = 0; CKP = 0;
        TRISD = 0;
        GIE = 1; PEIE = 1; SSPIE = 1; SSPIF = 0;
        while(1);
    }
```

与 USART 模块类似，SSPIF 中断标志位还是由硬件电路自动清 0。利用示波器测试 U2 发送单片机的 SCK 和 SDO 引脚，结果如图 12-10 所示，时钟 SCK 空闲时停留在低电平，发送数据的 8 个时钟，数据在时钟的上升沿处送出。为了对比分析，把图 12-3 主控模式下 CKP = 0，CKE = 0 时 SCK 和 SDO 的波形也复制到图 12-8 中，可以发现两者结果一致。

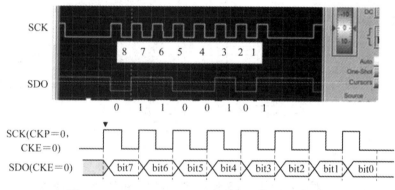

图 12-10　CKP = 0，CKE = 0 时 SCK 和 SDO 的波形

图 12-11 是 CKP = 0，CKE = 1 时 SCK 和 SDO 的波形。为了对比分析，把图 12-5 主控模式下 CKP = 0，CKE = 1 时 SCK 和 SDO 的波形也复制到图 12-11 中，数据在时钟的下降沿处送出，两者结果一致。因此初始化时，收发双方除 SCK 和 SDO/SDI 引脚方向定义及时钟模式定义不同外，其他定义一致。

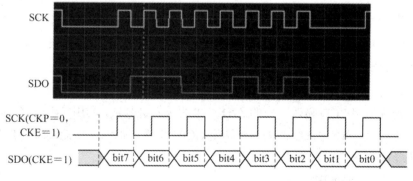

图 12-11　CKP = 0，CKE = 1 时 SCK 和 SDO 的波形

　　当电路连接如图 12-12 所示时，把上述 U2 单片机程序载入图中 U1 单片机，把上述 U1 单片机程序载入图中 U2 单片机，即可得到 U1 的 PORTB 控制 U2 的 PORTD 的结果。因此只要把单片机的 RC3/SCK、RC4/SDI、RC5/SDO 对应端相连，由于电路相同，任何一方都可以当主机，对方就是从机。如果在同一片单片机中编写了既有主机，又有从机功能的程序，图 12-12 就是一个能完成收发的系统设计。

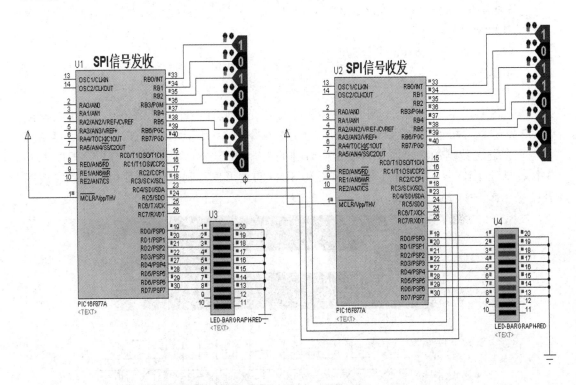

图 12-12　两片单片机的 RC3/SCK、RC4/SDI、RC5/SDO 对应端相连

12.3　SPI 模块的应用

　　SPI 模块可以模仿 USART 模块做板极单片机之间的串行通信，下面的例子完成两片单片机的数据发送和接收的功能，同时包含 CCP2、A/D、LCD 显示等模块，新增的 74LS164 给 SPI 做数据的串/并转换输出。

　　【例 12-2】　利用 SPI 模块，完成将单片机 U2 的 A/D 采样结果传送到单片机 U1，同时两片单片机都能用 LCD 显示对应的 A/D 结果的十六进制数，利用 74LS164，把这个结果也显示在数码管上。单片机 U2 的采样周期用 CCP2 特殊事件触发功能实现。单片机晶体振荡器频率为 4 MHz。

　　(1) 电路图。电路如图 12-13 所示。

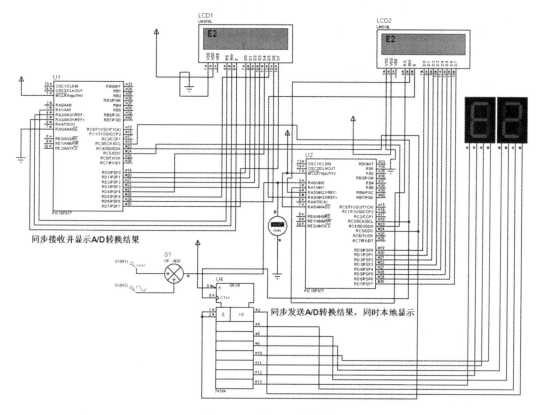

图 12-13　例 12-2 电路图

① U2 的 RA0/AN0 引脚外接一个模拟量输入信号，由一个峰峰值为 2.5 V，频率为 0.1 Hz 的正弦波和一个 2.5 V 的直流电压相加，转换结果选择高 8 位显示，低 2 位忽略。

② U1、U2 单片机的 LCD 数据口接 PORTD，控制口接 RA1、RA2、RA3。

③ U1、U2 单片机的 RC3/SCK、RC4/SDI、RC5/SDO 对应端相连。

④ U2 单片机的 RC5/SDO 外接 74LS164 的移位输入端 $\begin{array}{c}1\\2\end{array}\&$ ，RC3/SCK 外接其

时钟输入端 $\overset{8}{\longrightarrow}$ C1/->，在移位时钟作用之下把 A/D 转换结果从 bit7 到 bit0 移入 74LS164 中，并在 LED 上显示。

⑤ 图中当前模拟量输入值为 3 V，A/D 转换结果是 98H，分别显示在 U1、U2 单片机的 LCD 和 74LS164 的 LED 上。

⑥ 从完成的功能上，图中不必连接 U2 的 SDI 到 U1 的 SDO 那条线。

(2) U2 单片机程序。U2 单片机程序如下，带下画线语句是新增的 SPI 功能，用双"//"号屏蔽的语句是与 USART 相关的功能。如果屏蔽 SPI 功能，则在程序中去掉原来的屏蔽号，程序就有同步主控 9 位发送功能，SPI 发送功能放在中断部分。与 A/D 转换有关的设计，需要确保采样周期的准确性。

```
//CCP2 触发的单通道模拟采集器的 PICC 程序，SPI 发送采集结果
#include<pic.h>
char adh, adl, a, b;
static volatile const char table[16] = {0x30, 0x31, 0x32, 0x33, 0x34, 0x35,
0x36, 0x37, 0x38, 0x39, 0x41, 0x42, 0x43, 0x44, 0x45, 0x46};
//*******************
void DELAY()
{unsigned int i; for(i = 999; i > 0; i--); }
void ENABLE()                  //写入控制命令的子程序
{ RA1 = 0; RA2 = 0; RA3 = 0; DELAY();    RA3 = 1; }
void ENABLE1()                 //写入字的子程序
{ RA1 = 1; RA2 = 0; RA3 = 0; DELAY();    RA3 = 1; }
void interrupt ccp1_int()      //中断服务程序
{   CCP2IF = 0;                //清 CCP2 中断
wait: if(ADIF == 0) goto wait; //等待 A/D 转换结束
    adh = ADRESH; adl = ADRESL;
    ADIF = 0; //PIR1.6
    //------发送 A/D 转换的高 8 位---------
    //if (TRMT == 1)
    //{TX9D = 1; TXREG = adh; }
    //----发送 A/D 转换的低 2 位-----
    //if (TRMT == 1)
    //{TX9D = 0; TXREG = adl; }
    SSPBUF = adh;              //SPI 发送
}
void main()
{   TRISC = 0B11010111;        //定义 RC3/SCK、RC4/SDI、RC5/SDO 引脚方向
    SSPSTAT = 0; SSPCON = 0B00110010;     //初始化 SPI 模块
    //SPBRG = 12;                          //转载波特率发生器
    //TXSTA = 0; SYNC  =  1; CSRC  =  1;   //使能同步主控 USART 发送
    // TX9 = 1;
    //RCSTA = 0; SPEN = 1;    //使能 RC6、RC7
    //GIE = 1; PEIE = 1; TXIE = 0; //开放 USART 发送中断
    //TXEN = 1;              //工作于发送器方式
    //TXREG = 0;             //发送字符
    //-------------------------------
    TRISA = 0B0010001;        //RA0 是模拟量输入口
    TRISD = 0; PORTD = 0;     //输出口
    ADCON1 = 0X0E;            //只选 AN0 引脚为模拟通道，结果左对齐，V_DD 和 V_SS 为参考电源
```

```
        DELAY();                                    //调用延时，刚上电 LCD 复位不一定有 PIC 快
        PORTD = 1; ENABLE();                        //清屏
        PORTD = 0x38; ENABLE();                     //8 位 2 行 5×7 点阵
        PORTD = 0x0C; ENABLE();                     //显示器开、光标开、闪烁开
        PORTD = 0x06;   ENABLE();                   //文字不动，光标自动右移
        GIE = 1; PEIE = 1; CCP2IE = 1;              //使能中断
        CCPR2L = 0XFF; CCPR2H = 0XFF;               //用最大值作周期寄存器
        T1CON = 0X30;                               //预分频器=1∶8，内部时钟源，同步，禁止振荡器
        CCP2CON = 0X0B;                             //设定 CCP2 为特殊事件模式
        TMR1ON = 1;                                 //开启 TMR1，T1CON.0
        ADCON0 = 0X41;                              //设置时钟源，暂不打开 ADC，选中 AN0
    loop:
        PORTD = 0x80; ENABLE();                     //本机显示，光标指向第 1 行的位置
        PORTD = table[adh>>4]; ENABLE1();           //转换完毕，将结果的高 4 位送 PORTD 显示
        PORTD = table[adh&0x0f]; ENABLE1();         //转换完毕，将结果的低 4 位送 PORTD 显示
        goto loop;
    }
```

(3) U1 单片机接收程序。U1 单片机接收程序如下，与 USART 的同步接收部分只用"//"屏蔽，接收程序使能 SPI 接收中断，有 SPI 数据时才接收。

```
    #include<pic.h>
    static volatile const char table[16] = {0x30, 0x31, 0x32, 0x33, 0x34, 0x35,
    0x36, 0x37, 0x38, 0x39, 0x41, 0x42, 0x43, 0x44, 0x45, 0x46};
    char adh, adl, a, b;
    void DELAY()
    {unsigned int i; for(i = 999; i>0; i--); }
    void ENABLE()                                   //写入控制命令的子程序
    { RA1 = 0; RA2 = 0; RA3 = 0; DELAY();   RA3 = 1; }
    void ENABLE1()                                  //写入字的子程序
    { RA1 = 1; RA2 = 0; RA3 = 0; DELAY();   RA3 = 1; }
    void interrupt usart_seve()
    {   adl = SSPBUF; //SSPIF = 0;
        //if(RX9D == 1){adh = RCREG; goto exit; }    //从 USART 接收
        //else if (RX9D == 0)adl = RCREG;
        //exit:RCIF = 0;
    }
    main()
    {   TRISC = 0B11011111;                         //与 SPI 引脚相关
        SSPSTAT = 0b01000000; SSPCON = 0B00110100;  //SPI 接收初始化
        //SPBRG = 12;                               //转载波特率发生器
```

```
    //TXSTA = 0; CSRC = 0; SYNC = 1;           //使能同步被控 USART 接收
    //RCSTA = 0; SPEN = 1;                     //工作于同步主控方式
    //RX9 = 1; CREN = 1;                       //工作于接收器方式
    GIE = 1; PEIE = 1; SSPIE = 1; SSPIF = 0;   //开放 SPI 中断
    //------------
    TRISA = 0;                             //PORTA 做输出
    TRISD = 0; PORTD = 0;                  //输出口
    DELAY();                               //调用延时，刚上电 LCD 复位不一定有 PIC 快
    PORTD = 1; ENABLE();                   //清屏
    PORTD = 0x38; ENABLE();                //8 位 2 行 5×7 点阵
    PORTD = 0x0C; ENABLE();                //显示器开、光标开、闪烁开
    PORTD = 0x06;  ENABLE();               //文字不动，光标自动右移
loop: //此处省略了变量 adh 的显示程序
    PORTD = 0x80; ENABLE();                    //本机显示，光标指向第 1 行的位置
    a = adl>>4;   PORTD = table[a]; ENABLE1(); //结果的高 4 位送 LCD 显示
    a = adl&0x0f; PORTD = table[a]; ENABLE1(); //结果的低 4 位送 LCD 显示
    goto loop;
}
```

本例利用 SPI 作为串行通信模块，进行 8 位数据的传输，在程序中保留了 USART 的相同功能，请对比学习，理解不同功能模块应用时程序设计的异同点。

PIC16F877A 内部没有 D/A 转换模块，Microchip 公司的 MCP492X 为 2.7～5.5 V 的低功耗低 DNL 12 位数/模转换器(Digital-to-AnalogConverter，DAC)，具有可选 2 倍增益缓冲器输出和 SPI 接口。

下面选择 MCP4921，用单片机的 SPI 模块控制其输出 D/A 结果。

MCP4921 的 SPI 时序如图 12-14 所示，其中 $\overline{CS}$(片选引脚)做 SPI 写入时，保持为低电平，$\overline{LDAC}$(同步输入引脚，用于将 DAC 设定值从串行锁存传递到输出锁存)保持高电平。写入结束后 $\overline{CS}$ 改为高电平，在这期间，$\overline{LDAC}$ 引脚产生一个负脉冲，把转换结果锁存到输出锁存器中。

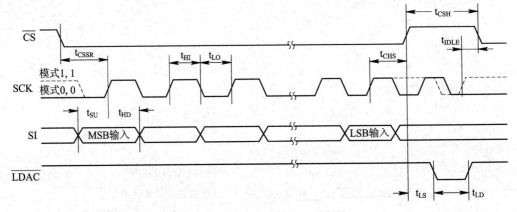

图 12-14　MCP4921 的 SPI 时序图

MCP4921 的命令寄存器如表 12-2 所示，共 16 位，bit15～bit12 是控制位，bit11～bit0 就是 D/A 转换的数据位。本章 SPI 模块的 SSPBUF 只有 8 位，因此需要分 2 次从高到低发送。

表 12-2　MCP4921 的命令寄存器

bit15	bit14	bit13	bit12	bit11～bit0
A/B	BUF	GA	SHDN	<D11:D0>

(1) bit 15 A/B：DACA 或 DACB 选择位。

1 = 写 DACB；0 = 写 DACA。

(2) bit 14 BUF：V_{REF} 输入缓冲器控制位。

1 = 缓冲；0 = 未缓冲。

(3) bit 13 GA：输出增益选择位。

1 = 1 × (VOUT = V_{REFA} × D/4096)；

0 = 2 × (VOUT = 2 × V_{REFA} × D/4096)。

(4) bit 12 SHDN：输出关断控制位。

1 = 输出关断控制位；

SPI 驱动 MCP4921DAC 的
方法及仿真

0 = 输出缓冲器禁止，输出为高阻。

(5) bit11～bit0 <D11:D0>：DAC 数据位 12 位数值 "D" 为设定的输出值，为 0 至 4095 间的数值。

【例 12-3】 利用 PIC16F877A 的 SPI 模块对 MCP4921 进行 D/A 输出控制。

电路如图 12-15 所示，单片机的 RC0 控制 MCP4921 的 $\overline{CS}$，RC1 控制 $\overline{LDAC}$，时钟 SCK 互连，SDO 连接 SDI，MCP4921 的参考电源 V_{REFA} 接 5V，模拟电压输出在 V_{OUTA} 端。

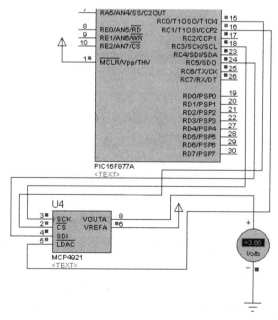

图 12-15　例 12-3 电路图

MCP4921 的控制字 bit15～bit12 = 0011B，设 12 位二进制数是 101110110100B = BB4H = 2996，因为增益选择 1，代入 1 × (V_{OUT} = V_{REF} × D / 4096)，得到 5 V × 2996 / 4096 = 3.66 V，如图 12-15 中电压表所示。

程序如下：

设计一个完整的 A/D 和 D/A 转换系统的过程与仿真分析

```
#include<pic.h>
char x;
void DELAY()        //延时子程序
{unsigned int i; for(i = 99; i > 0; i--); }
//*************************
main()
{
    TRISC = 0; RC0 = 1; RC1 = 1;      //按照图 12-12 时序图要求编写 RC0、RC1 电平
    SSPSTAT = 0; SSPCON = 0X20;       //SPI 主控发送
    {
        RC0 = 0;                      //MCP4921 片选有效
        SSPBUF = 0B00111011;          //发送控制字高 8 位
        while(!SSPIF);                //等待发送缓冲器空
        SSPBUF = 0B10110100;          //发送控制字低 8 位
        while(!SSPIF);
        x = SSPBUF;
        RC0 = 1; RC1 = 0; DELAY(); RC1 = 1;              //产生图 12-14 时序图结束部分
    };
    while(1);
}
```

利用第 10 章的 A/D 转换设计得到的模拟量测量结果，设计一个完整的 A/D 和 D/A 转换系统，扫码查看设计过程与仿真分析。

【例 12-4】 在例 11-6 基础上，接收端单片机 U1 增加 SPI 控制的 MCP4921D/A 转换器，做 D/A 输出。

电路如图 12-16 所示，在 U1 单片机基础上增加通过 SPI 与 MCP4921 的接线，在不修改原设计基础上，把上例用 RC0、RC1 做控制端的引脚改为 RE0、RE1，其他连线同上例不变。使用 PORTE 口时要定义 ADCON1 = 6，说明 PORTE 口是 I/O 口。

由于单片机 A/D 转换结果是 10 位，MCP4921 是 12 位的 D/A 转换器，如图 12-14 所示，当前模拟量为 1.85 V，A/D 转换结果是 17BH，因此用 12 位 D/A 输出时，就把当前结果左移 2 位，作为 12 位结果输出即可，即 17BH 左移 2 位后是 10111101100B = 5ECH，5V × 5ECH/4096 = 1.85 V。

MCP4921 输出时，高 4 位添加控制字 0011B，合并后是 35ECH。程序设计时，定义 2 个共用体来做上述运算，data_ad 做 A/D 转换结果存储，temp 做上述运算时的中间存储单元。

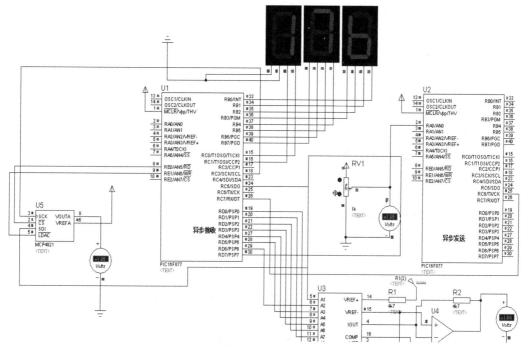

图 12-16 例 12-4 电路图

从图 12-16 中 2 个 D/A 转换电路外接的电压表看出，12 位的 MCP4921 转换结果与模拟量输入 1.85 V 一样，8 位的 DAC0808 转换结果是 1.84 V，可见 D/A 转换器位数越多，转换结果精度越好。本例通过 10 位 A/D 转换结果，分别给 8、12 位的 D/A 转换器转换，这种 A/D 和 D/A 位数不对等的设计很常见。

U2 单片机程序不变，与例 11-6 相同，U1 单片机增加了与 MCP4921 相关部分，完整的程序如下：

```
#include<pic.h>
char X, Y, x;
union
{unsigned int a; char b[2]; }temp;
union
{
    unsigned int ad;
    char da_ta[2]; }data_ad;          //定义一个共用体，存放 A/D 转换结果
void DELAY()                           //延时子程序
{unsigned int i; for(i = 99; i > 0; i--); }
void interrupt usart_seve()
{
    if(RX9D == 0){X = RCREG; data_ad.da_ta[1] = RCREG; }      //从 USART 接收
    else{ Y = RCREG; data_ad.da_ta[0] = RCREG; }
    temp.a = data_ad.ad<<2;
```

```
    temp.a = temp.a+0B0011000000000000;
    RE0 = 0;
    SSPBUF = temp.b[1];
    while(!SSPIF);
    SSPBUF = temp.b[0];
    while(!SSPIF);
    x = SSPBUF;
    RE0 = 1; RE1 = 0; DELAY(); RE1 = 1;
}
main()
{   ADCON1 = 6; TRISE = 0; RE0 = 1; RE1 = 1;
    SSPSTAT = 0; SSPCON = 0X20;
    //-----------------------
    TRISB = 0; TRISD = 0;
    TRISC = 0xC0;                      //断开 RC 模块与 USART 的 TX、RX 的联系
    SPBRG = 12;                        //转载波特率发生器
    TXSTA = 0; SYNC = 0;               //使能 USART 发送，波特率发生器为高速方式
    RCSTA = 0; SPEN = 1; RX9 = 1;      //工作于同步主控方式
    INTCON = 0; PIR1 = 0; PIR2 = 0; PIE1 = 0; PIE2 = 0;
    GIE = 1; PEIE = 1; RCIE = 1;       //开放 USART 发送中断
    CREN = 1;                          //工作于接收器方式
    RCIF = 0;
loop:
    PORTC = X; PORTB = Y;
    RD7 = RC1; RD6 = RC0; RD5 = RB7; RD4 = RB6;
    RD3 = RB5; RD2 = RB4; RD1 = RB3; RD0 = RB2;
    goto loop;
}
```

SPI 接口允许做一个主机和多个从机及从器件(内部没有 CPU，如 MCP4921)的互连设计，从机的 SSPCON 低 4 位选择 0100B，利用从机 RA5/SS 引脚设置低电平，确定主机与从机的通信，这样可以省略发送从机地址的过程。

【例 12-5】 如图 12-15 所示，设计一个主机 U1 和 2 个从机 U2、U6 及一片从器件 U5(MCP4921)的互联系统。当主机的 RB0 = 1 时，主机发送数据给从器件 U5，做 D/A 转换，转换过程 12 位数据的 bit7～bit0 自加一，V_{OUT} 上的电压表值不停变化，这样可以体现出下次 RB0 从 0 变 1 后 D/A 重新启动输出的现象；当 RB1 = 1 时，主机发送数据给从机 U2，数据是 0b11001001；当 RB2 = 1 时，主机发送数据给从机 U6，数据是 0b01101101。

图 12-17 是已经运行过一遍的 RB0 从 0 变 1 再变 0、RB1 从 0 变 1 再变 0、RB2 从 0 变 1 后的结果，图中从器件 U5 的 V_{OUT} 上的电压表值为 3.45 V，从机 U2 的 PORTD 显示 11001001，从机 U6 的 PORTD 显示 01101101，结果正确。

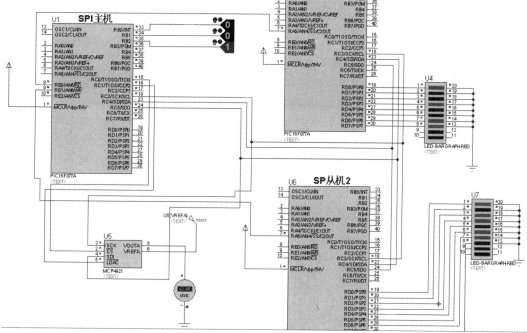

图 12-17 例 12-5 电路图

(1) 主机 U1 程序。

```c
#include<pic.h>
char x, y;
void DELAY()        //延时子程序
{unsigned int i; for(i = 99; i > 0; i--); }
//************************
main()
{   ADCON1 = 6; TRISE = 0;
    TRISB = 0; nRBPU = 0;
    TRISC = 0; RC0 = 1; RC1 = 1;        //按照图 12-14 时序图要求编写 RC0、RC1 电平
    SSPSTAT = 0; SSPCON = 0X20;        //SPI 主控发送
    y = 0B10110100;
    while(1)
    {   if(RB0 == 1)
        {   RC0 = 0;    //MCP4921 片选有效
            SSPBUF = 0B00111011;            //发送控制字高 8 位
            while(!SSPIF);                  //等待发送缓冲器空
            y++;
            SSPBUF = y;                     //发送控制字低 8 位
            while(!SSPIF);
            x = SSPBUF;
            RC0 = 1; RC1 = 0; DELAY(); RC1 = 1;        //产生图 12-14 时序图结束部分
```

```
    }
    else if(RB1 == 1)
    {RE0 = 0; SSPBUF = 0b11001001; while(!SSPIF); x = SSPBUF; RE0 = 1; }
    else if(RB2 == 1)
    {RE1 = 0; SSPBUF = 0b01101101; while(!SSPIF); x = SSPBUF; RE1 = 1; }
    };
}
```

(2) 从机 U2、U6 程序。

```
//SPI 单工接收
#include<pic.h>
//***************************
void interrupt int_sever()
{
    PORTD = SSPBUF; //SSPIF = 0;
}
//***************************
main()
{   TRISC4 = 1; TRISC3 = 1; TRISC5 = 0;
    ADCON1 = 6; TRISA5 = 1;
    SSPSTAT = 0X0; SSPCON = 0X24;
    TRISD = 0; PORTD = 0;
    GIE = 1; PEIE = 1; SSPIE = 1; SSPIF = 0;
    while(1);
}
```

例 12-5

SPI 接口虽然使用 4 条线：RC3/SCK、RC5/SDO、RC4/SDI、RA5/$\overline{SS}$，可能占用单片机 4 个引脚，但是串行通信速率可达到单片机晶体振荡器的 1/4，比 USART 快速，且进行多机通信时，主机通过对从机的 $\overline{SS}$ 置低电平，省略了发送从机地址的过程。

由于 SPI 接口主、从机定义时，主机发送时钟，从机只能接收时钟，如果从机要对从器件进行 SPI 数据写入时，作为从机角色不可能实现，只能把从机暂时转换为主机，完成对从器件进行 SPI 数据写入后，再从主机角色转换为从机。角色转换通过程序较易实现，从机的 RC3/SCK 引脚在从机时是输入，主机时是输出，端口方向可以通过 TRISC3 来改变。

但是外部连线问题必须注意，不能简单地把主、从机 RC3/SCK 连接后，再用导线把从机 RC3/SCK 与从器件 SCK 相连，因为当从机也转换角色成主机后，从自己的 RC3/SCK 发送时钟，原来的主机也发送时钟，这样会导致两个时钟信号在外部连线上发生冲突。

【例 12-6】 在例 12-2 基础上，从机 U1 通过 SPI 通信，把接收的主机 U2 发送的 8 位 A/D 转换数据经过 MCP4921 的 D/A 转换，输出对应的模拟量。

本例的 U1 单片机既作为从机，接收 U2 发送的 SPI 数据，又要作为主机，把该数据通过 SPI 送到 MCP4921，因此 U1 的 RC3/SCK 引脚既要输入 U2 发送的时钟，也要向 MCP4921

发送时钟。

为防止两个时钟信号在外部连线上发生冲突，如图 12-18 所示，解决的方法是：通过 2 只三态门，U5:A 和 U5:B，其中 U5:B 输入端连接 U2 的 RC3/SCK 引脚，输出端连接 U1 的 RC3/SCK 引脚，控制端连接 U1 的 RC0，当 RC0 = 0 时，U5:B 导通，U2 向 U1 发送 SPI 时钟；U5:A 输入端连接 U1 的 RC3/SCK 引脚，输出端连接 U3 的 SCK 引脚，控制端连接 U1 的 RC1，当 RC1 = 0 时，U5:A 导通，U1 向 U3 发送 SPI 时钟。只要 U1 的 RC0、RC1 不同时为 0，就不会发生时钟冲突问题。

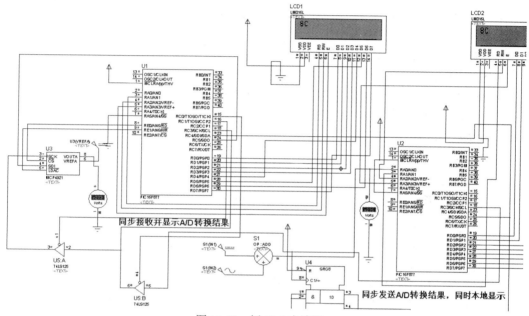

图 12-18　例 12-6 电路图

增加 SPI 输出控制 MCP4921 功能后，U1 单片机程序如下：

```c
#include<pic.h>
static volatile const char table[16]={0x30, 0x31, 0x32, 0x33, 0x34, 0x35,
0x36, 0x37, 0x38, 0x39, 0x41, 0x42, 0x43, 0x44, 0x45, 0x46};
char adh, adl, a, b, x, adl_h, adl_l;
void DELAY1()        //延时子程序
{
    unsigned int i;
    for(i = 99; i > 0; i--);
}
void DELAY()
{
    unsigned int i;
    for(i = 999; i > 0; i--);
}
void ENABLE()
```

```
{
    RA1 = 0; RA2 = 0; RA3 = 0;
    DELAY();   RA3 = 1; }            //写入控制命令的子程序
void ENABLE1()
{
    RA1 = 1; RA2 = 0; RA3 = 0;
    DELAY();   RA3 = 1; }            //写入字的子程序
void interrupt usart_seve()
{   adl = SSPBUF; SSPIF = 0;
    TRISC3 = 0; ADCON1 = 6; TRISE = 0;
    RC0 = 1; RC1 = 0;
    SSPEN = 0;          //修改控制字前需要先把该位清 0
    SSPSTAT = 0; SSPCON = 0X20; SSPEN = 1;
    RE0 = 0; RE1 = 1;
    adl_h = adl>>4; adl_l = adl<<4;
    SSPBUF = 0B00110000+adl_h;
    while(!SSPIF);
    SSPBUF = adl_l;
    while(!SSPIF);
    x = SSPBUF;
    RE0 = 1; RE1 = 0; DELAY1(); RE1 = 1; SSPEN = 0;
    TRISC3 = 1; RC0 = 0; RC1 = 1;
    SSPSTAT = 0b01000000; SSPCON = 0B00110100;
    x = SSPBUF; SSPEN = 1;
    SSPIF = 0;
}
main()
{TRISC = 0B10011100; RC6 = 1; RC0 = 0; RC1 = 1;
    :
```

(以下程序与例 12-2 的 U1 单片机程序相同，此处略去)

　　在中断服务程序中，每次接收到一个新的 A/D 转换结果：暂存在 adl 中；修改三态门导通控制引脚；把 U1 单片机改为主机；定义与 MCP4921 的引脚关系；发送数据给 MCP4921；把 U1 单片机改回从机；清标志位 SSPIF；出中断。

　　U2 单片机程序不变，与例 12-2 相同。

　　【例 12-7】　在例 11-9 基础上，设计 8 通道 ADC 输入，8 通道对应 DAC 输出电路，其中通道号由计算机的数字键"0~7"选择，如图 12-19 所示，当前选择 ADC 的通道 7，因此 U9 的 MCP4921 输出也是 3.33 V。注意图中 U10 和 U11 的 74138 应用，以及 U2~U9 的 MCP4921 与单片机接口设计。

例 12-7

8路巡回检测A/D转换，再把ADC结果送对应的MCP4921进行DAC转换输出，学习接口技术，注意74138的应用。

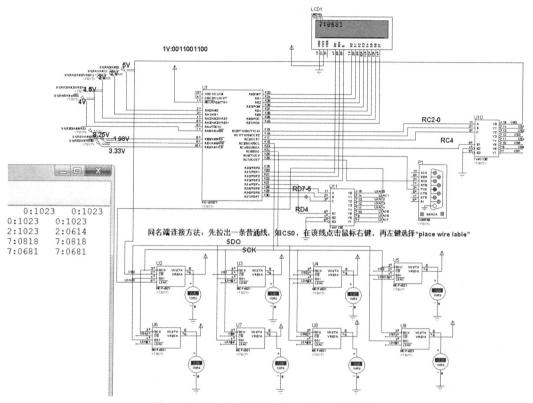

图 12-19　8 通道 ADC 输入及 DAC 输出电路

```c
#include<pic.h>
char x1, x2, x3, x4, x6, x7, x8, x, y;
int x5, x9, temp1;
union
{   unsigned int a;
    char b[2];
}temp;
char const table[8] = {0x01, 0X09, 0X11, 0X19, 0X21, 0X29, 0X31, 0X39};
char X, Y;
static volatile char table1[21] = {"my name is pic16f877 "};
bank1 char const tablecs[8] = {0x01, 0X09, 0X11, 0X19, 0X21, 0X29, 0X31, 0X39};
//****************
void DELAY1()          //延时子程序
{unsigned int i; for(i = 99; i > 0; i--); }
void DELAY()
{unsigned int i; for(i = 1999; i>0; i--); }
void ENABLE()          //写入控制命令的子程序
{ RD1 = 0; RD2 = 0; RD3 = 0; DELAY(); RD3 = 1; }
```

```
void ENABLE1()        //写入字的子程序
{ RD1 = 1; RD2 = 0; RD3 = 0; DELAY(); RD3 = 1; }
void asc()
{
    if(x4>9)
    {   PORTB = x4+0x37; TXREG = PORTB;
        goto loop2;
    };
    PORTB = x4+0x30; TXREG = PORTB;
loop2:
    ENABLE1();
}
void div()
{   x5 = x2*0x100+x3;        //A/D 转换结果组合成 2 个字节
    x4 = x5/1000; asc();     //求千位数，送显示
    x9 = x5-x4*1000;
    x4 = x9/100; asc();      //求百位数，送显示
    x6 = x9-x4*100;
    x4 = x6/10; asc();       //求十位数，送显示
    x4 = x6-x4*10; asc();
}
//********************
void interrupt ad()
{
    if(ADIF == 1)
    {
        x2 = ADRESH; x3 = ADRESL;
        temp.b[1] = x2; temp.b[0] = x3;
        if(x1 == 0)
        {
            RC4 = 1; RC2 = 0; RC1 = 0; RC0 = 0;        //MCP4921 片选有效，LDAC = 1
            temp1 = temp.a<<2;
            temp.a = temp1+0B0011000000000000;
            SSPBUF = temp.b[1];        //temp.b[1]; 发送控制字高 8 位
            while(!SSPIF);             //等待发送缓冲器空
            NOP();                     //特别需要添加，否则不成功
            SSPBUF = temp.b[0];        //temp.b[0]; 发送控制字低 8 位
            while(!SSPIF);
            x = SSPBUF;
```

```
        RC4 = 0;                 //MCP4921 片选无效
        RD4 = 1; RD7 = 0; RD6 = 0; RD5 = 0; DELAY1();
        RD4 = 0;                 //产生图 12-12 时序图结束部分
    }
    else if(x1 == 1)
    {
        RC4 = 1; RD4 = 0; RC2 = 0; RC1 = 0; RC0 = 1;      //MCP4921 片选有效, LDAC = 1
        temp1 = temp.a<<2;
        temp.a = temp1+0B0011000000000000;
        SSPBUF = temp.b[1];        //temp.b[1]; 发送控制字高 8 位
        while(!SSPIF);             //等待发送缓冲器空
        NOP();                     //特别需要添加, 否则不成功
        SSPBUF = temp.b[0];        //temp.b[0]; 发送控制字低 8 位
        while(!SSPIF);
        x = SSPBUF;
        RC4 = 0;                   //MCP4921 片选无效
        RD4 = 1; RD7 = 0; RD6 = 0; RD5 = 1; DELAY1();
        RD4 = 0;                   //产生图 12-14 时序图结束部分
    }
    else if(x1 == 2)
    {
        RC4 = 1; RD4 = 0; RC2 = 0; RC1 = 1; RC0 = 0;      //MCP4921 片选有效, LDAC = 1
        temp1 = temp.a<<2;
        temp.a = temp1+0B0011000000000000;
        SSPBUF = temp.b[1];   //temp.b[1]; 发送控制字高 8 位
        while(!SSPIF);        //等待发送缓冲器空
        NOP();                //特别需要添加, 否则不成功
        SSPBUF = temp.b[0];   //temp.b[0]; 发送控制字低 8 位
        while(!SSPIF);
        x = SSPBUF;
        RC4 = 0;                   //MCP4921 片选无效
        RD4 = 1; RD7 = 0; RD6 = 1; RD5 = 0; DELAY1();
        RD4 = 0;                   //产生图 12-14 时序图结束部分
    }
    else if(x1 == 3)
    {
        RC4 = 1; RD4 = 0; RC2 = 0; RC1 = 1; RC0 = 1;      //MCP4921 片选有效, LDAC = 1
        temp1 = temp.a<<2;
        temp.a = temp1+0B0011000000000000;
```

```
        SSPBUF = temp.b[1];            //temp.b[1]; 发送控制字高 8 位
        while(!SSPIF);                 //等待发送缓冲器空
        NOP();                         //特别需要添加，否则不成功
        SSPBUF = temp.b[0]; //temp.b[0]; //发送控制字低 8 位
        while(!SSPIF);
        x = SSPBUF;
        RC4 = 0;              //MCP4921 片选无效
        RD4 = 1; RD7 = 0; RD6 = 1; RD5 = 1; DELAY1();
        RD4 = 0;              //产生图 12-14 时序图结束部分
    }
    else if(x1 == 4)
    {
        RC4 = 1; RD4 = 0; RC2 = 1; RC1 = 0; RC0 = 0;       //MCP4921 片选有效，LDAC = 1
        temp1 = temp.a<<2;
        temp.a = temp1+0B0011000000000000;
        SSPBUF = temp.b[1];    //temp.b[1]; 发送控制字高 8 位
        while(!SSPIF);         //等待发送缓冲器空
        NOP();                 //特别需要添加，否则不成功
        SSPBUF = temp.b[0];    //temp.b[0];        //发送控制字低 8 位
        while(!SSPIF);
        x = SSPBUF;
        RC4 = 0;              //MCP4921 片选无效
        RD4 = 1; RD7 = 1; RD6 = 0; RD5 = 0; DELAY1();
        RD4 = 0;                      //产生图 12-14 时序图结束部分
    }
    else if(x1 == 5)
    {
        RC4 = 1; RD4 = 0; RC2 = 1; RC1 = 0; RC0 = 1;       //MCP4921 片选有效，LDAC = 1
        temp1 = temp.a<<2;
        temp.a = temp1+0B0011000000000000;
        SSPBUF = temp.b[1];    //temp.b[1]; 发送控制字高 8 位
        while(!SSPIF);         //等待发送缓冲器空
        NOP();                 //特别需要添加，否则不成功
        SSPBUF = temp.b[0];    //temp.b[0]; 发送控制字低 8 位
        while(!SSPIF);
        x = SSPBUF;
        RC4 = 0;              //MCP4921 片选无效
        RD4 = 1; RD7 = 1; RD6 = 0; RD5 = 1; DELAY1();
        RD4 = 0;              //产生图 12-14 时序图结束部分
```

```
        }
        else if(x1 == 6)
        {
            RC4 = 1; RD4 = 0; RC2 = 1; RC1 = 1; RC0 = 0;        //MCP4921 片选有效，LDAC = 1
            temp1 = temp.a<<2;
            temp.a = temp1+0B0011000000000000;
            SSPBUF = temp.b[1];    //temp.b[1]; 发送控制字高 8 位
            while(!SSPIF);          //等待发送缓冲器空
            NOP();                  //特别需要添加，否则不成功
            SSPBUF = temp.b[0];    //temp.b[0]; 发送控制字低 8 位
            while(!SSPIF);
            x = SSPBUF;
            RC4 = 0;                //MCP4921 片选无效
            RD4 = 1; RD7 = 1; RD6 = 1; RD5 = 0; DELAY1();
            RD4 = 0;                //产生图 12-14 时序图结束部分
        }
        else if(x1 == 7)
        {
            RC4 = 1; RD4 = 0; RC2 = 1; RC1 = 1; RC0 = 1;        //MCP4921 片选有效，LDAC = 1
            temp1 = temp.a<<2;
            temp.a = temp1+0B0011000000000000;
            SSPBUF = temp.b[1];    //temp.b[1]; 发送控制字高 8 位
            while(!SSPIF);          //等待发送缓冲器空
            NOP();                  //特别需要添加，否则不成功
            SSPBUF = temp.b[0];    //temp.b[0]; 发送控制字低 8 位
            while(!SSPIF);
            x = SSPBUF;
            RC4 = 0;                //MCP4921 片选无效
            RD4 = 1; RD7 = 1; RD6 = 1; RD5 = 1; DELAY1();
            RD4 = 0;                //产生图 12-14 时序图结束部分
        }
        ADCON0 = table[x1];
        ADIF = 0;
    }
    else if(RCIF == 1)
    {
        x1 = RCREG&0x0f;
    }
}
```

```
void main()
{   TRISA = 0XFF; TRISD = 0; TRISC = 0XC0; TRISE = TRISE|0X07; TRISB = 0;
    x1 = 0; RD3 = 1; RC4 = 0; RD4 = 0;
    ADCON0 = table[x1];
    ADCON1 = 0B10001110;
    INTCON = 0XC0; PIE1 = 0X40; PIR1 = 0;
    SPBRG = 12;                      //转载波特率发生器，为 19.2 KB/s
    TXSTA = 0B00100100;              //使能 USART 发送，波特率发生器为高速方式
    RCSTA = 0B10010000;              //连续接收
    GIE = 1; PEIE = 1; RCIE = 1;     //开放 USART 接收中断
    //-----
    SSPSTAT = 0; SSPCON = 0X20; TRISC = 0XC0; y = 0B10110100;      //SPI 主控发送
    //--------
    for(X = 0; X < 21; X++)
    {TXREG = table1[X]; DELAY(); }
    //*****************
    PORTB = 1; ENABLE();             //清屏
    PORTB = 0x38; ENABLE();          //8 位 2 行 5×7 点阵
    PORTB = 0x0C; ENABLE();          //显示器开、光标开、闪烁开
    PORTB = 0x06; ENABLE();          //文字不动，光标自动右移
    //*****************
loop1:ADGO = 1;
    {
        PORTB = 0X80; ENABLE();
        PORTB = x1+0x30; ENABLE1(); TXREG = PORTB;
        PORTB = ':'; ENABLE1(); TXREG = PORTB;
        div();
        PORTB = ' '; ENABLE1(); TXREG = PORTB;
        PORTB = ' '; ENABLE1(); TXREG = PORTB;
        PORTB = ' '; ENABLE1(); TXREG = PORTB;
    };
    goto loop1;
}
```

　　【例 12-8】 在例 12-7 基础上，利用 1 片 MCP4921 的输出，分别
送给 8 个不同的模拟通道，输出 DAC 结果，通道选择用 74HC4051。
注意 U3 的使用方法，图 12-20 中，当前选择通道 7，RE2/AN7 输入模
拟量是 3.33 V，LCD 显示的 "7:0681" 是 3.33 V 对应的 ADC 结果，
MCP4921 的 DAC 转换结果是 3.33 V，74HC4051 的 X7 外接的电压表
相应显示测量结果也是 3.33 V。

例 12-8A

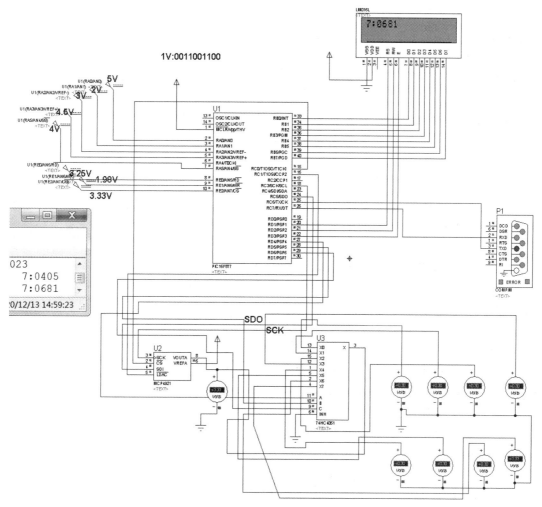

图 12-20　通过 74HC4051 做 8 通道 ADC-DAC 设计

```c
#include<pic.h>
char x1, x2, x3, x4, x6, x7, x8, x, y;
int x5, x9, temp1;
union
{   unsigned int a;
    char b[2];
}temp;
char const table[8] = {0x01, 0X09, 0X11, 0X19, 0X21, 0X29, 0X31, 0X39};
char X, Y;
static volatile char table1[21] = {"my name is pic16f877 "};
bank1 char const tablecs[8] = {0x01, 0X09, 0X11, 0X19, 0X21, 0X29, 0X31, 0X39};
//****************
void DELAY1()        //延时子程序
{unsigned int i; for(i = 99; i > 0; i--); }
```

```
void DELAY()
{unsigned int i; for(i = 1999; i >0; i--); }
void ENABLE()        //写入控制命令的子程序
{ RD1 = 0; RD2 = 0; RD3 = 0; DELAY(); RD3 = 1; }
void ENABLE1()       //写入字的子程序
{ RD1 = 1; RD2 = 0; RD3 = 0; DELAY(); RD3 = 1; }
void asc()
{
    if(x4 > 9)
    {   PORTB = x4+0x37; TXREG = PORTB;
        goto loop2;
    };
    PORTB = x4+0x30; TXREG = PORTB;
    loop2:
    ENABLE1();
}
void div()
{   x5 = x2*0x100+x3;      //A/D 转换结果组合成 2 个字节
    x4 = x5/1000; asc();   //求千位数，送显示
    x9 = x5-x4*1000;
    x4 = x9/100; asc();    //求百位数，送显示
    x6 = x9-x4*100;
    x4 = x6/10; asc();     //求十位数，送显示
    x4 = x6-x4*10; asc();
}
//*********************
void interrupt ad()
{
    if(ADIF == 1)
    {
        x2 = ADRESH; x3 = ADRESL;
        temp.b[1] = x2; temp.b[0] = x3;
        //------
        RC0 = 0;
        temp1 = temp.a<<2;
        temp.a = temp1+0B0011000000000000;
        SSPBUF = temp.b[1];      //temp.b[1]; 发送控制字高 8 位
        while(!SSPIF);           //等待发送缓冲器空
        NOP();                   //特别需要添加，否则不成功
```

```
SSPBUF = temp.b[0]; //temp.b[0];        //发送控制字低 8 位
while(!SSPIF);
x = SSPBUF;
RC0 = 1; RC1 = 0; DELAY1(); RC1 = 1;
//--------------
if(x1 == 0)
{
    RD7 = 1; RD6 = 0; RD5 = 0; RD4 = 0;
}
else if(x1 == 1)
{
    RD7 = 1; RD6 = 0; RD5 = 0; RD4 = 1;
}
else if(x1 == 2)
{
    RD7 = 1; RD6 = 0; RD5 = 1; RD4 = 0;
}
else if(x1 == 3)
{
    RD7 = 1; RD6 = 0; RD5 = 1; RD4 = 1;
}
else if(x1 == 4)
{
    RD7 = 1; RD6 = 1; RD5 = 0; RD4 = 0;
}
else if(x1 == 5)
{
    RD7 = 1; RD6 = 1; RD5 = 0; RD4 = 1;
}
else if(x1 == 6)
{
    RD7 = 1; RD6 = 1; RD5 = 1; RD4 = 0;
}
else if(x1 == 7)
{
    RD7 = 1; RD6 = 1; RD5 = 1; RD4 = 1;
}
ADCON0 = table[x1];
ADIF = 0;
```

```
    }
    else if(RCIF == 1)
    {
        x1 = RCREG&0x0f;
    }
}
void main()
{   TRISA = 0XFF; TRISD = 0; TRISC = 0XC0; TRISE = TRISE|0X07; TRISB = 0;
    x1 = 0; RD3 = 1; RC4 = 0; RD4 = 0;
    ADCON0 = table[x1];
    ADCON1 = 0B10001110;
    INTCON = 0XC0; PIE1 = 0X40; PIR1 = 0;
    SPBRG = 12;                 //转载波特率发生器，为 19.2 KB/s
    TXSTA = 0B00100100;         //使能 USART 发送，波特率发生器为高速方式
    RCSTA = 0B10010000;         //连续接收
    GIE = 1; PEIE = 1; RCIE = 1;  //开放 USART 接收中断
    //-----
    SSPSTAT = 0; SSPCON = 0X20; TRISC = 0XC0; y = 0B10110100;    //SPI 主控发送
    //--------
    for(X = 0; X < 21; X++)
    {TXREG = table1[X]; DELAY(); }
    //*****************
    PORTB    = 1; ENABLE();          //清屏
    PORTB = 0x38; ENABLE();          //8 位 2 行 5 × 7 点阵
    PORTB = 0x0C; ENABLE();          //显示器开、光标开、闪烁开
    PORTB = 0x06; ENABLE();          //文字不动，光标自动右移
    //*****************
loop1:ADGO = 1;
    {
        PORTB = 0X80; ENABLE();
        PORTB = x1+0x30; ENABLE1(); TXREG = PORTB;
        PORTB = ':'; ENABLE1(); TXREG = PORTB;
        div();
        PORTB = ' '; ENABLE1(); TXREG = PORTB;
        PORTB = ' '; ENABLE1(); TXREG = PORTB;
        PORTB = ' '; ENABLE1(); TXREG = PORTB;
    };
    goto loop1;
}
```

例 12-8B

思考练习题

1. 比较 USART 和 SPI 做双机通信时的异同点，若异步通信时 TXIF = 1 表示 TXREG 空，RCIF = 1 表示 RCREG 满，则 SPI 通信如何表达以上状态？

2. 结合第 11 章练习题 1、3，要求实现的电路功能如图 12-21 所示，U1 键盘可以选择 ADC 通道，通过 SPI 把转换结果和通道值送 U2 的 LCD 显示，U2 键盘也可以选择 U1 的 ADC 通道，同时 U1 和 PC 经异步通信，把 A/D 转换结果送电脑超级终端显示，电脑键盘也可以选择 A/D 转换通道，结果也可以显示在 LCD 上。

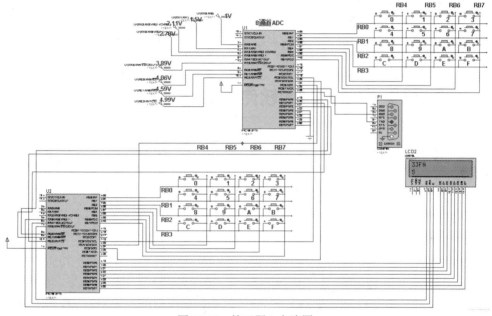

图 12-21 练习题 2 电路图

第 13 章　实　　验

学习单片机，应该边学边实践。仿真软件是学习时必不可少的工具，但是，学习单片机还是要在硬件上实践。本章根据 PIC16F877A 从内核到外围模块的应用，兼顾常用的显示、键盘等，安排八个实验。这些实验尽量利用前几章的例题，读者可根据具体实验板的硬件结构，修改程序后，下载、调试、观察实验结果并增添新的实验功能。

13.1　实验用到的软件与电路

从第 1 章例 1-1 开始，本书利用两个软件进行单片机的应用介绍，即 MPLAB 8.33 和 Proteus 7.2。

MPLAB 是美国 Microchip 公司的 PIC 单片机开发软件，自带 PICC 编译器，该编译器要求单片机的特殊功能寄存器用大写字母表示，其中的低电平有效位前加 n。如在 PICC 中 $\overline{\text{RBPU}}$ 应该表示为 nRBPU，更多的表示方法参考附录 C。MPLAB 软件集开发、仿真、调试、下载于一体，是 Microchip 公司用于 PIC 系列单片机调试、下载的免费应用软件，可以到 Microchip 官网下载。

Proteus 软件是英国 Lab Center Electronics 公司出版的 EDA 工具软件，能仿真单片机及外围器件。在学习阶段，可利用它搭建单片机硬件电路，调试程序，使用起来直观、方便。

必须强调：本书例题是在 Proteus 7.2 调试通过的，如果利用更高版本的 Proteus，则不能保证所有的例题都会调试通过，最终的评判权应该交给硬件调试。

13.1.1　MPLAB 软件使用方法

在安装 MPLAB 8.33 软件过程中，注意要允许安装 PICC 编译器，如图 13-1 所示，单击"是"，选择安装。

图 13-1　PICC 编译器选择安装

下面以例 3-1 为例，介绍程序在 MPLAB 软件中建立工程、调试的方法。

1. 建立工程

(1) 单击 ![图标]，打开软件，到菜单 Project 下打开 Project Wizard... ，即建立工程的向导。

(2) 打开工程向导后，单击 下一步(N) > ，选择芯片"PIC16F877A"选项；单击 下一步(N) > ，选择编译软件工具 HI-TECH Universal ToolSuite 选项；单击 下一步(N) > ，打开 ⊙ Create New Project File ，要求创建一个工程文件，假设已经在 D 盘创建文件夹"PIC"，单击 Browse... ，选择工程文件保存路径，这里把工程取名为 li3_1，单击"保存"后可以看到 D:\PIC\li3_1 工程路径。

(3) 单击 下一步(N) > ，进入 **Step Four:** Add existing files to your project 页面，因为还未建立文本文件，本页直接单击 下一步(N) > ，进入工程向导最后一页，可以看到本次建立工程的结果：

Device:　　PIC16F877A

Toolsuite:　HI-TECH Universal ToolSuite

File:　　　D:\PIC\li3_1.mcp

最后单击 完成 ，结束建立工程的操作。

(4) 正确建立工程后，MPLAB 软件主界面出现 ![li3_1.mcw 窗口] 窗口，文件夹名字后缀 .mcp 代表工程文件，该文件夹下包含多个文件夹，对于初学者，先学习其中的 source files 文件夹的使用，如果在主界面没有看到该窗口，则单击"view"菜单，勾选"Project"选项 ![File Edit View √ Project]。

(5) 单击 ![File Edit New] ，创建文本文件，出现 ![Untitled*] 窗口，把上述例 3-1 的程序录入该窗口，单击"File"菜单下的"Save As"保存该文件，注意文件保存路径与上述工程路径一致，都是 D:/PIC，保存文件时注意文件名与工程名一致，都是 li3_1.c，后缀是 .c，代表 C 文件，此时该文本窗口的文字从全黑转变为彩色。

(6) 右键单击第(4)步窗口的 Source Files 文件夹 ![li3_1.mcp Source Header Add Files...] ，在出现的 Add Files... 选项上单击，打开 ![Add Files to Project] 窗口，选择刚才保存在 D:/PIC 路径下的 li3_1.c 文件，可以看到 ![li3_1.mcp* Source Files li3_1.c] ，即工程下已经加入 C 文件，到此，完成工程创建全部操作。

2. 编译工程

(1) 单击 MPLAB 软件主界面的 ![图标]，对工程文件进行各种检查，这里主要是对 li3_1.c 文件的语法检查，如果检查通过，则在弹出的 ![Output] 窗口能看到 Memory Summary:，提示本段程序占用各种存储器的百分比，以及产生的 .cof 文件路径 Loaded D:\PIC\li3_1.cof. 。

(2) 如果语法检查出错，例如出现如图 13-2 所示的提示，则双击 Error 提示行，软件会自动导引到程序错误行，有时软件无法导引，可能是因为这个错误不好定位，只能根据错误提示自行查找。参看本例流程图，无 LOOP7 和 LOOP8，修改后，编译正确。

```
Error    [800] li3_1.as: 260. undefined symbol "LOOP7"
Error    [800] li3_1.as: 263. undefined symbol "LOOP8"

********** Build failed! **************
```
图 13-2　出现语法错误时的提示

特别需要注意的是：创建的工程路径及工程名不能用中文名，第一个字符不能是阿拉伯数字，名字中不能出现"-"(减号)、" "(空格)等，以免编译出错或调试报错。

3. 调试

(1) 从"Debugger"菜单进入"Select Tool"，选择"4.MPLAB SIM"，做软件仿真，这时主界面出现调试用的快捷菜单 ▷ Ⅱ ▷▷ ⟨ㅓ⟩ ⟨ㅓ⟩ ⟨ㅓ⟩ 👌 ⑧ 。

(2) 从"View"菜单打开"File Registers"窗口，双击其中的 030H 和 031H 单元赋值，此处赋值为 030　　85 87，其中 030H 是 85H，031H 是 87H，做 −5 + (−7) 的运算。

(3) 双击第一条汇编语句 ⑧ 　　　　　CLRF　_STATUS,F，设置断点，单击 ▷ ，程序全速执行到断点处停止，这时断点变为 ⟨⟩ ，箭头表示程序执行到此处。

(4) 单击 ⟨ㅓ⟩ ，程序单步运行，每单击一次，箭头向下移一个语句。遇到 BTFSC 30H, 7 的语句时，程序根据当前 030H 单元的内容进行跳转，因为事先赋值 85H，程序选择执行 GOTO LOOP1，对 85H 求补码，当箭头执行到 LOOP2 时，观察 30H 单元的值变为 FBH，即 85H 的补码。同理，031H 单元的值变为 F9H，即 87H 的补码。

(5) 继续单步执行，语句 ADDWF 31H, F 执行过后，031H 单元的值变为 F4H，即两个补码的和，因为bit7 = 1，还要对和求补，继续单步执行，跳转到 LOOP5，求补后 031H 单元的值变为 8CH，即 −12，等于 −5 + (−7)，最后经过 LOOP6 语句，把结果存入 032H 中，可以在文件寄存器窗口看到 030　　FB 8C 8C 。

(6) 单击复位 👌 ，自行修改 030H 和 031H 单元的值，重新再做一次调试，观察结果。学会软件的调试，可以帮助我们查找设计中的问题，改正错误，所以要求务必掌握。

4. 程序下载

本例程序没有用到单片机的 I/O 口，下载结果不能在接口上看到，后面的例子或实验，将会用到硬件接口，因此务必学会程序下载与硬件调试的方法。下载前务必将程序进行<u>仿真调试</u>，<u>修改好配置位</u>。

把 PIC 下载调试器(如 ICD2、PICkit 2、PICkit 3 等)和实验电路板、计算机连接，如图 13-3 所示。

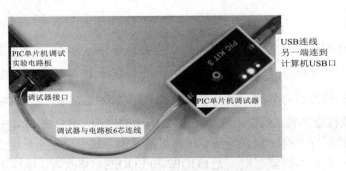

图 13-3　下载调试前的连线图

　　计算机第一次做硬件下载前必须安装 ICD2 调试器驱动软件。安装方法是：在安装好 MPLAB 软件的计算机上，连接计算机和调试器之间的 USB 线，计算机提示发现新硬件，按照向导提示，找到 MPLAB 的安装路径，如本机的路径为 ▶ 计算机 ▶ 本地磁盘 (C:) ▶ Program Files ▶ Microchip ▶ MPLAB IDE ▶ ICD2 ▶，找到 Drivers 文件夹，安装。

1) 用 PICkit 3 做下载调试器

PICkit 3 用做下载调试器时，在 Win7 系统中无须安装硬件驱动。

(1) 如图 13-4 所示，对话框内容提示连接，单击 "OK"。

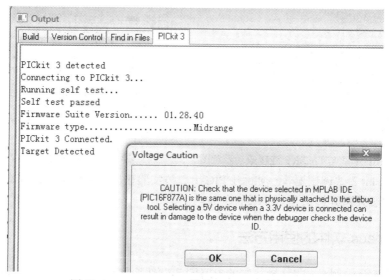

图 13-4　　MPLAB 8.33 连接 PICkit 3 时的对话框

(2) 弹出如图 13-5 所示的界面，图中的 ID Revision = 00000008 表示单片机 ID 码，此时表示连接成功。

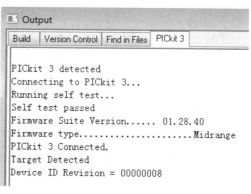

图 13-5　PICkit 3 连接成功提示

(3) 单击菜单  中的 Programmer，将程序下载到单片机中。

(4) 下载成功时出现 Programming... Programming/Verify complete 提示。

(5) 用 PICkit 3 做调试器，无须断开 PICkit 3 与实验板间的连线，但是调试与 RB7、RB6 有关的应用时必须断开调试器与实验板的连线。

2) 用 PICkit 2 做下载调试器

用 PICkit 2 做下载调试器，在 Win7 系统中无须安装硬件驱动。

(1) 硬件连接成功时的对话框如图 13-6 所示，提示 V_{DD} 和单片机型号正确。

(2) 单击菜单中的 Programmer ，如图 13-7 所示，程序下载到单片机的过程中，会提示存储器编程、配置位编程成功。

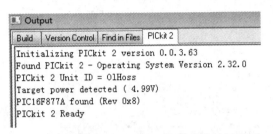

图 13-6　MPLAB 8.33 与 PICkit 2 连接成功示意图　　　　图 13-7　PICkit 2 下载成功示意图

(3) 用 PICkit 2 做调试器，无须断开 PICkit 2 与实验板间的连线，但是调试与 RB7、RB6 有关的应用时必须断开调试器与实验板的连线。

13.1.2　Proteus 软件的使用方法

下面以第 5 章的例 5-3 四路抢答器的电路图 5-6 为例，说明 Proteus 软件画电路图的方法。

(1) 单击软件快捷图标 ，或从"开始"菜单找到软件，打开软件界面，如图 13-8 所示。

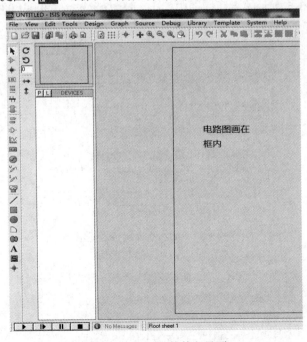

图 13-8　Proteus 软件主界面

(2) 单击界面左侧的  后，再次单击 P，打开器件库，在对话框

Keywords: 中填入 PIC16F877A，出现 2 个可选结果，如图 13-9 所示，单击第二行后，单击该对话框右下部的 OK，此时鼠标变成笔形，在图 13-8 的框内单击鼠标，出现一个芯片，即 PIC16F877A 单片机。

Keywords:	Results (2):		
PIC16F877A	Device	Library	Description
Match Whole Words? ☐	PIC16F877A	74ALS	PIC16 Microcontroller (8kB code, 368B data, 256B EPROM, Ports A-E, 2xCCP, PSP, 3xTimers, M
Category:	PIC16F877A	PICMICRO	PIC16 Microcontroller (8kB code, 368B data, 256B EPROM, Ports A-E, 2xACMP, 2xCCP, PSP, S

图 13-9　选择器件

(3) 单击界面右侧的 ，在其右侧的小对话框中选择 POWER，即电源，如图 13-10 所示。该电源默认是 5 V，在实验中会经常用到，注意下一行就是地。同样此时鼠标变成笔形，在图 13-8 的框内单击鼠标，出现一个 ↑，即电源符号。

(4) 用鼠标把单片机的 MCLR/Vpp/THV 和电源连接，表示单片机工作过程中复位引脚无效，不进行复位动作。

图 13-10　电源端口等

(5) 重复上述类似取单片机的动作，取出按键(BUTTON)、发光二极管(LED-RED)、蜂鸣器(SOUNDER)，放置在电路图中。

(6) 鼠标放在 ● 上，变成手形后，先单击右键，鼠标不动，接着单击左键，在出现的对话框中，把 Forward Voltage: 2V　Full drive current: 10mA 修改为 5 V、1 mA，这样才符合单片机高电平 5 V 的要求，而且发光二极管对驱动电流不能要求太高。这样的修改在后续实验中还会遇到。

(7) 如图 13-11 所示，经过修改的发光二极管需要 5 只，最好的办法是复制后粘贴，就不用分 5 次从库里取出后再修改 5 次。

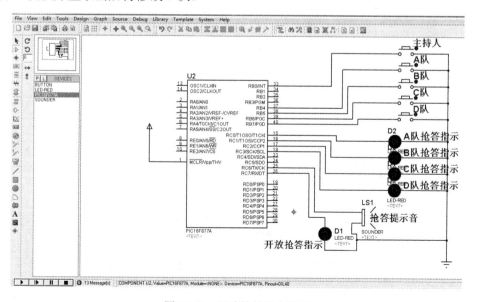

图 13-11　四路抢答器电路图

（8）复制时先用鼠标单击 ●，发亮后，再用鼠标单击界面上部的 ▣，这时鼠标回到电路图中，每单击一次左键，就粘贴一只 ● 出来，如果不需要了，则单击鼠标右键，结束粘贴动作。

（9）用同样的方法，复制粘贴出 4 个 ▭ 。

（10）根据图 13-11 连接电路图，其中地 ⏚ 还是从 ▤ 中取出。

（11）图中文字注解通过单击界面右侧的 **A**，按照对话框加入，读者可自行研究，没有文字注解也可以。

（12）在 MPLAB 8.33 中创建例 5-3 的工程，编译成功后，会产生.hex 和.cof 两种文件。

（13）将鼠标放在电路图的单片机上，变成手形后，先单击右键，鼠标不动，接着单击左键，在出现的对话框 Program File: li5_3.cof / Processor Clock Frequency: 4MHz 中，打开.cof 文件，同时把单片机晶体振荡器修改为 4 MHz，单击 ▭OK▭，表示单片机已经下载了对应的程序。

（14）单击界面左下侧的 ▶，运行电路。

（15）电路调试成功后，单击 File 的 Save Design As... 进行保存。

13.1.3　实验电路板的内部连接图

1. PIC 单片机最小系统电路

PIC 单片机最小系统电路如图 13-12 所示，单片机两侧的接线插针 P1 和 P2 把单片机所有引脚外接，如 P1 的 19 脚对应单片机的 RA0，P1 的 10、9 脚对应单片机的 V_{DD} 和 V_{SS}。实验过程可以利用杜邦线把单片机引脚通过 P1 和 P2 的接线插针外接到实验所需的仪器或电路上。

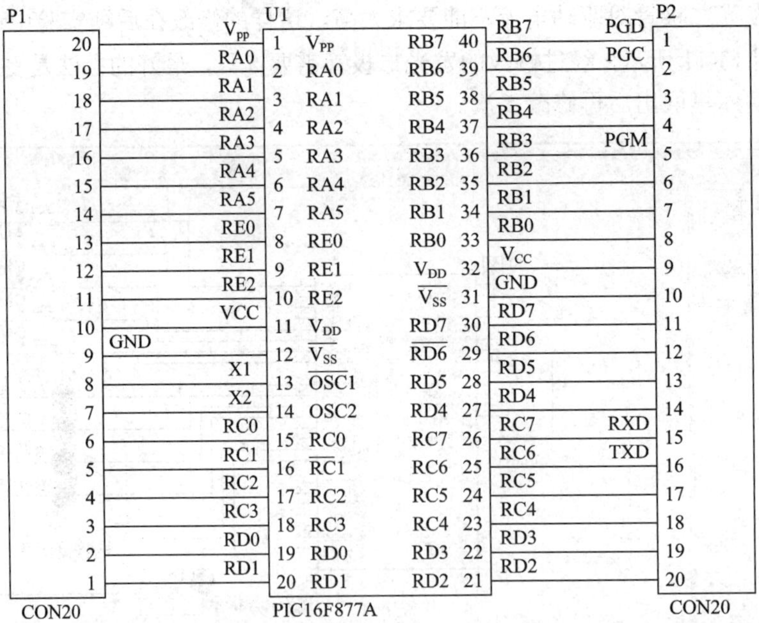

图 13-12　PIC 单片机最小系统电路

2. LCD1602 接口电路

LCD1602 接口电路如图 13-13 所示，LCD1602 的控制端 RS、RW、RD 分别与单片机的 RA5～RA3 直接相连，数据端 RD7～RD0 分别与单片机的 RD7～RD0 直接相连。

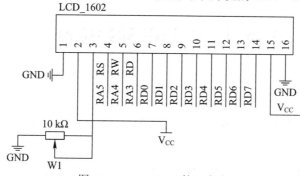

图 13-13   LCD1602 接口电路

3. 独立键盘和 4×4 键盘

独立键盘和 4×4 键盘电路如图 13-14 所示，单片机的 RB3～RB0 直接与独立键盘的 4 个按键 K4～K1 相连，单片机的 RB7～RB0 直接与 4×4 键盘相连，使用时选择其一。

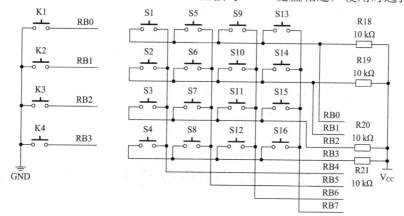

图 13-14   独立键盘和 4×4 键盘

4. 串口通信模块

串口通信模块电路如图 13-15 所示，单片机的 RXD 和 TXD 引脚直接与图中的 RXD、TXD 相连，使用时通过串口线把图中 COM 口和计算机的 COM 口相连，做单片机与计算机间的异步通信实验。

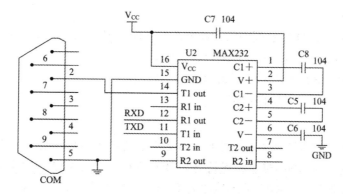

图 13-15   串口通信模块

13.2　实验一：MPLAB 软件应用

1. 实验目的

掌握 MPLAB 集成开发环境的使用，并能利用该环境调试设计程序。

2. 实验内容

(1) 熟悉 MPLAB 集成开发环境软件，建立工程，并进行编译、调试。

(2) 简单 PICC 语言程序设计。

3. 实验步骤

(1) 参照 13.1 节创建 MPLAB 工程的方法，把例 3-1 创建成工程 sy1.mcp。

(2) 参照 13.1 节编译过程，进行仿真、调试。

(3) 修改 RAM 的 030H 和 031H 的 2 个有符号数，运行程序，查找结果。

(4) 修改程序，把 RAM 地址为 130H 和 131H 的 2 个有符号数相加，和放在 132H 单元内。用上述相同方法验证程序是否正确。

(5) 修改程序，把 RAM 地址为 0E8H 和 0E9H 的 2 个有符号数相加，和放在 032H 单元内。用上述相同方法验证程序是否正确。

13.3　实验二：LCD1602 及 4 × 4 键盘应用

1. 实验目的

(1) 掌握 MPLAB 集成开发环境的使用，并能利用该环境调试设计程序。

(2) 学习 Proteus 软件画电路图的方法，应用该软件做电路仿真。

(3) 学习程序下载及硬件调试的方法。

2. 实验内容

(1) 学习键盘、LCD 显示程序的设计方法，并能根据实际实验板接口修改程序。

(2) 建立 sy2.mcp 工程，并进行编译、调试。

(3) 用 Proteus 软件画实验电路图，进行电路仿真。

(4) 学习程序下载并做硬件调试。

3. 实验步骤

(1) 模仿例 4-3 的电路图 4-12，按照 13.1.2 小节的步骤，在 Proteus 软件中画出电路图。其中 LCD 电路符号为 LM016L，按键符号为 BUTTON。把图 4-12 中原来连接在 RA1 的连线改为 RA5，原来连接在 RA2 的连线改为 RA4，原来连接在 RC7～RC0 上的数据线一一对应地改为 RD7～RD0。

(2) 把 LCD 控制线宏定义改为：

#define rs RA5

#define rw RA4

#define e　RA3

同时修改例 4-3 实验程序的“//LCD 控制线宏定义”与上述一致。

(3) 在程序的头文件之后添加配置位定义语句，即

#include<pic.h>

__CONFIG(0xFF29);

此时单片机的配置位定义如图 13-16 所示，单片机晶体振荡器是 XT，看门狗关。

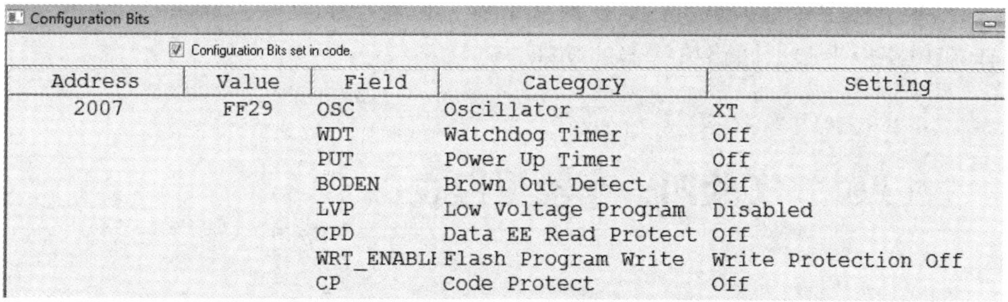

Configuration Bits

Configuration Bits set in code.

Address	Value	Field	Category	Setting
2007	FF29	OSC	Oscillator	XT
		WDT	Watchdog Timer	Off
		PUT	Power Up Timer	Off
		BODEN	Brown Out Detect	Off
		LVP	Low Voltage Program	Disabled
		CPD	Data EE Read Protect	Off
		WRT_ENABLI	Flash Program Write	Write Protection Off
		CP	Code Protect	Off

图 13-16　单片机配置位定义

(4) 主程序初始化部分语句 TRISC = 0; 修改为 TRISD = 0;，因为现在用 PORTD 做数据线，PORTC 不再使用，所以，凡是有与 PORTC 相关的语句都修改为 PORTD。

(5) 主循环部分凡是与 PORTC 相关的语句都修改为 PORTD。

(6) 程序修改完成后在 MPLAB 软件建立工程，编译，成功后，导入用 Proteus 软件画出的电路图中的单片机内，在 Proteus 软件中做电路仿真。

(7) 连接实验板和调试器及计算机，给实验板通电，下载程序，观察结果是否与 Proteus 软件做电路仿真结果一致。

13.4 实验三：四路抢答器

1. 实验目的

(1) 掌握外部中断、RB 电平变化中断的程序设计与应用方法。

(2) 学习用 Proteus 软件画电路图的方法，应用该软件做电路仿真。

(3) 学习程序下载及硬件调试的方法。

2. 实验内容

(1) 根据例 5-3 四路抢答器程序，建立工程并进行编译、调试。

(2) 用 Proteus 软件画实验电路图，进行电路仿真。

(3) 学习程序下载的方法并做硬件调试。

3. 实验步骤

(1) 用 Proteus 软件画实验电路图。修改电路图，把原来接在 RC 口的灯一一对应改到 RD 口，蜂鸣器从 RC6 改为 RE0。

(2) 在 MPLAB 软件中创建 sy3.mcp 工程，相应修改程序：

① 初始化中把 TRISC 改为 TRISD，PORTC 改为 PORTD，增加 TRISE0 = 0，RE0 = 0；

② 把 void sound_delay()(发声子程序)中的 RC6 改为 RE0；

③ 把 void interrupt int_serve()(中断服务程序)中的 PORTC 改为 PORTD。

(3) 先在 Proteus 软件中仿真成功后，再下载到电路板做硬件调试。因为电路板没有独立的按键与仿真电路对应，所以利用杜邦线，一头插入电路板的 V$_{SS}$ 中，另一头若碰触到 RB0，则相当于按下主持人按键，若碰触到 RB4，则相当于按下 A 队按键。

(4) 在电路板上验证四路抢答器的功能。

13.5 实验四：车辆里程表

1. 实验目的

(1) 掌握 TMR0 定时器/计数器功能设计程序的方法，进一步巩固中断程序、LCD 的应用。

(2) 学习使用 Proteus 软件画电路图的方法，应用该软件做电路仿真。

(3) 学习程序下载及硬件调试的方法。

2. 实验内容

(1) 模仿本书"6.3 TMR0 模块设计举例——车辆里程表"在 MPLAB 集成开发软件中建立工程 sy4.mcp，并进行编译、调试。

(2) 用 Proteus 软件画实验电路图，进行电路仿真。

(3) 学习程序下载的方法并做硬件调试。

3. 实验步骤

(1) 在 Proteus 软件中画电路图，参考实验二修改 LCD 的控制端：rs -RA5、rw- RA4、e -RA3。被测信号从左侧工具栏 DPULSE DCLOCK 取得，频率选择 1 kHz。

(2) 在 MPLAB 软件创建 sy4.mcp 工程：

① 程序中修改与 LCD 的控制端 rs -RA5、rw- RA4、e -RA3 有关的语句；

② 把车辆里程计数模块从 TMR0 改为 RB0/INT，里程信号从 RB0 引脚输入，注意 RB0/INT 中断是车轮每旋转一圈，而 TMR0 中断是车轮每旋转 740 圈(即 1 km)。

(3) 在 Proteus 软件中做电路仿真。

(4) 将程序下载到实验板。

(5) 另外设计一个单独能产生 42 Hz 以下的方波程序，方波信号从 RC7 输出，添加该设计到 Proteus 中和车辆里程表一起做电路仿真。

(6) 下载该程序到另外一块实验板，用一根杜邦线连接 RC7 和下载了车辆里程表程序的实验板的 RB0，另一根杜邦线连接 2 块实验板的 V$_{SS}$，通电后观察实验结果。

(7) 扩展要求：增加车辆里程表的速度测量功能。

13.6　实验五：方波信号周期测量系统

1. 实验目的

(1) 模仿例 9-1 学习程序设计、调试、仿真的方法。

(2) 学习 Proteus 软件画电路图的方法，应用该软件做电路仿真。

(3) 学习程序下载及硬件调试的方法。

2. 实验内容

(1) 利用 CCP 输入捕捉功能设计一个低频方波信号周期测量系统，用 LCD 显示。

(2) 单片机晶体振荡器频率为 4 MHz，在没有外加辅助芯片的基础上，只利用单片机，指出能正确测量的周期范围。

3. 实验步骤

(1) 根据实验板资源规划设计电路，在 Proteus 软件中画出电路图。

(2) 预计能测量的周期范围。

(3) 编写程序，创建工程 sy5.mcp，在 Proteus 软件中调试、仿真，无误后下载实验板。

(4) 另外做一个 1 Hz 的方波信号设计，从 RC7 输出，作为上述周期测量的信号源。

(5) 连接 1 Hz 信号源和周期测量电路，观察测量结果。

13.7　实验六：模拟信号测量系统

1. 实验目的

(1) 模仿例 10-2 学习程序设计、调试、仿真的方法。

(2) 学习使用 Proteus 软件画电路图的方法，应用该软件做电路仿真。

(3) 学习程序下载及硬件调试的方法。

2. 实验内容

(1) 利用单片机的 ADC 功能模块设计一个直流电压测量系统，用 LCD 显示。

(2) 单片机晶体振荡器频率为 4 MHz，在没有外加辅助芯片的基础上，只利用单片机，指出能正确测量的周期范围。

3. 实验步骤

(1) 根据实验板资源规划设计电路，在 Proteus 软件中画出电路图。

(2) 预计能测量的模拟电压范围。

(3) 编写程序，创建工程 sy6.mcp，在 Proteus 软件中调试、仿真，无误后下载到实验板，观察测量结果。

13.8　实验七：两片单片机间的 USART 通信

1. 实验目的

(1) 模仿例 11-6 学习程序设计、调试、仿真的方法。

(2) 学习使用 Proteus 软件画电路图的方法，应用该软件做电路仿真。

(3) 学习程序下载及硬件调试的方法。

2. 实验内容

(1) 利用单片机的 USART 功能模块设计一个串行通信系统，把单片机 2 的直流电压测量结果送到单片机 1，用 LCD 显示当前值，要求的显示结果至少是 10 位 A/D 转换结果，如果是对应电压，则结果更好。

(2) 通过单片机 1 的键盘能控制单片机 2 的 ADC 采样通道，单片机 1 也能把该键值显示在 LCD 上，建议 LCD 第一行显示当前的键值即 ADC 通道，第二行显示该通道的转换结果。

(3) 单片机晶体振荡器频率为 4 MHz，只能利用单片机，没有外加辅助芯片，两片单片机的串行通信引脚用杜邦线连接。

3. 实验步骤

(1) 根据实验板资源规划设计电路，在 Proteus 软件中画电路图。

(2) 编写程序，创建工程 sy7_1.mcp 和 sy7_2.mcp，在 Proteus 软件中调试、仿真，无误后下载到实验板，观察测量结果。

13.9　实验八：单片机与计算机间的 USART 通信

1. 实验目的

(1) 模仿例 11-7 学习程序设计、调试、仿真的方法。

(2) 学习使用 Proteus 软件画电路图的方法，应用该软件做电路仿真。

(3) 学习程序下载及硬件调试的方法。

2. 实验内容

(1) 利用单片机的 USART 功能模块设计一个串行通信系统，把单片机 1 的直流电压测量结果送到计算机的超级终端上显示，同时单片机 1 用 LCD 显示当前值，要求的显示结果至少是 10 位 A/D 转换结果，如果是对应电压，则结果更好。

(2) 单片机晶体振荡器频率为 4 MHz，只能利用单片机，没有外加辅助芯片，单片机与计算机的串行通信用 9 芯串口线连接。

3. 实验步骤

(1) 根据实验板资源规划设计电路，在 Proteus 软件中画出电路图。

(2) 编写程序，创建工程 sy8.mcp，在计算机上安装一对虚拟串口、超级终端，在 Proteus 软件中先模拟通信，再进行调试、仿真，无误后下载到实验板，观察测量结果。

由于理论及实验课时的局限，本章只规划了 8 个实验，没有最后两章的 SPI、I^2C 方面的实验内容，从应用的角度，有必要增加 D/A 转换的实验，建议模仿例 12-3、例 13-2 设计实验内容。

思 考 练 习 题

1. 比较 USART、SPI、I^2C 做双机通信时的异同点，如异步通信时 TXIF = 1 表示 TXREG 空，RCIF = 1 表示 RCREG 满，I^2C 通信如何表达以上状态？

2. 把第 12 章思考练习题 2 的 U1 与 U2 间的通信改为 I^2C 方法。

附　　录

附录 A　芯片间总线(I^{2}C)

附录 B　课程设计

附录 C　PICC 中各寄存器及位的表示方法

参 考 文 献

[1] 方怡冰. 单片机原理与应用. 西安：西安电子科技大学出版社，2017.

[2] 李学海. PIC 单片机原理. 北京：北京航空航天大学出版社，2004.